D.G.ハスケル著
屋代通子訳

木々は歌う

The Songs of Trees
David George Haskell

植物・微生物・人の
関係性で解く
森の生態学

築地書館

The Songs of Trees
by
David George Haskell

Japanese translation rights arranged with David George Haskell
c/o The Martell Agency, New York
through Tuttle-Mori Agency, Inc., Tokyo
Japanese translation by Michiko Yashiro
Published in Japan by Tsukiji-Shokan Publishing Co., Ltd., Tokyo

日本語版への序文――弁当箱の木の葉が象徴するもの

忘れがたい日本の森に出くわしたのは、思いもかけないところだった。その時わたしは、武生《たけふ》駅（北陸本線）のホームにいた。弁当箱のなかに、森が忽然と出現したのだ！

駅に着くまでわたしは一五キロも歩き回り、神社や紙漉《す》き工房、田舎道をめぐってきていた。脚はぱんぱんになり、腹ペコだったので、売店で弁当を買い求めたしだいだ。ただ体に滋養を求めただけだったのだが、受け取ったのはそれ以上のもの――多くの意味を孕《はら》んで端然とそこに存《あ》る一枚のモミジの葉だった。

何年も経ったあとでも、あの時の葉をわたしははっきりと記憶にとどめている。葉は、弁当の飯の上にていねいに飾られていた。燃え立つような赤い色がわたしの目を焦がし、その形に導かれてわたしの思いは森へと飛んだ。これは合図だ。およそ森とは遠くかけ離れたこんな場所だが、生きとし生けるものがみな、四季の移ろいのなかにその居場所をもっているという証《あかし》なのだ。

人の手が生み出した産業のただなかで――コンクリート造りのプラットホームやプラスチック製の弁当箱、技術の粋をつくした列車に囲まれていても、森は生き生きとわたしのなかに飛びこんできた。鉄道駅のホームにいながら、わたしの心と体は、生命コミュニティの深い懐に抱かれていた。
あの時のことを、なぜこうまではっきりと覚えているのだろうか。

弁当そのものはごくありきたりの安価な駅弁にすぎなかったけれど、モミジの葉が、不意打ちでわたしにくれたのは、森との魂のふれ合いだった。それは、日本の人々と木々との特別な関係を語りかけてくれるものだった。そのころまでにわたしは、文学を通じて日本の木々と人々との関係を学んでいて、両者の結びつきを示す表現に数多く出会っていた。わたしにとって弁当箱のモミジの葉は、はからずも、日本人と木々との関係性のシンボルになったのだった。

もちろん、日本で人が木々を尊び、あるいは活用するやり方は一様ではない。かの国は文化も自然環境も豊かで奥深い。木々と人々との関係も土地や時代に応じてさまざまな形をとる。その多様な習俗のなかに、北アメリカからやってきた観察者であるわたしが、とりわけ心惹かれたものがいくつかある。わたしの知識が限られていることと外国人であるゆえに、自分が得た印象はややともすれば誤っているかもしれないし、理解の不充分なところは多々あるだろう。一介の訪問者でしかない身として、誤っていたとすれば謙虚に反省したい。

日本では、季節の移り変わりを見守り、称《たた》える習わしが非常に発達している。そうした営みの中心に、往々にして樹木が在る。色を変える葉、春に現れる木の芽、咲き誇り、やがて散り逝く花。だが季節を愛でる風習は、もっと幅広い現象をも取りこみ、例えば凍結する川や湖沼にまで目が向けられる。例年行われるこうした祭りや儀式は、地球の公転を寿《ことほ》いでいるのだ。そしてそうした儀式や習慣が、足元の自然環境の隅々《すみずみ》にまで五官を広げることを可能にし、故郷の地とわたしたちとを結びつける。日本以外の、特に工業化の進んだ国々では、そうやって自然環境に思いを馳《は》せる機会などほとんどないままに一年が終わることもめずらしくない。日本の伝統は、わたしたちが生命のコミュニティの一員たることを、胸の躍るやり方で、贅沢に思い起こさせてくれるのだ。

人間が自然に帰属することの証は、信仰にまつわる習俗にも多々見受けられる。寺や神社のまわりを取り囲むスギやイチョウ。樹木や森にはカミが宿る。御神木や鎮守の森という名前で明らかに崇《あが》められることもあれば、言葉すら不要な場合もある。こうしたしきたりがあるのは、人が、人間ばかりでなく、樹木をはじめとする植物をも含んだ世界に埋めこまれていることへの自覚があるからこそだ。ある種の社会に見られるような、「自然」と「人間」との画然たる区別は、日本社会にはまったくないか、あったとしてもごくあいまいなもののようだ。

伝統的な信仰習俗と現代的な生態学の知見とは、ここではこうしてひとつに収斂していく。つまり、人はより大きなコミュニティに属しており、人間と人間以外の生命の境界は決して絶対的なものではなく、相互の目には見えない交歓が世界を活気づけるのだ、と。

もちろん、だからといってそれ以外の信仰習俗の多様なあり方や、科学と宗教との境界に目をつぶってはならない。だが日本において、信仰の世界が木々や森と深く結びついていることはやはり刮目《かつもく》すべきだ。土地の侵食や気候変動、過剰な伐採と、森が多くの難題に直面している現在、人間の人間たる所以《ゆえん》は、他の生命との関係性のなかにこそあるのだという真実が、信仰の現場から発信されつづけることは何にもまして重要だからだ。

わたしたちが、生きている意義を、価値を探す場は、宗教だけではない。芸術もまた教えてくれる。絵画を、音楽を、文学を、そして園芸を通して、わたしたちは複雑なるこの世の意味を探し求め、改めて感じ入り、あるいは問おうとする。芸術の形を借りてわたしたちは美を求め、なかんずく真実の価値を垣間見る。

日本においては、風景のなかの、とりわけ木々の形や特徴が、芸術の基盤にある。木々や森の様相や、それが伝えてくれるものを敏感に取りこもうとする芸術のあり方は他の社会ではあまり見られない。日本以外の社会では芸術家のまなざしはむしろ内に向かい、文化や意識の内面の動きをとらえようとするからだ。そういう意味で、日本の芸術は人間の世界を大きな生命コミュニティとつないでくれるのだ。

『木々は歌う』を書くにあたって、わたしは多くの樹木を訪れた。それぞれが、大いに異なる環境で生きている木々だ。たくさんの旅のしめくくりとして、わたしは日本のゴヨウマツを選んだ。およそ四〇〇年の樹齢を重ねた盆栽だ。わたしがこの美しい樹木で本を結ぼうと思ったのは、日本人の木々との関係が、すべての人々に——生まれた国がどこであるかにかかわらず——、大事なことを教えてくれると考えたからだ。

いま、世界中で森が受難している時代だからこそ、わたしたちには木々と互いに恵み合いながら生きるためのヴィジョンが必要だ。そのような生き方の手本は世界中にある。アマゾンの人々は彼らの森を深く知りつくし、強い絆で結ばれている。中東のオリーブ農家は、伝統を守りつつ新しい手法も取り入れる。そしてマンハッタンの住民と街路樹の間にさえ、互いに支え合う関係が存在する。

日本でわたしは、とりわけ尊敬に値する、それでいて歓びといたわりに満ちた人と木々との関係に遭遇した。日本でふれた人と木々とのさまざまな絆には、あらゆる生命に通じる真実があった——わたしたちは決してばらばらに存在するのではないということ、命を与え合いながら生きているのだという真実が。

二〇一九年一月一八日

デヴィッド・ジョージ・ハスケル

目次

Part 2

まえがき

ホメロスの時代のギリシャ人にとって、クレイオス——声名——は歌によって作られた。空気の震えに、人物の度量と記憶とが乗せられる。したがって耳を傾けることはすなわち、永く残る名声を知ることだった。

わたしは生態のクレイオスを探して、木々に耳を寄せた。英雄は見つからなかった。そのまわりで歴史が動くような単独の存在はひとつとしてなかった。その代わりに、木々の生涯は彼らの歌にはっきりと示され、生命の連環を、網の目のように広がる関係性を語ってくれた。わたしたち人類もまた、その語りのうちにある——血族として、ヒトの形をとった同胞として。

耳を傾けることはだから、自分たちの、そして自分の親族たちの声を聞くことでもある。

この本では、ひとつひとつの章でそれぞれ特定の樹種の歌に聞き入っている。物理的存在としての音の特性や、音を生きたものにする物語、そしてわたしたちの、体や心や頭がそれに対して示す反応に費やされている。歌の本質の大半は、表面的な音の響きの下にある。

それゆえに耳を傾けることは、聴診器を大地の肌にあて、その下で渦巻く音を聞くことでもある。

わたしは、特性の大きく異なる土地に生える木々を探した。第一部には、人間とは遠く隔たって暮らしているかに見える木々の物語が集められている。ところがこうした木々とわたしたちの生涯も、過去そして未来にわたって、もつれあっているのだ。そうした関係性のうちには、生命の起源に匹敵するくらい古いものもある。あるいは、古い関係性が産業によって新たに掘り起こされたものもある。次なる部では、死して久しい木々の名残、化石や木炭を掘り出した。これらの古老たちは、生物や地質の物語の一翼を伝え、おそらくは未来への証人となる。第三の部では、都会や田園に生《お》う木々に注目した。そこでは人間が優位にあり、自然は沈黙し、息を止めているかに見える。それでも生物たちによる生来の関係性はあらゆるものにしみわたっているのである。

いずれの場所でも、木々の歌は関係性のあわいから生まれていた。一本一本の木々がそれぞれ独立してそびえているように見えても、木々の命の営みは、そのように原子論的なくくり方を裏切っている。われわれはみんな——木々も、人間も、虫も、鳥も、バクテリアさえも——多であってひとつなのだ。生命は、互いが互いを包含しあうネットワークだ。この生命ネットワークは、決して慈悲に満ちた調和の理想郷ではない。むしろそこは、生態からの要請と進化の要請がせめぎあい、協働したり衝突したりしながら折り合いを見出していく場なのだ。このような努力の果てに往々にして生き延びるのは、ほかより強くて独立性の高い個体ではなく、関係性のなかに自ら溶けこめる者たちだ。

生命はネットワークなので、人間たちから分離して隔絶された「自然」や「環境」なるものは存在しない。わたしたち人間もまた生命共同体の一部分で、「彼ら」とともに関係性をなしている。したがって人対自然という、西洋哲学の中核にある二元論は、生物学かからみれば幻だ。われわれは、ゴスペルに謳われる、「禍多きこの世を彷徨う見知らぬ旅芸人」［訳注：一九世紀末ごろから伝承されているゴスペル］ではない。そして、ウィリアム・ワーズワースの抒情歌謡が生み出した孤絶した生き物でもない。だからわたしたちは、自然から放り出されて策謀という名の「淀んだ水たまり」に落ち、「事物の麗しい実体」をゆがめたりはしない［訳注：「淀んだ水たまり」はワーズワースの詩 'A Poet! He Hath Put his Heart to School'、「事物の麗しい実体」「科学と芸術」は 'The Tables Tured' の一節］。わたしたちの肉体と精神、「科学と芸術」は、これまでもずっとそうであったように、自然にして荒々しいのである。

わたしたちは生命の歌の外へは踏み出せない。この歌こそがわたしたちを作っている。それがわたしたちの本質だ。

だからわたしたちは、帰属しているということを行動原理にしなければならない。それは、人間の活動がさまざまな形で、世界各地の生物のネットワークをすり減らし、つなぎなおし、切り離しているいま、なおのこと、緊急の課題だ。木々という、自然界のつなぎ手の声に耳を傾けることは、すなわち、生命によりどころを与え、実態をもたらし、美をも提供している関係性の中に、いかに住まうかを学ぶことでもある。

Part 1

The Songs of Trees

セイボ

Ceibo　地上五〇メートルの生態系

エクアドル、ティプティニ川周辺
南緯0度38分10・2　西経76度8分39・5

コケは飛んだ。光すらも見逃してしまうほどにはかない翼に乗って。太陽が置いていくのは色ではなく、ある提案だ。小さな葉が広がり、コケ類は長いより糸に乗って上昇する。繊維質が命綱となり、飛んでいくひとつひとつを、どの枝をも覆っている菌類や藻類の群落につなぎとめる。世界のほかの場所ではうずくまって頭を低く垂れている親戚と違って、ここのコケたちは、水を包む殻も境界もない場所で生きている。ここでは空気が水だ。コケはあたかも、むき出しの海原に生える、海藻の糸だ。

森は、その口をあらゆる生き物に押しつけ、息を吐き出す。わたしたちはその息を吸う——熱くて、生臭くて、ほとんど哺乳類の呼気だ。まるで森の血液のなかから、肺腑に直接流れこんでくるかに思える。生命力に充ちあふれ、懐しく、それでいて息の詰まりそうな森の吐息。正午、コケは飛びつづけ、しかしわれわれ人間は、現在地上でもっとも生命の横溢する地の実り豊かな腹の上で、仰向けに丸くなっている。

われわれがいるのは、エクアドル東部にあるヤスニ生物圏保護区のほぼ中心である。わたしたちのまわりは一万六〇〇〇平方キロメートルに及ぶアマゾンの熱帯雨林で、それが国立公園のなかにあって、少数民族の保護区でもあり、緩衝地帯をなして、コロンビアとペルーとの国境を越えてさらなる森林とつながり、天高く衛星から見下ろせば地球上で最大の緑地のひとつになっている。

　雨だ。数時間ごとに、雨はこの土地特有の言葉をしゃべる。アマゾンの雨は、しゃべる量が頭抜けているだけではない——積み重ねれば毎年三メートル半にもなる降水量は、あの灰色のロンドンのじつに六倍だ——語彙も構文も特異だ。

　見えない胞子や植物の化学成分が、森の屋根の上の空気を霞ませる。空気中に霧状に分散しているこういうエーロゾルを核にして、水の蒸気が凝結し、ふくらんでいく。ここの空気の茶さじ一杯ほどのなかにはそういう粒子が一〇〇〇かそれ以上もあるが、アマゾンを離れた場所の空気に比べると、濁りは一〇分の一ほどだ。どこであれ一定以上の数の人間が集まっているところでは、エンジンやら煙突やらから、何百万という粒子が放出される。わたしたちは、砂浴びをしている鳥さながら産業の翼をせっせとばたつかせ、濃密な霧を引き起こしているのだ。小さな汚染の欠片《かけら》、細かな土埃、林地から出る胞子は、どれもが未来の雨粒の種だ。

　アマゾンの森林は広大で、その上空のほとんどで、空気は勤勉な鳥の活動によってではなく、森林によって生み出される。時として風が、アフリカからは波のように砂粒を、都会からはスモッグを運んでくることがあるが、それでもアマゾンが語るのは、自らの母語だ。核になる粒子が少なくて水分はふんだんにあるものだから、雨粒は異様な大きさにまで成長する。ここの雨滴のひと綴りは長く、よその陸地で語られる雨の歯切れのよさとは、まったく異なる音素《おんそ》からなる。

　わたしたちの聞く雨は滴り落ちる水の静寂ではなく、雨が出くわすさまざまな物体が翻訳して届けてくる多種多様な音だ。言語というものの例にもれず、しかも吐き出したいことが山ほどあって、待ちかまえている通訳も大勢いる言葉ならでは、空の言語構造はあふれんばかりに豊かな形で表される。土砂降りはトタン屋根を、悲鳴を上げて震える板に変える。何百というコウモリの翼に食いこんだ雨粒は、うち砕かれて、飛び散り、川面すれすれに飛ぶコウモリをすり抜けて川に落ちていく。重たく霞んだ雲が、木々の樹冠にのしかかり、一粒も滴ることなく葉を湿らせて、インクをたっぷりと含んだ筆が紙にふれたような音をたてる。

葉の言葉

雨の言語をもっとも流暢に操るのが、植物の葉だ。この地の植物の多様性ときたら、地球上で並ぶもののないレベルに達している。一ヘクタールあたり六〇〇種以上の樹木が生育しているが、この数は北アメリカ全体の総種類数よりも多い。周辺の土地を調べたなら、種の数はもっと増えるだろう。

植物のカオスのようなこの土地を訪れるたび、わたしが心のよすがにし、再会を喜んできたのが一本の *Ceiba pentandra* で、地元ではたいていの人から「セイボ」と呼ばれている種の木である。根元を一周するのに二九歩、幹の中心から放射状に張り出している板根をぐるりと迂回して歩かねばならない。板根は人間の頭くらいの高さから広がりはじめて、森の土へと降りている。幹の直径は三メートルほどで、パルテノン神殿を支える柱の一・五倍はある。

貫禄は充分だが、マツやオリーブ、セコイアといった、もっと冷涼なあるいは乾燥した気候の土地で一〇〇〇年単位の歴史を刻む木々ほどに高齢ではない。菌類や昆虫の豊富なアマゾンでは、二〇〇年以上も生き延びられるセイボはほとんどないのだ。生態学者たちの推定によれば、この木も樹齢一五〇年から二五〇年の間だそうだ。大きいのは古木だからではなく、セイボは若いころ、年に二メートルものペースで伸びるからだ。成長の速さの分、樹木としての強さや化学的防御を犠牲にしている。

このセイボの樹冠を成す、もっとも高いところにある枝は、周辺の木々より一〇メートルも上につき抜けてドーム状に大きく広がるが、周辺の木だって四〇メートルはあろうかという、一〇階建ての建物に相当する高さなのである。てっぺんから見わたす森林は、どちらかというと平坦な温帯樹林の眺めとは似ても似つかない。わたしの目と地平線の間にはあと一〇本あまりセイボが生えていて、その一本一本がまるで、起伏の激しい木々の絨毯にぽっこりつき出した丘のようだ。

　この木は巨人だ。この地と天とをつなぐ軸なのだろうか？　そうかもしれない。だが雨の音は、わずかひとつばかりの思いつきでこの木を仲間たちから類別しようとする試みをやすやすと打ち砕いてしまう。滴り落ちるしずくはどれもが、木の葉の太鼓を叩いていて、植物の多様性は音色分けされ、鼓手《こしゅ》の打つ一打ごとに、異なる叫びをあげる。すべての種が、その種独特の雨音をもち、セイボの木と、その巨体の周辺で生きる木々との葉の質の違いをさらけ出す。

　飛ぶコケの広やかな小葉は、しずくの衝撃の下で、かちかちと音を刻む。サトイモの葉はわたしの腕ほどにもなる細長いハート形をしていて、葉の表面から雨粒のエネルギーがすっかり消えてしまうまで、低音をともなったトゥクトゥクという音をたてている。セイボのそばにある、皿形の張りつめた葉が雨のしずくを受け取ると、あたかも金属が火花を散らすように、硬く歯切れのいい音をたてる。クラヴィージャの茂みの先からロゼッタ形に生えている槍の穂先のような葉は、雨だれに打たれるたびに、一枚一枚がぴくぴくとひきつる。その時に出る音は平板で、もっと頑固な種類の葉が出す音のような緊張感に欠けている。アボカドの葉が奏でるのは、低くて澄んだ、木槌のような音だ。

　ここまで述べた音はどれも、セイボの下層にある木々、大きく張り出した枝の下に根づき、セイボの幹の周辺で、分解の進みかけた堆積土《ダフ》のなかから顔を出している植物のものだ。そうした下層木まで届く雨粒は、すでにその上空のたくさんの葉の間を通り抜けてきている。樹冠部では、ほとんどの葉が熱帯特有の形をしている。表面はなめらかで、先端は鋭くとがるか、糸のようになっている。こうした「先端の細長い」葉の表面がつやつやしていると、水をたっぷりと集め、大きなしずくをこしらえるのだ。

　葉の先端でしずくがふくらむとき、水はレンズになり、光が屈折してしずくのなかに森がさかさまに現れ

セイボの樹冠からの眺め

セイボの樹冠は、40 メートルもある周囲の木々より
10 メートル以上もつき出てドーム状に広がっている
（エクアドル、ティプティニ）

る。しずくを支えているのはほんの薄っぺらい葉先だから、葉はわずか数秒ごとにふくらんだ水の粒をふり落とし、また別のレンズがせり上がり、落ちるまでの束の間、映像をひらめかす。葉は、こんなふうにして水を滴らせ、自らの乾燥を保って湿気を好む菌類や藻類が成長するのを遅らせる。

森林上層部の葉の先端が細長いと、もともと大きかった水滴はもっとふくらんで、下層の植物の表面へと伝っていく。葉の広いものほどたくさんの水を集め、早くしずくを落とすので、下層林のリズムの多彩さは、セイボの樹冠部の葉の形の多彩さから生まれていることになる。そして、下層の植物の思い思いの大きさや形、厚さ、手触りがあいまって、音に奥行きが加わる。黒っぽくなった腐葉土《リター》でさえも、他所では類を見ない力強さで歌う。地面がたてる雨の音は、何千ものゼンマイ仕掛けの時計がチクタクいうつぶやきだ。それぞれが、朽ちつつある地面の木質のぬかるみに特有なチャクチャク音を発しながら、少しずつそのゼンマイを緩めていく。

天空の湖

セイボの樹冠部にも、植物の奏でる音の多様性はある。だが、こちらは聞き分けるのがずっと難しい。水滴は小粒で、そこらじゅうの木々の葉の上で、けたたましく流れ下る川のような音をたてるので、それぞれの葉が生み出す音の個性が埋もれてしまうのだ。

わたしはあたりを睥睨している木——周囲の木という木に覆いかぶさるようにすっくとそびえている木の高い枝に立っていたから、早瀬の音はわたしの足元から聞こえていた。森林に降る雨の音を足の下に聞いていると、あの雨粒に映った森の像のように、上下さかさまになったような頼りない心持ちがした。金属梯子をつないだ四〇メートルの登りは、雨の層を通り抜けてくることでもあった。リターや下層植物にあたる雨音は、地面から一、二メートルも上がると遠ざかり、しばらくはまばらな葉に、時折思い出したように雨粒があたるだけになる。幹は光を求めて伸びあがり、根は下へ下へと潜るからだ。

二〇メートルほど上がると、葉が密になり、早瀬が始まる。さらに登ると、ひとつひとつの木の音が際立って聞こえてきては退いていくようになる。最初は絞め殺しイチジクが、超絶スピードのタイピストさながら、せわしない音を響かせる。続いてはけば立ったつる植物の葉をこする、耳障りな音。葉の表を流れ落ちる早瀬より高くなると、囂々《ごうごう》たる水音は下へ移り、肉厚のランの葉がぱたぱたと雨を受け取る音、アナナスの葉のたてるねばっこい音、象の耳と見まがうフィロデンドロンの低いつぶやきが耳に入るようになった。セイボの木の表面はどこもかしこも緑でいっぱいだ。セイボの樹冠部には、数百種もの植物が息づいているのである。

人間が考え出した防水装備など、ここでは役に立たないうえ、聴力を鈍らせる。雨合羽は、たしかに上から降ってくる雨粒は跳ね返してくれるけれども、素材のビニールのせいで熱帯の暑さは倍加するし、汗で内側がぐしょ濡れになる。ほかの多くの森林と違って、ここでは雨の音からたくさんの情報が得られるのだが、ポリエステルやナイロン、綿といった繊維で織った布地は、ぴちょんぴちょん、ぽつぽつ、ぴしゃん、とにぎやかに雨を跳ね返し、雨音はよく聞こえなくなるし、気も散ってしまう。人間の毛髪や皮膚はきめ細かで、ほとんど音をたてることなく雨を受け止める。わたしの手も、肩も、顔も、音ではなく感覚で雨に応える。

西洋の伝道団は、当地にやってくると、彼らが開拓し改宗させた僕《しもべ》たちに、衣服を着なければならない、と強いた。意図されたものではなかったにせよ、この規制には、耳を自分自身に向けさせ、森から遠ざける効果があった。それは植物や動物たちとの、音を通したつながりの扉をいくばくか閉ざさせることでもあったのだ。

ワオラニという現地の部族の人たちと話してみると、ほとんど例外なく、街に行くときに衣服を身につけねばならないことの居心地の悪さや窮屈さをこちらから聞くまでもなく彼らのほうから語ってくれる。ワオラニの人々は何千年も森で生きてきたが、いまその生活や文化が、外部の者たちに脅《おびや》かされている。そんななか衣服は、何重もの意味で重荷になっているのだ。重荷となるわけのひとつには、音で成るコミュニティとの断絶があるのではないかと思われる。それは多種多様な生き物たちとの関係のなかで生きている人々にとっては重大な損失なのだ。工場労働者が機械音で難聴になるように、衣服を着こんでいる者は時としてそれだけで聞く力を殺《そ》がれる。

セイボの樹冠部では、植物のリズムを動物の物音が覆い隠す。ひゅうひゅうと鼻を鳴らす、つぶやく、吼《ほ》える、叫ぶ、さえずる、甲高く鳴く、そしてひゅーっと飛ぶ。音を表す動詞のひとつひとつに名手がいて、生き物たちはわたしたち人間の言語ではとうてい的確に表現しようのない音で交信している。

はっきりした像を結ばないほどせわしなく動くエンビモリハチドリの翼は、鞭をふるうような甲高い音を折々にまじえて、ぶんぶんと唸りをあげる。このハチドリは親指ほどの大きさで、緑と青の光沢色に煌《きら》めきながら、トラフアナナスからつき出している真っ赤な花のアーチにくちばしを沈めている。

アナナスのてっぺんにあるパイナップル状の肉厚な葉の合間からは、カエルがコーコーコーアップ！と生きのいい歌声をたて、セイボの枝を覆うアナナスの茂みに潜んでいる何十というカエルたちから、返答のコーラスを引き起こす。細長い先端から水滴を滴らすタイプの葉とは違って、ロゼッタ形につっ立ったアナナスの葉は水を集め、貯めこむ。アナナス一株で、葉のつけ根の間の空間に四リットルもの水を蓄えることができるので、そこがカエルやそのほかたくさんの生き物には、格好の繁殖地になっている。森の一ヘクタールあたりで、樹上のアナナスが湛えている水は五万リットルになり、そのほとんどが、周囲を睥睨して屹立する巨木の枝にある。セイボは天空の湖だ。

森の頂の多様性

樹冠部で生き物の棲み処になっているのは、水たまりだけではない。熱帯雨林の枝には、たいがいの温帯樹林の数百ヘクタール分にも匹敵するほどの微気候が

セイボの樹冠のアナナス

地上数十メートルの樹冠に生えている。
1株で4リットルもの水を葉のつけ根の間の空間に蓄えるこの植物は、天空の湖だ

存在する。上部が覆われた木の股には湿地《ボグ》ができる。節々の穴にも、束の間の湿地が湧いては枯れる。朽葉が何十年にもわたってセイボの樹冠に積み重なり、地表のリターに負けないほど肥えた土壌となる。土は、幅の広い枝に積もり、からみ合った蔓にたまる。セイボの枝の交差するところには、五、六本の木々にまじって、イチジクがこの肥えた土に根を張って、人の胸板ほどの太さにまで育っていた。地上から五〇メートルも上空に茂る森だ。

枝の上の木々は北側と東側に固まっている。そちら側は樹冠に積もった土が乾かず、セイボの葉がもっとも密に生えていて、森の谷間のような陰になっているのだ。日にさらされやすい南西側では、サボテンや地衣類、鋭い葉のアナナスなどの群落が、洪水と渇水の繰り返しに耐えている。大雨に洗われたかと思ったら、すぐさまさえぎるものなく照りつける赤道直下の太陽に焙《あぶ》られる。垂直に立つ幹には、生い茂るランの合間を縫ってツタが這い、保水マット代わりになってシダを根づかせている。

セイボ自身の葉は、こうした幾多の植物の上に伸びていて、子どもの掌《てのひら》ほどの大きさで、八枚ほどの細長い複葉に分かれている。セイボの葉は小枝の先端にあり、紗《しゃ》のように霞んで見える。これほどの巨木にしてはやけにちっぽけに思える葉だが、樹冠の屋根に守られている下層の植物と違って、雷雨やダウンバーストの風にも耐えねばならない。小ぶりで扇子状の複葉は、風が吹くと折り重なってやり過ごすのだ。

熱帯生物学者の多くはこれまで、もっぱら地表付近を研究してきた。だが近年、一部の研究者は、やぐらや縄梯子、クレーンの助けを借りて樹冠へと向かいはじめた。そこで彼らが見つけたものは、森林に棲む生物種の少なくとも半分、おそらくはもっと多くが、樹冠部に、樹冠部だけに棲息しているという事実だった。生物学では森のなかで幾多の木々の樹冠からなる部分を「林冠《キャノピー》」と呼ぶが、これほどに多様な三次元空間を表す語にしては、これはいかにも物足りないものだった。

生物多様性の地図もまた、このセイボの木に宿る生命がいかに豊富かを理解する道筋を与えてくれる。生物を植物や両生類、爬虫類、そして哺乳類と区分けするのは、もちろん多様な生命のあり様をある特定の視点で区切ってみたものにすぎないが、それでもわたしたちがもっともよく知る分け方ではあるので、種ごとに色分けした生物多様性地図を作ってみれば、もっとも多くの動植物ごとにもっとも多くの種類が集まっている場所がどこかはひと目でわかる。

その収束点、すべての色がひとつに重なる中心は、エクアドル東部とペルーの北部、そしてアマゾン西部だ。種ごとの統計でも、地図に顕れた結果がおおむね実証される。どんな測定法をとっても、たいていはここが現代の陸生生物の多様性の頂点となるのだ。熱帯の熱と雨に育まれた生命創造力がもたらした結果だ。進化は時間をかけて、その温室の産物に磨きをかけた。アマゾン西部は一〇〇〇万年も、いやひょっとしたら一〇〇〇万年も前からずっと、熱帯雨林だったのだから。

この地域の地質の成り立ちはさほど解明されているとは言えないものの、隆起するアンデスと侵食されて少しずつ変化する大西洋岸の海岸線に囲まれたアマゾン西部という立地は、新たな生物種が海からも山からも進出してくる可能性を開いていて、それがさらに多様性に拍車をかけたのかもしれない。

もっとくだけた形で、この森の多様性を図表に負けないほど雄弁に教えてもらえるのが、プロの植物学者と散策することだ。プロというのは植物学教授でもいいし、経験豊富な森のガイドでもいい。生物や文化に関する彼らの知識はあきれるほど幅広く、ありふれた雑草までもよく知っているし、植物がそれぞれ人の暮らしにどうかかわっているかも知悉《ちしつ》している。それに専門家には、特に目をかけて何十年も研究してきた植物群があって、その見分け方や来歴などを深く教わることができる。

だが種を同定することはもとより、個々の植物の来歴をすべてそらんじるのは、専門家たちですら手にあまる。西洋の科学では記述されておらず、知られてもいない植物がそこいらじゅうにあるのだ。最近でも、生物観察基地の食堂への通路で新種が見つかったほどだ。この森は、生物学者の高慢の鼻をへし折る場所だ。わたしたちは、自分たちのイトコの生命史すらまったく無知なままで生きている。

セイボの上部の枝では、雨は和らぐ。アラ！　アラ！　コンゴウインコが二羽、すぐ真上をよぎって、地平線から地平線まで、矢のように飛んでいく。彼らが飛ぶと、音と色が乱舞する。木のなかでは、歌う虫たちが音階を分け合い、担当の音程に、それぞれカチカチ、ジージー、ブンブンといった音を奏でている。鉛色のハトが単調な低音の旋律を繰り返すところに、ほかの鳥たちがくすくすと忍び笑い、くしゃみするような声をあげて、騒々しく唱和する。カンムリクロフウキンチョウにシロビタイアマドリ、ズアオキヌバネドリなど、ほんの数本の枝に、少なくとも四〇種はいるだろう。ホエザルが一キロも向こうから呼ぶ声は、まるで遠くを飛ぶ飛行機の音だ。このあたりはほかにも一〇ばかりの霊長類が棲んでいて、大音響や嬌声、歓声で絶え間なく鳴く虫の音に合いの手を入れる。

雲が、縦に一筋たなびく靄《もや》に変わったと思うと、やがて消えた。太陽が押し寄せ、気温が一〇度も上がった。わたしの肌は二分もしないうちに乾いたが、衣類はぐしょぬれの状態から生乾きになるまで、何日もかかるだろう。一〇〇〇匹もの羽虫がわたしの体に降りてくる。汗を好む羽虫の多くはごく小さくて、防虫ネットの網目など楽々すり抜けてしまう。日が差してきたから帽子のネットを下ろしたのだが。羽虫たちはわたしの目のなかに突進してきて、肢をむやみにじたばたさせる。一時間ばかり、目が焼けるように痛むのを我慢していたものの、わたしはとうとう樹上の羽虫の縄張りを退散して、二足歩行動物の陰鬱なる薄暗がりへと降りた。

閉じこめられていた洞窟から外へ出、真実を悟ったプラトンの比喩にある囚人さながら、見慣れた世界へともどってきたわたしは以前とは変貌していた。上空には生物の営みが積み重なり、比べるもののない美しさと複雑さを呈していた。いまわたしは平らな地面にいるが、上等な生き物の層の記憶がわたしの胸のうちにも、歩んでいる森の地面にも、こだまし、影を落としていた。

小さな強者たち

アマゾン西部の音は、束の間も途絶えない。命と命とをつないでいるより糸はとてもしっかりと縒《よ》り合わされ、とても密に張りめぐらされているので、大気は夜も昼も絶え間なく振動するエネルギーにかき乱される。この濃密な空気のなかで、生命のネットワークははなばなしくその正体を垣間見せるのだ。

一見したところでは、ネットワークはあちこちで猛烈に衝突し合っているように思われ、そら恐ろしくさえ感じられるほどだ。鬨《とき》の声や嘆きの歌が轟きわたる。セイボの木に登る人、ぬかるみを歩く人の鉄則――足を滑らせたりして体勢を保とうとするとき、決して枝につかまってはならない。セイボの樹皮は、棘や針やおろし金で武装した鎧なのだ。たまさか幸運にも滑らかな枝をつかめたとしても、アリかヘビが待ちかまえていて、きついお灸をすえてくれる。上空でうようよしているバクテリアや菌の濃縮液に浸かり、傷口が腫れ上がること請け合いだ。

危険と出くわすのに、わざわざこちらから探しまわるまでもない。ノートをとろうとして俯《うつむ》いたら、襟と首筋の間に木からサシハリアリが落ちてきて、ポトリとひそやかに着地した。昆虫学者のなかにはもの好きにも、あえて攻撃されにいって虫の引き起こす痛みランキングを集めてまわる人々がいるけれども、彼らによるとサシハリアリは、世界水準でもトップクラスの実力者らしい。くだんのサシハリアリは、腹にある毒針でわたしの首にまず軽く、あいさつ代わりの一刺しをくれた。その痛みはまるで、最高に純度の高いブロンズでできた鐘を叩いたかのようで、濁りなく、金属的で、単音の衝撃だった。

こうやって樹木から小火器で狙い撃ちされ、自分の体が「雷に打たれて持ち上げられた」ようになったその瞬間まで、自分の神経がこんなふうに反響するとは思ってもみなかった。左手は刺したものに向かって跳ね上がり、襲撃者を払いのけた。地面に落ちる前にアリは顎でわたしの人差し指を切り裂き、溝をふたつ穿っていた。刺されたときの冷徹な痛みと違って、こちらは喚《わめ》き出したくなるような、熱くて騒々しい痛みだった。数分のうちに痛みの刺激が手の皮膚の下を走り抜けた。その耳を覆いたくなるような不協和音と恐怖に、掌は汗まみれになった。その後一時間、腕は使い物にならず、左胸の筋肉は、ねじられ、殴られたように腫れていた。何時間かたつと、薬で和らいだ痛みは刺し傷も咬み傷のほうもどうやら熱っぽいうずき程度に収まった。スズメバチの刺し傷ほどにわんわんするが、耳を聾するほどではない、という程度に。

森の真の一面への通過儀礼だった。この関係性の環のなかでは、ソローの言う、「言葉につくせないほどの無垢と慈愛」など微塵も感じられない。熱帯雨林では、生物戦争の技巧と科学が、最先端をいっているのだ。

アリの攻撃は、指先にほんの小さな傷跡を残しただけだった。なかには、もっと後を引く、重篤な痕跡を刻む昆虫もいる。セイボの樹冠でわたしにまとわりついてきた虫のうちでも比較的静かなほうのひとつが、ぶつぶつ言う蚊で、ロイヤルブルーに煌めく体はブローチにできるほど大きい。うっかり注意をそらすと、そいつは針をわたしの手にうずめて一服する。それで失われる血液の量はわずかなものだが、このヘマゴガス属の蚊は、食事しながらわたしの毛細血管にウィルスまじりの唾液を流しこむのだ。

ヘマゴガスは木のてっぺんが専門で、幹の湿った裂け目に卵を産みつけるのだが、そこで幼虫は、雨によって成長する。成虫のメスがサルの血を好むのと、長命なのがあいまって、この種はきわめて優秀な病の運び屋になっている。不潔な注射針をウーリーモンキーと使いまわしてしまったわけだ。それだけではない、ひょっとしたら、ホエザルとも、サキや、クモザル、オマキザル、タマリン、ヨザル、ティティモンキー、マーモセットやリスザルとも使いまわしたのかもしれない。

ウィルスにとって樹冠部は、霊長類の血でできた溜池も同然、そこに蚊の細流が注ぎこんでいるというわけだ。加えて、何十種ものコウモリや齧歯類《げっし》が供物を提供する。この種の蚊は、ウィルスやバクテリア、原生生物そのほか血液を棲み処とする病原体にとって、栄養抜群の住まいなのである。

幸いにも、わたしは人獣共通の黄熱病にもそのほかの病気にもかかることはなかった。だが蚊は、わたしたちがえてしてテニソンの言う牙とかぎ爪の持ち主たる自然界の強者——ピューマやヘビ、ピラニア——ばかりを警戒しがちなのとは裏腹に、熱帯雨林の生物闘争の大半は、じつはわれわれ人間の注視をかいくぐる微小なスケールで行われていることを、改めて思い知らせてくれた。DNA標本を採ると、ありとあらゆる生き物の血と肉に何かが寄生しているのがわかる。そして時たま、寄生の実態が表に顕れてわたしたちの目にふれる。

アナナスから滴る水音に耳を傾けているとき、わたしはアナナスの肉厚の葉の縁に顎を食いこませているアリを見つけた。アリは死んでいた。末期の行動が、自らを葉につなぎとめるひと咬みだったわけだ。オフィオコルディセプスという寄生性の菌がこのアリを内側から食いつくし、どういう手を使ったものか、風に吹かれている葉のところへ行ってがっちり食らいつけ、と命じたのだ。ふくらんだ嚢を頭につけた茎が、アリの首のあたりから伸びていて、下にいるアリたち全部に胞子をまき散らしている。

とりどりの形で雨を思い思いの音に鳴らした葉のドラム皮も、あの手この手の攻撃に悩まされる。バクテリアと真菌類は上皮や気孔《クチクラ》を穿ち、虫たちは柔らかな新芽を食《は》む。比較的研究の進んでいるインガ属では、若い葉の重量の半分ほどが毒物でできている。自己防衛のためとはいえ、高くつく先行投資だ。しかもこれは、ある変わり者の植物だけに見られる奇行ではない。インガ属は熱帯雨林ではどちらかといえばありふれた植物で、種類も豊富なほうだ。これだけ毒をもっていても柔らかな若葉は大々的な損害を被るので、成長途上のもっともやわな時期を通り過ぎるころには、さんざんに使い古された射撃の的の様相を呈しているほどだ。成長して堅くなった葉はやや毒性が薄まるが、それでも重量の三分の一は化学防御に費やされる。どこにでも潜んでいる病原体や、絶えず齧ったり引き裂いたりしてくる草食の生き物に対抗しなければならないからだ。

熱帯雨林で生き延びるための競争が熾烈なのは、種の多様性の結果でもあり、原因でもある。あまりにも多くの種類の生物がひとところに詰めこまれているために、競争は必然的に高度になり、他を搾取する機会にも恵まれる。こうした拮抗関係が、進化の創造性を肥やし、森をなおいっそう多様にしていく。特定の種がはびころうとしても、その天敵も数を増やし、刈り取られる羽目になる。少数派にも利点はあって、襲撃者の目をうまくかいくぐれるかもしれない。希少さというのが、生物化学的な面だけのものでもかまわない。近縁種に取り囲まれている植物であっても、オリジナルの化学的防御があると、そのほかの点ではすべて同等の植物のなかにあって、一種だけうまく栄えることはありうる。熱帯の植物群落は、だから途方もなく多様だが、それはひとつには、森に菌類や幼虫があふれかえっているからでもある。一ヘクタールあたりにおそらく六万種、一〇億匹ほどの昆虫がいて、その半数がただひたすら植物を食べては卵を産んでいる。真菌類とバクテリアの種、個体数までは数えられていないが、同じくらいに膨大であるのは間違いない。

集団に生かされる

こんな激しい競争社会では、生の営みは個別主義にならざるを得ないように思われる。個は自分で勝ち抜かねばならない。被害者と天敵が対立し、いつ果てるともない、対立の糸が縒り合わさり、繰り返される、と。たしかに競争は熾烈だが、生の営みを個に分解する代わりに、進化競争はかまどを作り出し、個々の違いを焼きつくし、境界線を溶かして溶接し、多様であればあるほど強固なネットワークを生み出したのだった。

この地の人間集団の文化に、このネットワークの一端が顕れている。ワオラニはアマゾン西部で数千年もの間、狩猟者、採集者、そして栽培者として生きてきた。伝道団をはじめとする入植者たちは病と「同化」を持ちこみ、人々と文化とをともに殺した。現在はおよそ二〇〇〇人のワオラニがヤスニ生物圏保護区のなかやその周辺で暮らしている。一部は官立の学校や診療所のある恒久的な居留地に住み、そうでない人たちは、自ら他との交渉を断って、森にいる。

森のワオラニの生活からは、リンネ式植物分類は生み出されない。その代わりに、植物「種」の多くに複数の名前がついている。植物は、個々の呼び名というよりは、生態におけるさまざまな関係性や、人の暮らしでの使われ方に応じて言い表されることが多い。人類学者のローラ・ライヴァルは、調査者がねばってもワオラニの人々は西欧人言うところの「樹種」にあたる固有の名前を「ひねり出すことができず」、どうしても周辺の植生といった生態を述べはじめてしまうと書いている。

ワオラニの社会は、ヒマラヤの洞窟に暮らす世捨て人やソロー流に「自分の手仕事だけで生活する」小屋暮らしとはまったく違う。ワオラニは、彼ら自身の言葉を借りるなら、「全体でひとつのように生きている」。個性も自主性も熟練も重きをおかれるけれども、それも関係性や集団のなかでの位置関係として表される。己一人を頼りに森へ入ってしまう者は、ひどい病気かものすごく怒っているのだろうと思われて、死ぬものと見なされる。ワオラニの人々の「個別の」名前は集団の産物で、ある集団を離れて別の集団に移ることは、必然的に古い名前の死、新たな人格の獲得をともない、旧に復することはありえない。

森のなかで迷う——とりわけひとりで、しかも夜に迷うのは、ワオラニにとっては恐ろしい事件で、たとえ森を知り抜いた達人でもそれは変わらない。現に道に迷ったら、ワオラニの人々はセイボの木を探し、低音スピーカー《サブウーファー》にする。セイボの板根を打つと幹全体が振動する——友や家族に聞かせる植物の荘重なる重低音、生存を支える絆を編みなおそうとする叫びだ。セイボの木は丈がとても高いので、叫びは声が届く範囲をはるかに超えて轟く。空気の振動を聞きつけたなら、仲間が来てくれる。この信号は特に、迷子に有効だ。家族はセイボの高木がどこに生えているかを知っているので、振動音は警報にもなり、誘導にもなる。狩猟者や戦士も、獲物や討ち取った敵の数を知らせるのに木を使う。セイボがワオラニ創世神話で生命の木とされているのも、おそらく偶然などではないだろう。セイボは多くの森の生き物たちの要《かなめ》であり、命を紡ぐ糸を守り、接ぎなおすことによって、幾多の生命を救っているのだ。

このように個が関係性に融解していくのは、セイボとそれを取り巻く群落が森の厳しさを生き抜くための方法でもある。戦いの技術がこれほどまでに洗練されると、逆説的なことに、降伏こそが——個を断念して仲間との同盟に自身をゆだねることが、生存につながることもある。同盟の一部は、種の範疇で作られる。わたしを攻撃したサシハリアリも、セイボの根元の堆積土壌《リター》を慄《おのの》かせるグンタイアリも、緑の葉をこれでもかと地中の巣に運ぶハキリアリも、いずれも、自己が個々のアリにでなく、コロニーに存在しているような社会だ。

セイボの木を登っていくわたしの傍らには、そうした成り立ちの集団が数多くあった。根方にからむクモの巣は社会性のクモの棲み処で、何十ものクモがひとつの群集を作り、一匹一匹がそれぞれに巣を広げたり守ったりという役目を果たす。社会性のクモは、成功するのも失敗するのも群集単位だ。個々のクモの性質が問題になるのは、集団にどのように貢献できるかという点につきる。自然の淘汰圧は集団にかかり、ある組み合わせの集団が別の組み合わせよりも有利に働く。そこでこのクモの社会は、集団の命運によって進化するのだ。同様に、家族単位で生きる鳥やサルの集団の多くが、相互依存によって一体化している。

かなり遠縁の種どうしを結びつける同盟も、種のうちに形成される同盟に劣らずよく見られる。セイボの根と葉は相互扶助関係にある真菌類とバクテリアの生息地で、そこでは集団を作り上げている個の個別性や利害はぼんやりと滲《にじ》んでいる。侵食が進んで栄養価の低いアマゾンの土壌では、こうした関係がわけても重要だ。特にリンが不足がちで、真菌繊維の細かな網の目は、リンを吸収できる地表部分を大きく広げる。これに対して樹木は葉の糖分でお返しをし、植物と真菌類の同盟は痩せた土壌でも栄えることができるのだ。

真菌は多くのアリも支えている。アナナスの真菌はアリを死なせるかもしれないが、それ以外の真菌類は、相互に支持し合う関係でアリの社会と命運を共にしてきた。ハキリアリは真菌類になり代わって働く――あるいは真菌がアリのために働いているのか。同盟関係は、どちらがどちらという区別を無意味にする。アリが、何十メートル、時には何百メートルもの列になって地中の巣の真菌の畑に新鮮な葉を供給する。アリは真菌を養い、真菌は自らの体をアリに与える。シュードノカルディア属の放線菌がアリの体毛に棲んでいて、これが横入りしてくる真菌を抑える化学物質を出すことで、アリと共生する真菌の健康を保つ。アリと真菌とバクテリアの生命は収斂し、関係性という本質からなる観念的な存在を生み出す。この存在をなす個は、その存在の「他の個」とのやり取りなしには生存しつづけられない。ハキリアリは二〇〇種にも及ぶハキリアリ属のアリのひとつにすぎず、ハキリアリ属のアリはいずれもがキノコ栽培に生活がかかっているのである。

アナナスに棲む何百種ものバクテリア、原生生物、海綿動物、甲殻類、蠕虫《ぜんちゅう》は、水たまりから水たまりへと移動するカエルに依存している。貝虫という小さなエビに似た生き物が、カエルの皮膚にしがみついている。この貝虫に張りついているのが旋毛虫《せんもうちゅう》で、アナナスのバクテリアに寄食する単細胞の原生生物だ。もっと世界を狭めると、バクテリアと真菌類が旋毛虫に乗っかっている。

こうした生き物全部と飛ぶ昆虫の幼虫がアナナスの水のなかに排泄し、窒素など植物には栄養になる物質を増やす。こうしてアナナスは、自分のための肥え畑を生み出し、蓄えることができるのだ。ハキリアリとキノコの相互関係のように、アナナスと動物とバクテリアのネットワークは、どの要素も断ちがたくからみ合っている。森は、そうしたネットワークで結びつけられた存在がただ集まっている場所ではない。そっくりそのまま関係性の糸によって作られている場所なのである。

森に溶けこむ精霊たち

こうした特質は、人間の文化にも世界観として語られる。アマゾンの森林帯に数百年、数千年の単位で生きてきた人々――ワオラニ、シュアール、ケチュアなど――にしてみれば、森は単に、生物としても物質としても異なる「他者」の集まりではない。彼らは文化も言語も歴史も異なるし、信仰の体系も他の大陸と変わらず多様だけれども、ひとつの点ではどうやら、アマゾンの人々は意見が一致しているようだ。西洋科学が森林生態系と呼ぶ事物の構造は、精霊や夢や「目覚めている」現実が溶けこむ場所なのだ。森林は、そこに住む人間ごと一体のものである。だがこれは、それぞれに独立した個の合体なのではなく、わたしたちは始まりから霊的な関係のなかに存在するのだ。精霊とははるか遠い天国か地獄からやってきた異界の亡霊などではなく、森林の精髄であり、地に潜り、土壌と想像とを結びつける。アマゾンの神霊は、何世代にもわたる実用の経験から育まれたのだ。

こうした精霊について考えるとき、わたしたちの言語である英語の言葉や概念は用をなさない。それは、よその場所からきたものだからだ。理解の障壁になっているものが何かを一番わかりやすく語ってくれたのがマイエル・ロドリゲスで、これまでに何百人ものアメリカの大学関係の研究者や学生を森に案内してくれたガイドである。彼は、あなた方は精霊の話を信じようとしないというよりも、信じることができないのだ、と言う。話を聞き取ることはできる、けれども音は心まで到達しない。森のコミュニティと、生きた生身の関係がなければ、理解は共鳴しないのだ。

理解するために必要な関係性は、血統を通じて時間を遡り、また生物どうしのつながりを媒介に空間的にも広がっていく。ロドリゲス氏の言葉でわたしたちは表面的な理解を得ることはできるけれども、衷心から

林床のハキリアリ

ハキリアリは、何十メートル、時には何百メートルもの列になって、
地中の巣の真菌に新鮮な葉を供給する。
アリは真菌を養い、真菌は自らの体をアリに与える

の得心はすり抜けていく。関係性には知ることが肝要だ。帰属しているということは、霊的なレベルで知ることなのである。

西欧的精神は、概念だの規則だの過程だの関連だのパターンだのといった抽象的なものを感じ取り、理解することはできる。これらはいずれも目には見えないが、わたしたちはあたかも現実にある物体のようにその存在を信じている。アマゾンの人々にとって、森の精霊はもしかしたら、金や時間や国民国家のごとき、西洋人にとっての現実的な夢と通じるものなのかもしれない。

何度か森を訪れたうちのある日、森を出てからわたしは、先頭を切ってセイボの木を測定し、梯子の塔を組み立ててわたしを樹冠まで行けるようにしてくれたワオラニたちのひとりと、対話になった。彼は政治活動をしているため身が危うく、ここで名をあげることはできない。

梯子の塔を組み立てている間、彼は夜、木のところに来て幹をナランジラの果実で取り巻き、ジャガーの精霊を寄せつけないようにして、木に話しかけ、許しを請うていたという。彼は自分自身と木を守るため、小さな焚火をたいていた。その話をする彼は、木が物体でなく、あたかも人物であるかのように口にしていた。上部の枝にボルトがねじこまれたとき、木は犯された。よい塔は——と彼は言う——、穴もあけず、金属の部品もなしにセイボの枝々の間に浮かんでワオラニの子どもたちを樹冠へと導き、音楽や目に見える芸術のある場所を与えてくれるものだ。

それから何年も経ったいま、わたしの目に浮かぶのは、木登り達人の彼の目が湛えていた諦めの悲しさだ。しかし梯子の塔を建設している間、彼は何日も何日も、昼となく夜となく心を乱していた。ワオラニ以外のエクアドル人や北アメリカ人もまじる建設チームは、こんなに美しい場所に優美な梯子を架けられることに、ただ高揚していた。これは以前にもやられた工事だったので、彼の懸念は苦々しく受け取られていた。

ワオラニの人々は、傷つけたり命を奪ったりすることを否定はしない。植物を刈り、サルなどの動物を狩

夜、林床から樹冠を見上げる

左はワオラニがセイボの樹冠まで行けるように設置してくれた梯子の塔

り、自分たちの文化を異国の入植者やほかのアマゾン部族たちから守るときには、相手を死に至らしめてもおかしくないほどに防戦する。居留地では、輸入食品や農業の広がりもあって森への依存度は減るが、ここでも山刀《マチェーテ》や銃の出番は少なくない。

木登り達人にとって、セイボの木を傷つけるのが問題なのは、伐採や殺戮に一般論として反対だからではない。セイボは生命の木なのだ。「これがなければわたしたちは死ぬ」と彼は言う。木をボルトで締めるのは、生命の源泉を傷つけ、辱める行為だ。さらに彼は、踏み段と手すりで西洋の思考を樹冠までやすやすと踏みこませてしまうことが、もっと言葉にしにくい理由から危ないと考えているらしかった。

来訪者にとっては、梯子の塔は目的を達成するための手段であり、森へ近づこうとする手段のひとつの表明、つまり森の本質についての表現だと言える。梯子の塔を建て、それを登るのは、倫理的な重要性で測るべき営みだ。梯子の踏み段に足を落としたときに踏み段がたてる金属音のひとつひとつが思考のめぐる音だが、これはえてして、森を真によく知る人々の思考とは不協和だ。

逆説的なことに、梯子の塔の存在が、よそ者たちにふたつの思考の違いから生じる結果をより深く理解させてくれる。梯子の上段から、わたしたちはワオラニの土地、ケチュアの土地を見、聞くことができるが、それればかりでなく、よそから持ちこまれた思考も目に入る。それはわたしたちが足を乗せている梯子段などよりずっと大きなスケールで森の精霊が破壊されゆくことを予言しているかのような眺めだ。

石油の眠る土地

シギダチョウが森に夕べの祈りを詠っている。七面鳥ほどの大きさのエミューの仲間は、めったに姿を見せないが、その旋律は毎夕たそがれどきにリズムをつける。銀細工職人のたてる音に似て、職人が金属を溶かし、形を仕上げていくときの、まじりけのない音調だ。アンデスの笛ケーナの音色や音調は、きっとこの鳥から想を得たのだろう。森の下層はすっぽりと闇だが、ここセイボの樹冠では、黄昏はまだあと三〇分ほどは続く。灰色がかったオレンジ色の落陽の光が、西から何者にもじゃまされることなく、シギダチョウの歌に耳を傾けるわたしたちに届いてくる。

光が褪せていくと、アナナスのカエルたちが発作的に、くつくつ笑うような、唸るような声を空中の池から発しはじめる。五分かそれ以上も鳴いたあと、カエルたちは突然沈黙する。何かしら音があれば、カエルたちはまた鳴きはじめる――はぐれカエルの声でも、人の声でも、ねぐらで仲間に踏まれた鳥の弱々しい抗議の声でも。

三種のフクロウがカエルに和した。カンムリズクは下のほうから定期的に唸り声を繰り出し、仲間や隣人、インガの木の低い枝に隠したヒナたちと交歓する。メガネフクロウが発するはずみのある低い声は、傾いた軸のまわりをてんでに回るゴムタイヤさながら不規則に繰り返される。遠くのほうではアメリカオオコノハズクが高音でトゥトゥトゥトゥトゥトゥと歌う。まるで延々と省略符号を打ちつづけているように。

昆虫たちが繰り出すのは、ドリルのような音、澄んで広がるさえずり、のこぎりを引くような音、それにちりんちりんというベルのような音だ。サルやオウムは、日中声であたりを制していたが、いまは眠りに落ちている。セイボの上部の葉は、落ちる日とともに吹く激しい突風にシュッシュッと鳴り、やがて風がやむとセイボにも静寂が訪れる。

日没から二時間。わたしたちは森のとても奥深くにいるので、空は白くまばゆい塵をまぶした真っ黒な天蓋であってもいいはずだ。ここに集まる人々は、もっとも近い街、コカからも、道路か川を一日がかりでやってきている。懐中電灯のほかには、食堂の発電機が束の間光るほか、電気と言えるものはない。それなのに空は、二方向の地平線からの光で明るんでいる。ほんの五キロ先の採油基地からあがるガスの炎とディーゼル発電の光は、まるで街の明かりのように闇にこぼれ出し、星を霞ませている。

セイボの葉のざわめきが落ち着くと、発電機やコンプレッサーの唸りが樹冠を洗う。アマゾン西部の生きた資源は白亜質の海岸の墓場の上に鎮座している。一億年前、日の光に恵まれて河口の三角州や海の浅瀬で旺盛に繁茂した藻類の堆積が、油を含んだ残滓《ざんし》となった。生物と文化の多様性を示す地図でとびぬけて色が集まるエクアドル東部とペルー北部は、石油の埋蔵地でもある。一〇〇億ドル、ひょっとしたら一〇〇〇億ドルの価値のある石油が、この森の下に眠っているのだ。

エクアドルの輸出高の半分と、政府予算の三分の一は石油関係である。西側諸国に対する債務を不履行にしたものの、いまエクアドル政府は中国に対して債務がある。石油で支払うべき債務だ。国民の多くが物質的に渇望していて経済的チャンスに恵まれない国では、アマゾンの石油は、いまよりいい暮らしへの架け橋に映るだろう。とりわけ、債務と石油の販売高が社会福祉に通じているとすれば。一方、政府の立場では、埋蔵物をくみ出すことは濡れ手に粟で現金を得る道であり、その先には再選が待っている。

石油採掘に異論が起こる国はほとんどない。北アメリカでは国内で反論の出ている油田はごくわずかだ。ほとんどの油田が当たり前のように開かれ、開発されている。北海は北ヨーロッパの国々に存分に採掘されているし、中東からの石油の流れを緩めるのは、戦争と市場の計算だけだ。

ところがエクアドルという世界経済の標準からみて自国に埋蔵されている石油に手をつけないでいる余裕などなさそうな国で、アマゾンの石油を採掘することは、大統領府から市民、森に住む小集団に至るまであらゆる階層に、抗議行動や創造的な議論を巻き起こしているのだ。

エクアドルでは、石油はまず国家のものだ。私企業に鉱物の権利はないが、石油の採掘権は、民間にも公営の企業にも与えられる。誰がどこを採掘するかを決定するのは政府だ。政府の決定のなかでもっとも議論を呼んだのが、ヤスニ国立公園のセイボの木からほんの数百メートルの一帯での採掘だ。国立公園は、広大なヤスニ生物圏保護区の一画で、生物多様性地図に記された「ホット・スポット」のなかでほとんど一万平方キロ近くを占めている。国立公園は六〇〇〇平方キロのワオラニ民族保護区に隣接している。ワオラニのなかには、あえて他の民族からは離れ、国立公園や保護区に暮らす者もいる。

ヤスニ国立公園の北半分は政府の石油採掘地区に指定されている。そのうちの一区画、イシピンゴ＝タンボコチャ＝ティプティニ（ＩＴＴ）・ブロックは公園北東部の境界線を含んでいて、一億バレル、すなわちエクアドルの埋蔵量の二〇パーセントに相当する石油があると言われている。ヤスニの近くには、すでに開発されている油田もある。一九七〇年代には、アメリカ合衆国の複数の企業が、森の一部を大幅に刈り取り、油まみれの廃棄物処理場を何カ所も作った。その除染は延々と続き、責任を誰がとるのかでいまだに法廷闘争が続いている。

油田への進入路が森林を切り裂き、生命のコミュニティに甚大な影響を与えている。市場への新たな道を得た狩猟家は森から食べられる獣を一掃する。移入者は先住民から土地を奪い、森を畑とプランテーションに変える。移入者が石油会社が雇った警備員に追い払われる場所では、かつては移動性の民だった先住民の集団が、道路沿いに村を築き、永住する。多くの共同体が、石油会社で働くか否かの議論で割れた。また、誰が益を得るかも同様に意見の食い違いを生んだ。助成や雇用は物質的利益をもたらすかもしれないが、産業経済に手を染めるのはえてして一時的な恩恵にしかならない。先住民集団は移入者に取って代わられていくからだ。

初期の採油地へと続く主要幹線道路のヴィア・アウカ沿いの樹木からは、アナナスがほとんどなくなり、そこに棲む動物も一緒に消えた。かつてはにぎにぎしかった鳥たちも、油の道には寄りつかない。セイボも、チェーンソーを免れたとしてもコミュニティの仲間を失い、沈黙してしまう。あるワオラニの男性が言っていた――石油を採掘することはセイボの手足を切断するようなものだ、木の命を切り取るようなものだ、と。また別のワオラニは、彼らの土地にやってくるよそ者の最新の集団と協働する方法を探そうと、企業主たちと交渉を進めている。

数年前には、エクアドルはそこに貯蔵されている鉱物資源が喉から手が出るほどに必要だったにもかかわらず、森を守る手段を見つけたかに思われた。二〇〇七年、ラファエル・コレア大統領は、国際社会が持続可能な経済開発のために、ITTの石油資産分の半分だけでも拠出してくれれば、エクアドルは地面の下にある燃料源を永久に埋設したままにすると発表した。その後大統領はさらに、国連とOPECに、開発途上国が化石燃料の埋蔵量と地球温暖化とを管理できるように援助する枠組みを作るよう提案した。

同時にエクアドル政府は、自国の行動にも新たな基準を設けた。二〇〇八年、エクアドル憲法がパチャママ——「われわれもその一部である」母なる大地——の権利を保護すると規定したのだ。それは、人間以外の生命が自らを守り、進化する権利であり、また、人間が、水と滋養のある食物を手にして生きる権利のことだ。ヤスニ地区に関する提案は、こうした権利の表明として、期待できるものに思われた。

コレア大統領の計画は、ヤスニから石油採掘を締め出し、燃やされていない炭素をその墓場に封じこめるはずだった。特に炭素の封じこめは、地球規模で重大な意味をもつ。地球の平均気温の上昇を、温暖化対策の目標値である摂氏二度以内に抑えたいなら、埋蔵燃料は手つかずで地面の下においておかなければならない。だから仮にわたしたちが宝の地図を持っているとしても、×印の地点には背を向けなければならないのだ。背を向けなければならない地点はたくさんある。知られているかぎり、地球全体の化石燃料の埋蔵量は、気温上昇の目標値を守ったうえでわたしたちが燃やせる量の三倍になるのだから。

コレアの提案は日の目を見なかった。エクアドルが石油を燃やさないままにしたとき、逸失コストを負わねばならないのはエクアドルだけになる。これまでのところ化石の炭素をもっともたくさん空中に解き放ってきた人々、つまりいくらでも入るポケットをもった先進工業国の市民たちは、石油採掘を抑制することによる財政負担を分かちもつのに乗り気でなかった。一方、石油を買うのにさしたる苦労はない。というわけで、セイボの木は日々機械音を聞かされ、夜ごと、熱帯雨林で一番立派な木よりなお高い支柱から上がる廃ガスの炎に照らされる。地盤調査の余波もくる。音の衝撃の反響で、石油が居場所を暴露するのだ。

抜け目ない戦略家らしく、コレアもヤスニ計画を発表する裏で代替案をもっていた。いまは代替案のほうが実行に移されている——油田の開発だ。二〇一六年三月、国営石油会社のペトロアマゾナスがＩＴＴに最初の油井をヤスニ国立公園のすぐ北の地点に下ろした。この地域の政治家のなかで、コレアは考え方で孤立しているわけではない。アマゾン西部の七〇万平方キロに及ぶ森林が、いくつかの国の政府に石油とガスの「ブロック」として区割りされている。これは、エクアドルとペルーのアマゾン区の大半と、コロンビアとブラジルの熱帯雨林の大きな部分からなる土地だ。これらのブロックの石油とガスの六〇パーセントが、採取され、あるいは探査されつつあり、そのほとんどは、以前は道のなかった森に貫かれた道沿いで稼働している。数は少ないが、道路がなく、パイプラインがあるだけで、空からか船でしか近づけない採取地点もある。残りの四〇パーセントはまだ販売促進段階で、どこの石油会社にも貸し出されていない。

地図を見るかぎり、今後アマゾン西部一帯でさらに石油採掘が進むのは避けられないように思える。だがエクアドルの人々には別の考えがあるようだ。多数派は、ヤスニに油田を入れないことに賛成している。国民投票を発議するのに充分以上の、七五万を超える署名も集まった。ところが、コレアの政治的影響下にある選挙評議会は、署名の多くが無効であると宣言した。掘削に反対する人々はいま追いつめられている。パチャママを守ろうとすると職を失うかもっとひどいことになる——裁判所からは、見解を異にする判事が追放される。わたしが言葉をかわした人の多くが、そんな心配をしていた。異議を唱えることは、いまや開発の名のもとに犯罪になってしまった、と。

石油採掘への反対運動はさまざまな形をとる。首都のキトでの反対デモ、非営利団体や研究者たちが出す論文や記者発表、インターネットを沸騰させる活動家たちの憤懣、エクアドルはいかにしてこの問題を収束させるべきかという外国からの意見――。この運動を、似たようなほかの多くの運動から際立たせているのは、その核心に、世界でもっとも生物の多様な森という生態のなかに当事者として生き、聞く人々のコミュニティがあることだ。そうしたコミュニティから生じた生きるための智慧が、政治の文脈や国の基本法に根づいている。森から出た思想が、森の思想が、国民国家を貫いているのだ。

そのような智慧に耳を傾けるのは、森の精霊について聞き、理解するのと同じほどに力量がいる。わたしたちはまともな情報もないままに先入観をもち、それが目隠しをし、事実をねじ曲げた偏見という障壁になる。森林の際にある油田の街コカでは、人種差別は遠慮をしない。ワオラニの蔑称であるアウカ――「野蛮な未開人」――がタクシー会社の名「コーペラティヴァ・デ・タクシー・アウカ・リブレ」になり、ホテルの名「ホテル・エル・アウカ」になり、油田に至る道路の名「ヴィア・アウカ」になっている。レストランではワオラニの人々はあからさまに蔑視されるし、南のほうへ行くと、シュアールの人々とアシュアールの人々が、どちらも人種的悪口に悩まされている。サラヤクのケチュアは、軍隊にこづかれ、名を明かさない暴漢に襲われる。

一方、善意をまとった偏見もある。森の人々の「無窮の智慧」に憧れる西洋人が、いかなる文化も変化することを認めず、アマゾンに発したものであれ、アテネに発したものであれ、文化がすべていまを生きていることに無頓着に、先住民に自分たちの理想を投影するのだ。スペイン入植以前の部族間戦争によってもたらされた革命、インカ帝国による大量殺戮、旧世界からの疾病が招いた多くの死、スペイン人の到来、何百年にもわたる植民地支配――アメリカ大陸に産業革命が到達する前にも、これだけの出来事があった。そして産業革命後、表面的な変貌の足取りは加速した。こうした外的要因が、どんな文化にも本質的に起こる、内なる進化と結びつく。

太古の人間性だの現代社会に侵されていないだのといった神話は、それもまた人々の本質を見ようとせず、アウカですませるのと同じことで、あらゆる文化が、同時代のアイデンティティを備えている事実を聞き逃しているのだ。

アマゾン先住の人々もまた、世界中のすべての人と同様に、自分たちの歴史を拠り所に世界を理解しようとするが、理解そのものも発展するし、それが外の世界に対して表現されるときには、実用的に選択され、文脈や話し手の人柄で色づけされるものだ。雨の音は葉先の形で翻訳される。だから下に落ちたときは、純然たる雨音ではなく、解釈された雨の音になっている。こうした先入観や誤解はわたしたちの耳を試すけれども、音を何もかも遮断してしまうわけではない。人々と話していて、わたしは木々を聞いた、少なくとも聞いたと思っていた——わたしというゆがんだフィルターを通して。

アマゾンの声

テレサ・シキはシュアールの女性で、癒やしを行う者であり、活動家であり、教師であり、伝道団からの脱走者だ。伝道団は彼女に貧しい食べ物しか与えず、聖人と聖像のことしか教えず、彼女の母語を禁じた。彼女は祖母を探そうと森に消えた。そこで彼女は植物に耳を傾けるすべを身につけ、植物たちが人間に提供してくれるものを聞き取れるようになった。

「木はみんな生きている人間で、言葉をもっているのよ。セイボはあらゆる植物の命を代表している。『この』木だけを聞くことはできないわ。どの木もたったひとりで生きているのではないから」。彼女は歩きながら耳を傾け、夢のなかで語りかけてくる植物を聞く。「わたしたちの夢は植物の根につながっているの、大きい植物のこともあるし、小さい植物のこともある、そしてわたしたちの祖先にもつながっているの。石油の採掘？　頭がおかしくなっていることの顕れね。ものぐさな空想に生きている人間の考えよ」

彼女が自分たちの共同体を変貌させている元凶と見なしている産業経済は、あたかも焼けた石炭の上を走る人間で、生産的でなく、逃げようとして失敗している動きなのだという。「そんなふうに走ってもどこにも着けないわ。そんなひどい夢がきたときは、セイボに向き合って、耳を澄ませて、木のなかから生きるの、木を近くに感じて。木のエネルギーだけがわたしたちの魂をもう一度満たしてくれる。それでこそ、生き抜く希望がもてるの。言葉のない関係を木とつなぐことでしか、そのエネルギーはやってこないのよ」。彼女は荒らされた土地に木を植えなおし、自ら主宰するオマエレ財団とともに、森の知識や薬を地元の人々や来訪者たちに伝え、人と森を支えてくれた関係性の再構築に努めている。


ケチュアの男性が、祖父を連れてくる。祖父は強力なシャーマンの倅《せがれ》だ。老人が語る傍らで、孫のそのまた息子が作り物のモミのクリスマスツリーのさらさらする針葉に、電球の線を巻きつけている。「伝道団はわたしらに、聖書を教え、書くことを教えた。わたしらはもう、木に興味がなくなった。その前は、森に耳を傾けて狩りをし、動物を見つけた。いまわたしらはほとんど忘れた」

孫息子はふたつの世代が失ったもの、森の言葉を学びなおしている。学んだ言葉を彼は、まわりの人々や世界中からやってくる客人たちと分かち合う。「木々のなかでただひとつ、セイボだけが嵐に耐える。広い枝で風を集め、猛威を削ぐ。セイボが切られるとわたしたちはこの強さを失う。シャーマンもいまは弱くなった。大方が嘘つきだ。森で、石油の掘削や産業から離れたところでは、セイボが集まり、守っている。ジャガーは枝に捕らえた獲物を隠す。ヘビとカメは下の柔らかい土に卵を産む。バクは鼻先でその地面の、腐った果実のにおいを求めて掘り返す。カタツムリやヤスデやコウモリは幹に集まり、板根の隙間に休む」

男性はわたしたちを街の傍らに残るもっとも立派なセイボのところへ連れていく。木はウシの放牧場と農場の施設に囲まれている。カタツムリもヤスデもごまんといた。隣家に住む少女は、夜、セイボの幹のなかや樹冠で精霊たちが小鳥のようにさえずり合うのを聞くという。彼女はそれが怖い。「時々神様が雷を落として、セイボにいる精霊たちを殺すの」。伝道団と石油採掘者と神様は、手を携えている。

街の中心部では、スーツを着たケチュアの男たちが役所で働き、あるいは行政の仕事を請け負っている。「国の中央政府は、母なるセイボの木を傷つけ、殺し、粉々に切り刻む。自然保護のプログラムでさえ、伐採を奨励している。わたしたちは自然の治療法も狩りも失った。国の進める自然保護策が先住民の生きる基盤を蝕んでいる。よそ者に損なわれずに先住民だけで所有し、管理している土地がなければ、森はばらばらになり、コミュニティは死ぬ。わたしたちはセイボのところに行って木に抱き着き、力をくれと頼む。ことに、石油工業や化学工業の人間と交渉する前には。森の音がわたしたちを導いて、助けてくれる。森の音でわたしたちは幸せにもなれば悲しくもなる。セイボにもほかの木と同じで、自分だけの音がある。立派なセイボにふれて歌を聞けば、わたしたちにはいいエネルギーが満ちるんだ」

もうひとりのケチュアの男性は、日々の半分は森に住み、半分は部族の土地が産業に蝕まれるのに反対する全国的な政治闘争に身を投じている。「木々には歌がある。川も生きて歌っている。わたしたちは彼らから、自分たちだけの歌を習う。木が歌うなんて頭がおかしいと思われる。頭がおかしいのはこっちではなく、わたしたちを見くびる人間たちだ。わたしたちの政策はこうだ――木々と川には音楽が、歌が、そして命があると示すこと、国立公園と呼ばれている場所を生きた森にすること、わたしたちの土地を庭園で取り巻き、花を咲かせ、音楽を奏でる木々で満たすこと。ここは何もない土地なんかではない。わたしたちはずっと昔から、木々が歌うのを知っていたし、森の無数の生き物たちと命を共にしてきたんだ」。だが国の「何もない土地の入植に関する法」では、ここには人はいないことになっている。

コケさながら、森の思いも羽をはやして飛んでいく。サラヤクの、入植者や石油採掘者に荒らされたケチュアの土地で、カルロス・ヴィテリ・グァリンガは仲間たちとともに言葉を紙に紡ぎ、森から羽ばたかせる。自分たちの共同体に加えられる数々の攻撃から身を守るため、彼らは自分たちの解釈を政治的な言説に翻訳し、学術誌や政治論集に発表している。物質的富の集積によってのみ測られる、開発途上から先進国へという直線的発展観を断固はねつけ、健全で調和のとれた暮らし――スマク・カウサイ、アリ・カウサイ――こそ「人間のあらゆる努力の到達点、あるいは使命」であるべきだとしている。そのような暮らしは、「相互扶助と連帯」があってこそ生まれるものだ。人間の共同体のなかで、はたまた共同体と、人もその一部である森の生物多様性や森の精神との間で育まれる「相互扶助と連帯」があってこそ。西洋的な発展はそうした関係性を壊し、「血と火」を押しつけるのだ。

アマゾンの木々との絆を断たれて、サラヤクの言説はアンデスのキトに舞い降りた。そこに綴られた言葉たちは、出所を明かすことなく国家の憲法に行き場を見出した――修正が加えられたのは、一見字面だけであるかに見えた。「われわれは……ブエン・ヴィヴィル、すなわちスマク・カウサイを築くために、多様でありながら調和のとれた、自然との新たな平和的共存の形を打ち立てるものである」

アンデスの空気にふれ、政府の庁舎に取りこまれたスマク・カウサイは出自との関係を失っていった。孤立したスマク・カウサイは、別のところからやってきた思想と手を携えるようになる。社会主義、持続可能性、産業経済などだ。アマゾンのスマク・カウサイが国家のブエン・ヴィヴィル＝よい暮らしになった。開発はブエン・ヴィヴィルだ。石油の掘削はわたしたちを国をあげてのスマク・カウサイに導く。森の思考が山を登り、国家の政治的中心に飛んでいった。その音楽は、人々から、セイボから、川から、土から、離れていった。そして森へもどってきたとき、それは石油掘削機の轟き、砂利道を踏みしだくタイヤの連続音になっていた。

森で生き残るための掟――相互扶助と連帯――が試されている。そしていま、危ぶまれているのは森そのものの存続だ。森では、攻撃が激しく戦闘が厳しいほど、繁栄するためにはうわべだけでない協働が必要になる。だからこそ、かつては緊張関係にあり、殺し合いも生じたほどの部族どうしも、協調の網を紡ぐ。軋轢は変わらずある。というのも、部族の自治は強固なのだ。それでもエクアドル先住民族連盟は、政府談話の論調や中身を変えうる程度には有力だ。人の環はいま、国境も超えていく。先住民の公園管理人どうしが国境をはさんで語り合う。中央アメリカと南アメリカ全域から集まった判事が、汎アメリカ人権裁判所に集い、政府と石油会社を相手取ったサラヤクの訴訟に耳を傾ける。裁判官たちはサラヤク側に有利な裁定を下した。エクアドル政府は裁定を受け入れ、勢力の一部を迎え入れたが、多くは押し返した。これに対して国をあげて精力的な、時には暴力沙汰にまで発展する反論が起きたことは、連盟の力の強さを映したものだと見ていいだろう。

戦闘の技法と科学は、アマゾンでいま最高潮へと昇りつつある。もし歌がそれだけしかなければ、森は絶望へと堕していくだろう。それはヴィア・アウカを見れば明らかだ。だが、生命コミュニティのスマク・カウサイも出現してきている。衝突につきものの緊張関係は緩みはしないが、そのエネルギーが創造的なものになれば、コケもカエルも、そして森の想いも、やがて空を飛ぶ。

バルサムモミ
Balsam Fir　森は思考する

オンタリオ州北西、カカベカフォールズ
北緯48度23分45・7　西経89度37分17・2

わたしは岩だらけの崖に立つ。眼下の谷は、北国の森林特有の色合いや材質の木々に埋めつくされている。モミの針葉の青緑、風に震えるヤマナラシやシラカバの葉の明るいひらめき、トウヒのとがった先端、沼地に生えるいじけた木の樹冠は薄暗く隙間があいていて、若々しい常緑樹の茂みのなかでは、年のいった常緑樹が風になぎ倒されている。わたしはそうした茂みの際《きわ》にある小道にいる。茂みは濃く密生していて、通り抜けようとするだけで葉や枝を引きちぎっていく羽目になる。そのバルサムモミは大方の若い木々より頭ひとつ抜けていて、高さは八メートル、およそ三〇歳だった。モミは小道から幹全体が見え、小高い崖に生えているので風をまともに受けている。夏には哺乳動物たるわたしの血を求めて群がってくる何百とない蚊に悩まされている身には、その風は束の間の息抜きになった。

細かな金属加工のような音が、バルサムモミのてっぺんから響いてくる。カーン、カーン。ザリザリ。鋲《びょう》が打たれ、粗い縁がやすりで磨かれる。鳥たちが木の先端にたくさんある実を探してつつきまわしているのだ。そのハンマーは一時たりとも止むことなく、群れをひとつにまとめ、種《たね》が一番豊富にある場所を教えて

カナダ、サンダーベイ近くの北方森林のバルサムモミ

いる。鳥たちが働いている間、削りかすが枝の間から落ちていく。実の鱗片は空気ほどに軽やかで、落ちながら針葉にふれてカチカチと音をたてていく。

夏、灰色がかった青い実はかたく閉じている。豊富に滴る松脂《まつやに》が鳥やリスを近づけない。いまは一〇月になり、実は茶色くなって、松脂も乾いて落ちてしまった。苞鱗《ほうりん》が緩み、薄い透明な紙が重なり合っているのが見える。一陣の風がそっと実をはたいて揺すると、紙の凧が漂い出す。あるものは空高く舞い上がり、あるものは旋回しながら地面に落ちていく。凧にはそれぞれに旅人がしがみついているが、バルサムモミの種は、運んでくれる凧の紙と同じくらいに薄っぺらい。種はとても小さいけれど、エネルギーがぎゅっと詰まっている。栄養の塊に惹きつけられて、鳥も風にまじり、実をくちばしでかきまわすのだ。実に取りこまれた太陽の光は、こうしていくつもの部分に分かれていく。苔におおわれた土手はモミの胚のエネルギーを受け取り、マツノキヒワは丸々と太り、ゴジュウカラは冬の蓄えを樹皮の下に押しこむ。

おしゃべりなアメリカコガラたち

バルサムモミで働く鳥のうち、アメリカコガラほど雄弁なものはいない。ここの森はモミとトウヒ、マツがびっしりと生えている。ほんの一、二メートル先も見通せないほどだ。だがアメリカコガラは、騒々しいおしゃべりのおかげで一〇メートル先からでも居場所が知れる。休みなく動いている体に似つかわしく、彼らの音楽はスウィングしてホップして、ピッチもリズムも自由自在だ。喉からデーア・デーアと空気を叩いたかと思うと、一オクターヴも上がり、ガラスをひっきりなしにひっかくような二音の悲鳴を震わせる。高音のジャブの合間にスラーをちりばめ、やがて声はぐんと低くなり、しわがれてチッカ・ディー・ディーと英語の自分の名前（Chickadee）を繰り出す。

バルサムモミの森を訪ねるたびに、わたしはアメリカコガラに検分される。わたしを査定しているのか、あいさつに来ているのか、単に通りがかっただけなの

バルサムモミのマツカサ

実に蓄えられた栄養の塊に惹きつけられて、鳥たちがやってくる

かはわからない。彼らの査察は徹底的だ。一羽が近づいてきて高い音域で呼ばわると、五、六羽が集まってくる。わたしは固まる。彼らは揺れるモミの枝に並んで止まり、わたしの顔からほんの数センチ先で首を傾げたりうなずかせたりしながら、表情の読めない暗い目でわたしを眺めまわすのだ。

彼らは耳障りな甲高い声をあげながら、わたしの顔の横から反対側へと羽ばたいていく。わたしは彼らを、きっとお互いに見えているに違いない姿で見ている——遠く、木のてっぺんに止まっている影としてでなく、とても手のこんだ柄の持ち主として。肩の灰色の羽毛が織りなす網目模様、刃を思わせる風切り羽、頬のフェルトのような毛。

時折、他種の鳥がわたしたちの集いに引き寄せられてくる。多分ニュースを知らせるコガラのさえずりの調子が変わったのに応えてのことだろう。アサギアメリカムシクイがやってきて、それからシロオビアメリカムシクイ、ムネアカゴジュウカラが飛んできた。よそ者たちはその場を一瞥するとさっさと姿を消す。

コガラはずっと好奇心が強くて、数分はとどまっているが、やがてモミの針葉にいる虫をあさったり、マツカサをつついたりしにもどっていく。こうして束の間飛来するのも、彼らにとってはお決まりの手順なのだろうけれども、コガラたちはこれまでにわたしが出会った鳥たちより、ずっと大胆で知りたがりだ。とりわけ驚かされたのは、彼らのさえずりの音調が、じつに細やかに抑揚を変えることだった。近くで耳を傾けているうちにどうにか聞き分けられるようになってきたのだ。最接近して聞いてみると、デーアという単調に思えた声にも、多くの変奏があった。

二六の簡単な幾何学的形状から、わたしたちは書き言葉を構築した。コガラの群れにわずか数分注意を向けていただけなのに、わたしの耳には、わたしたちの書き文字と同じくらいの数の文字素が飛びこんできた。こうした音の数々が、コガラの世界をどう織りなしているか、わたしたちにはごくぼんやりとしかわかっていない。繁殖期にはある種の呼び声が優勢であるとか、巣のまわりではこういう鳴き方をするとか。別のある音は危険を伝え、ごくわずかな変調に、どの捕食者による危険であるかの情報をこめる。ゴジュウカラはこの変奏を盗み聞きし、隣人のコガラが森にこれこれの恐ろしいフクロウがいるよと囁《ささや》きかわす噂を拾う。コガラはそのほかにもさまざまな音を使ってやり取りし、あたかも相性とかちょっとした対立といった微妙な問題までも伝え合っているかのようだ。わたしたち人間の言語と彼らのコミュニケーションはもちろん多くの点でかけ離れてはいるけれども、よく耳を傾けてみると、こと音色の豊かさに関しては、それほど隔たってはいないように思える。

鳥の記憶と木が未来にかける夢

わたしを監視しているのは社会性の鳥類だ。彼らの知性は個体にもあり、社会的関係のなかにもある。コガラはだから、二重の世界に、個の世界とネットワークの両方に生きていると言える。ただそれは、森の裡《うら》にあるそもそもの二重性の一例にすぎない——広く生物の世界に浸透し、おそらくは生命の起源のころにまで遡る二重性の。コガラの生活は映し出しているのだ。もっと縁遠いバルサムモミの世界を、森の、そして生物ネットワークの創造力旺盛なあいまいさを。

アメリカコガラの頭蓋骨のなか、神経の容量が増えるのは秋だ。空間的な情報を蓄えている脳の部位が大きく、より複雑になり、樹皮の下や苔の間に隠しておいた種《たね》や虫の在り処を覚えていられるようになる。モミの木の先端から鳴き声を降らせていた鳥のすばらしい記憶力は、晩秋から冬にかけての空腹に神経が備えていたものだったのだ。北の森に棲むアメリカコガラの空間記憶の部位は、特に嵩が大きくて密に配線されている。自然淘汰は鳥の頭に冬を叩きこみ、コガラが餌の少ない季節にも生き延びられるような脳を作り上げたのだ。

コガラの記憶は社会的な関係のなかでも生きている。この種の鳥は自分の群れの仲間を熱心に観察する。ある鳥がたまたま、餌を見つけたり処理したりするのにまったく新しい方法に行きあたると、仲間たちはその鳥を見て新しい方法を学ぶ。いったん身につくと、その記憶は特定の個体の生き死にに左右されなくなる。記憶は世代を超えて受け継がれ、群れというネットワークで生きつづける。

アメリカコガラがヨーロッパの親戚とよく似ているとしても、文化的知識の蓄積には地域の伝統があるはずだ。森のどの部分に棲んでいるかによって、マツカサのつつき方や虫のとらえ方に一定の好みがあり、それは偶然に学んだ祖先から受け継がれてきたスタイルだ。

何世代も前、森の西側に棲む個体がモミの種を素早く引きずり出す方法を発見したかもしれない。一方、東側の個体は西側とは少しばかり違ったやり方でマツカサを素早く割る技を編み出したかもしれない。新境地を開いた個体は死んで久しいが、西部と東部の違いは生き残っている。どちらもそれなりに効率的な方法で。

こうした伝統は個別性を超えていく。鳥たちは、たとえもうひとつのやり方を試してみてうまくいった経験があったとしても、自分たちの群れが好む方法に合わせようとするのだ。

鳥の習性はバルサムモミにはとても重要だ。モミの種子は大半が風で飛散するが、鱗片が飛び出していくきっかけになるのが、たいていは鳥のくちばしだからだ。

腹を空かした鳥は、木々の未来にふたつの正反対の影響を及ぼす。バルサムモミが子孫を残そうとする努力は、鳥が徹底的に実をついばむことで刈り取られる。木にとっては損失だ。種子を食べて、鳥は若木を肥やすはずだったエネルギーをかすめ取る。木の蓄えは鳥の胃袋に収まり、灰色の羽毛を艶々に保つ。この略奪行為は木にとっては大変な重荷で、同じだけの種子を再生するのに丸二年かかる。

けれどもコガラたち鳥は、略奪品を森のなかのそこらじゅうに隠匿して、結果として朽木など種子にとっては格好の寝床になる場所にゆだねてくれるのだ。冬の間、種子の多くが掘り返されて食べられてしまうが、なかには忘れられるものもある。

鳥の記憶は、つまりは木が未来に賭ける夢なのだ。見えない夢が現実になる場所は、何もアマゾンだけではない。別の種の生き物の知性と文化に根づく抽象的な神経作用であるとはいえ、コガラの記憶は、バルサムモミにとっては、土や雨、日光と同じくらいに重要な要素なのである。

世代を超えるバルサムモミの記憶

コガラが個体と群れとの両方に記憶を蓄えておくことは、バルサムモミの側の智慧と行動の原則を映した姿でもある。モミに神経系統はなくても、その細胞にはホルモンやたんぱく質が充満し、分子に指令を出して、環境を感じ取り、対応している。

植物の反応のあるものは気長で、例えば光に向かって伸びる枝や、肥えた土壌に向かって伸びる根の成長がそれにあたる。木の構造は行きあたりばったりなものではなく、絶えず環境を評価し、変化する条件への補正を繰り返した結果だ。小枝は木全体のなかでの自分の位置によって得られる光度を感じ取り、それにしたがって伸びていく。針葉は、陰になる部分では乏しい日光を最大限に取りこもうと平らな扇形になるが、日射が強い場所ではできうるかぎり日光を集め、なおかつ下方の針葉に落とす陰を最小限にするように、上に反り返る。枝が周辺の枝とは垂直になるように分かれていくのは、陰を作るのを避けつつ、自分はできるだけ日光に向かっていくためだ。

ほんの数分単位の反応もある。針葉の表側は蠟引きで、一部の隙もなく緑色の光沢がある。裏側には銀色の線が針葉の長さいっぱいに二本走っている。拡大鏡で見ると、滲んだように見えていた銀色の線が、一ダースほどの列になっているのがわかる。この列は畑の小麦のようにまっすぐに、緑の背景のなか、何百個も並んだ明るい白い点だ。ひとつひとつの点は呼吸のための気孔で、湾曲したふたつの細胞どうしの間にできた隙間からなる。細胞は針葉のなかの状態に関する情報を総合し、気孔を開けたり閉じたりして、気体を取りこんだり、水蒸気を放出したりしている。針葉の細胞はすべて同様の裁定を行っていて、環境についての情報を得ると、それに応えて信号を送ったり受け取ったりして、行動を調整しているのである。

そうした反応が動物の神経系統で行われると、「行動」とか「思考」と呼ばれる。言葉の定義を少し広げて、神経を有するかどうかという恣意的な必要条件を緩めたならば、バルサムモミだって、行動し、思考する生き物だと言える。実際、われわれ脊椎動物が神経を活性化する電気的勾配を作るために使うたんぱく質は、植物が同じような電気的刺激を生じさせるために細胞にもっているたんぱく質と非常に近しい。刺激を受けた植物細胞中の信号は不活発で、葉の端から端まで届くのに一分かそれ以上、人間の四肢中の神経伝達の二万倍もの時間がかかるのだが、その働きは動物の神経と同じで、植物のある部分から別の部分に伝達するのに、電荷したパルスを使っている。植物には、こうした信号を統制する脳がないので、植物の思考は散漫で、あらゆる細胞のつながりのなかに分散している。

バルサムモミには記憶もある。毛虫やヘラジカに針葉を食われると、歯の攻撃は木の化学組成に刻まれる。捕食者と接近遭遇《ニアミス》した後にコガラの神経細胞が示す変化とよく似た変化が起きるのだ。歯で襲われた後の木は、おいしくない松脂でいっそう防備を固める。ちょうどタカと出会って身のすくむ思いを味わった小鳥が、何かというとびくつきがちになるように。モミはさらに、一年近くも遡って気温を記憶している。この記憶のおかげで、細胞の冬支度をいつ始めればいいか判断できる。

植物の記憶は世代をまたいでいく。ストレスにさらされた両親に続く世代は、誕生の時、たとえその時点での環境が穏やかなものであっても、遺伝子の多様性を発現させるよう拡大した能力を継承するのだ。植物がどうやって記憶を保持するのか、部分的にしかわかっていない。アブラナ科植物の実験から、どうやらDNAを包んでいるたんぱく質の変化がかかわっているらしいことはわかってきた。DNAの輪を狭めたり緩めたりしっかりくくったり緩くくくったりして、将来的にどの遺伝子がもっとも役に立ちそうかという情報を蓄えているようだ。植物の記憶はこのように、生化学構造のなかに組みこまれている。

根と小枝は、光と重力、熱、そしてミネラルを記憶する。ダーウィンは若い豆の根を回転させ、根が以前の方位を何時間も覚えていることを示して、この能力の一端を発見した。ダーウィンは根の行動を、頭をなくした動物が体に満ちた記憶で動くのに擬《なぞら》えている。バルサムモミにはたしてアブラナや豆とまったく同じ能力があるものかどうかはわからないが、野の樹木の内部にも、実験室育ちの植物と同じ化学組成と細胞組織が備わっていることは事実だ。

対話する植物とバクテリア

植物の智慧の一部は体内にではなく、他の生物との関係のうちにある。根の先端はことに、生命コミュニティのあらゆる生き物、とりわけバクテリアや真菌類とさかんに交歓する。こうした化学物質のやり取りは、特定の種ではなく、生態系全体の意思決定を位置づけ

る。バクテリアは信号の役目を果たす小さな分子を作り出し、複数の細胞が集団として決定を下すのを助ける。同じこの分子が根の細胞を満たし、根の主である植物の化学物質と結びついて、根の生育を促し、建造を監督する。一方、根のほうでもバクテリアに信号を出して、バクテリアの栄養ともなり、遺伝子発現のスイッチにもなる糖を提供する。食物という光明と進むきっかけを与えてくれる化学信号欲しさに、バクテリアは根のまわりにゲル状の層を作って固まる。いったん出来上がると、バクテリアの層は根を外部の攻撃から守り、土中の塩分濃度の変化の影響を和らげて、発育を促すのである。

根は真菌類と対話する。土を媒介に化学のメッセージを送るのだ。メッセージを受け取ると、共生菌は根に向かって伸び、自らの化学分泌物で返事を返す。次いで根と菌はそれぞれの細胞膜の表面を変質させ、いっそう密にふれ合えるようになる。化学信号が発せられて細胞が育っていく手順が正しく進めば、根と菌はからまり合い、糖と無機物の交換が始まる。食料にと

どまらず、変質した根の細胞は、菌をわたり歩く化学信号の形で、ある植物から別の植物へと情報をも動かす。この分子たちが運ぶメッセージは、襲ってくる昆虫や土壌の乾燥といった、植物の生活にとってストレスになるもののことを伝えている。つまり土は、いわば青空市場だ。根たちは食料品を交換しに集まって、ついでにご近所の噂を仕入れていく。

全植物種の九〇パーセント近くが、土の下で菌と同盟を結んでいる。だからわたしたちの目が、森を、平原を、あるいは緑滴る都会の公園を映したとき、伝わってくるのは真実の片割れでしかない。わたしたちが見ている植物の瑞々《みずみず》しさは、植物コミュニティを生きたものにしているネットワークのほんの一部なのだ。多くの樹木、ことに、寒冷地の酸性土壌で育つバルサムモミのような樹種では、菌と根の関係が非常によく発達していて、菌の細胞が鞘《さや》のように、あらゆる根のまわりを取り囲んでいる。菌と植物は共同作業のおかげで、北方の厳しい環境でも旺盛に育つことができるのである。

このコミュニケーション網には、葉も一員になっている。葉にある細胞は大気を嗅いで周囲の健康状態を検知する役目を担うが、さらに大気に吐き出す香りで、毛虫を食べてくれる頼りがいのある昆虫を惹きつける働きもしている。このコミュニケーションには、音も一役買っている。毛虫が顎を動かして、その振動を葉がとらえると、この咀嚼音が、虫に対する化学防御を発動させるきっかけになる。周囲の状況を感じ取り、反応する葉の細胞は、こうして化学と音波の手がかりをひとつにまとめているということだ。

だが葉は、植物細胞だけからなるのではない。蠟質の表面には菌の細胞がまぶされ、内部には数十種の菌が宿っている。根の菌と同様に、葉にいる菌も細胞は植物細胞より小さくて、光合成色素をもたない。菌類は植物よりも動物に近く、太陽光からでなく、食物を体内に取り入れることで栄養を得ている。ここから、植物と菌の親密な関係があまねく行きわたり、うまくやれている理由を推し量ることができる。お互いにそこそこ違いがあるので、それぞれが相手に欠けている能を補うことが可能なのだ。

　この結びつきは、それぞれの生命の親たる木の異なる部分を融合し、抜け目なく多才な生理の生き物を、葉と根との両方に生じさせたのだ。菌が棲みついた葉は草食動物をはねつけ、病原菌を殺すことができ、植物細胞だけからなる葉よりも、気温の急激な変化にも柔軟に耐えられる。地球上にはおそらく一〇〇万種ほどの葉に棲む(「内部寄生の」)菌がいて、地上の生物のなかでも、もっとも多様な集団のひとつとなっている。

　ヴァージニア・ウルフは、「本物の生活」は集団の暮らしであり、「わたしたちのひとりひとりが個別に生きているちっぽけな人生」ではないと書いている。彼女の描くこの現実には、人間の兄弟姉妹だけでなく、木々や空も含まれる。わたしたちがいま、樹木というウルフの見解を裏づけている知識は、自然について得ている知識は、ウルフの見解を裏づけている。それも、ひとつの比喩としてではなく、内実をともなった実体として。ハキリアリと菌とセイボの根元のバクテリアとの連合のように、樹木の根と菌とバクテリアの複合体は、個別のちっぽけな人生に分けることはできない。森では、ウルフの言う集団の暮らしが唯一の暮らしだ。

　実験室の外では、樹木と他の生物との関係はさまざまなレベルでいっそう複雑になる。このネットワークのなかでは、何千もの生物を巻きこんで流れる情報にもとづいて、決断がなされる。コガラの文化などは、これに比べれば簡素なものだ。だから、思考しているのはひとりバルサムモミだけでなく、森全体なのだ。

　集団の暮らしには精神がある。森が「考えている」というのは単なる擬人法で言うのではない。森の思考は関係性の生きたネットワークから生じてくるものであって、人間の頭脳のようなところから生み出されるものとは異なる。そして、この関係性は、モミの針葉のうちにある細胞や、根の先端に集まったバクテリア、植物の発する化学物質を嗅ぎ分ける昆虫の触角や、木の実をどこに埋めたかを覚えている動物の記憶、周囲の化学組成を感じ取る菌などなどで紡がれる。

　この関係性の性質は多様で、だからこそ、森の思考の速度や組み立て、様式は、わたしたちの思考とは大いに隔たっているのだ。だが森林は、人間やコガラといった神経細胞を有する生物をも包含している。森の知性は、それゆえに、さまざまな形の思考の集積として表れる。神経と頭脳もまた、森の精神の一部——唯一の部品ではないけれども——なのである。

土のたてる密やかな音

鳥が餌をあさる物音がモミのてっぺんから降ってくる一方で、地面ではきんきんした騒音がたち上る。バルサムモミやトウヒの若木の茂みから、ふんぞり返ったエリマキライチョウが現れる。ライチョウの足取りは朽ちた針葉の上ではキツネのように忍びやかで、それが獣道をはずれると、ぱりぱりと細かい音がする。わたし自身の足は、割れたガラスをまき散らした歩道を歩くみたいに、ぎりぎりと音をたてる。

木の根っこでさえ、音を引き起こす。伸びつつある根が膨張すると、岩の欠片《かけら》がきしむ。その音はいたって密やかで土にこもっているので、わたしがその音を感知するのは、岩だらけの地面に埋めた探針《プローブ》を通してだ。根につつかれた岩片のつぶやきに比べたら、指先がプローブにかすった音ですら大音響に聞こえるほどだ。植物学者のなかには、根のたてる微細な音が植物の成長を促すのではないかという説を立てる向きもあるが、異論も多い。土のおしゃべりに耳を傾けた人間は数えるほどもいないし、はっきりした実験結果も出ていない。だから現段階では、こういう音が、成長にともなう単なるおまけなのか、根の間を飛びかう例の化学信号に匹敵する意味のある対話なのか、わたしたちにはまだわからない。

モミの木の周囲でひび割れた声をあげる土は、硬くて砕けやすい石からできている。黒いチャートと錆びた鉄が代わるがわる層になっているのだ。層の一部は鉛筆の芯なみの薄さだが、ほかは人間の指の太さくらいの厚みはある。チャートはほぼ二酸化ケイ素《シリカ》でできた鉱物だから、触るとガラスのような感触で、きれいな塊に割れるが、その縁は手が切れそうなほどに鋭くなる。細工に長《た》けていれば、この塊からナイフやヘラをこしらえてしまうだろう。そうした道具類――黒と錆色の独特の帯模様が特徴だ――が、この地に最初に入植したと考えられるパレオ・インディアンたちの、唯一の遺物である。その後に続いたインディアン文明はチャートの鋭い縁を使って、ずっと洗練された道具――手斧、針、鑿《のみ》など――を作った。

さらにその後、ヨーロッパ人が新たな使い道を持ちこんだ。切れ味鋭いチャートの縁を鋼鉄《はがね》に走らせると、火花が飛び散る。初期のライフルは、このチャートと鉄の「燧発《ガンフリント》」を用いて火薬に点火し、「火皿の火花」に狭い銃腔をくぐらせて、銃のなかに詰めこまれた炸薬に火をつけるという仕組みだった。バルサムモミの根が食いこんでいる地層は、この旧式の火器にちなんで「燧発式銃《ガンフリント》」地層帯と呼ばれ、アメリカ、ミネソタ州の中央北部から弧を描き、カナダのオンタリオ州西部を走っている。バルサムモミは地層帯のほぼ中央、オンタリオ州西部のサンダーベイから西へ三〇キロのところに生えている。

チャートとチャートの間は、鉄が薄い層になって堆積していて、この山の斜面が雨に晒されると、堆積物は濁った細流になって流れ落ちていく。地滑りや踏み分け道のわきが崩れかけて岩が比較的新しく露頭した箇所は、あたかも屑鉄処理場のありさまで、岩から濾し出された鉄分の錆びついた塊が転がっている。下流では、川は鉄分と、森の土壌から滲み出したタンニンとで、出すぎた紅茶の色になる。

これらの岩が海の底に落ち着いてから、ほぼ二〇億年が経つ。当時、増えつつあった酸素が、海を気ままに漂っていた鉄を酸化した。酸化された鉄、つまり錆は海から分離して分厚い層になった。世界中で、「帯状の鉄」の堆積層が作られ、この時期の地球の歴史を特徴づけている。また、大量の鉄が岩に閉じこめられたため、現代のわたしたちは鉄を求めてこうした地層を探る。ガンフリント地層帯にも、点々と大きな鉄の鉱床が存在している。

たんねんに調べてみると、錆びた鉄にはさまれたチャートの層には、酸素の源であり、鉄が堆積した原因となったものの片鱗が窺える。チャートの微細なケイ酸塩結晶に、繊維や球のようなものが食いこんでいるのだ。遠い昔に死んだ細胞の刻印だ。いまではオーストラリアのもっと古い岩に最古の座を奪われてしまったが、かつてはこの繊維と球が、もっとも古い生命の化石と考えられていた。細胞のほとんどは光合成をするもので、太陽光の力を借りて炭素を糖へと溶接し、そのはんだごての先から酸素をぶくぶくと吐き出していた。モミの根も、ライチョウの肢も、わたしのブーツもみんな、深遠な生物の歴史にふれて音をたてたのだ——地球上の最初の生命が地層に記した目立たぬ印を響かせて。

この化石について、ダーウィンは何も知らなかった。彼が生きていたころ、化石が遡るのはおよそ六億年前のカンブリア紀までだった。カンブリア紀の、複雑にして大型の動物に先行する化石がいっこうに見つからないのは、ダーウィンにとって「説明のつかない」謎であり、それがきっと自分の進化論に対する「有効な反証」になるに違いないと彼は考えていた。ガンフリント地層帯の化石が見つかるのはようやく一九五〇年代に入ってからだ。この発見で地球上の生命の年齢は以前考えられていたものの三倍以上となり、オーストラリアの発見でさらに一〇億年以上が加わった。生命は少なくとも三五億歳以上で、じつにダーウィンが睨《にら》んでいたとおりの古さなのだ。

ガンフリント地層帯の化石は巧みに身を潜めていた。炭素が深くしみこんだチャートは、黒檀なみに真っ黒だ。この炭素が、生命の痕跡が岩のなかに存在するかもしれないヒントになる。化石の細胞は肉眼で見ることのできる大きさの五〇分の一で、古生物学者ははっきりとした像を得るため、分解能に優れた電子顕微鏡のビームを化石にあて、返ってきたエネルギーをコンピュータに投影して三次元画像を作っている。現代の顕微鏡技術のたまものが公開されているおかげで、インターネットに接続できる人なら誰でも、地球最古の細胞の姿を見ることができるのだ——ダーウィンや彼の時代の人々が、動物の骨やそのほか人間に検知可能な遺物を見たのと同じ精密さで。

自らの腐食物を下敷きに、多様な種が栄えている森のコミュニティに比べると、化石のコミュニティを形成する種の数はごく少なく、せいぜい二〇種ほどだ。多細胞生物はひとつもない。現代の光合成バクテリアの繊維状細胞と驚くほど酷似している細胞も多く、そのほかは単純な球形で、ごく少数、糸状の腕ないし厚いカプセルを装備したものがいる。大きさも多様性も形も控えめではあるが、ガンフリント地層帯のコミュニティは、のちに進化する多細胞種どうしのもっとも重要な関係性と生命の推移を予兆している。人間の造り出す音楽や造形芸術にも似て、生命は主要なモチーフと関係性とを、ごく初期から確立していたのだ。シロエリハゲワシの骨でできた旧石器時代の横笛は、知られているかぎり最古の人造楽器だが、ハゲワシの骨楽器以後の時代の多くの楽器で用いられているのと同じ五音音階になっている。同時代の画家と言えばラスコーの洞窟の壁に獣たちを躍動させた芸術家で、ピカソに言わせると彼らが「すべてを発明した」。

音楽や視覚芸術同様に、生物学もまた、ひとつのテーマを即興的に、あるいは綿密に仕上げていく物語であり、そのテーマが胚種にまつわるものであるというだけだ。ガンフリント地層帯においては、テーマは拮抗だ。太古の昔から生命を支配してきたテーマである――個と集団が、そして原子とネットワークが引き合う、生産的な綱引きだ。

個と集団のあいまいな境界

ガンフリント地層帯の細胞の一部はプランクトンとして水中を漂っていた。複数の生物が緩やかに集合したどろどろのマットに覆われて、ぬかるんだ水底の上に浮かんでいた。生命はすでに、分かれてコミュニティをなし、そこでは幾多の生命がそれぞれ異なる生き方を採っていた。一部は一見きわめてバラバラに、別の一部はもっとずっともつれ合って生きていた。

ガンフリント地層帯のチャートに残るもっともありふれた化石は、単にもつれ合っているだけでなく、融合している。こういう化石を見るには、少なくとも最初のうちは、顕微鏡を必要としない。上から見ると化石はモザイク状になっていて、ひとつひとつの薄片《タイル》はさしわたしが数センチのものから、一メートル以上になるものもある。薄片は同じ大きさの薄片の上に積み重なっているので、目に映るモザイクは、薄片が重なってできた柱がくっつき合って、一メートル近くも垂れ下がったものの表面の部分である。柱はそれぞれがストロマトライトだ。生きていたとき、ストロマトライトは折り重なった微生物に覆われていた。微生物の織物は前の世代の堆積の上に新たなる層を築き、ひとつの都市なみに大きくなっていった。何百年という歳月を経て、微生物は自分の家を、山裾の村から人口稠《ちゅう》密《みつ》な塔へと押し上げていったのだ。

ストロマトライトの生きた組織は表面上方に安住し、太陽の光を浴びていた。光合成バクテリア、ガンフリンティアの連なる渦や糸が、生物織物の主たる材料となっていた。別のバクテリア、ヒューロニオスポラとコリムボコックスのコロニーは大きめの球体で、コケのベッドから生えてくるハーブさながら、より糸のなかに棲み処を見出していた。このあふれる緑のなかに孔を穿っていたのが小さな球体で、その化学組成からするとどうやら草食性か、ほかの種を分解する質のものだったようだ。ほかにも、役割のよくわからない細胞が一〇種ほど、ガンフリント地層帯のストロマトライトのなかに棲んでいた。こうした生命体の化石は明らかに、生態系が緊密に結びつき、相互に依存していた事実を示している。

メキシコやオーストラリアの暖かなラグーンは、現代を生きるストロマトライトの住まいになっていて、現代っ子には新しい種ができているとはいうものの、この当代の仲間を通じて、ガンフリント地層帯のストロマトライト集団の動態を垣間見ることができる。セイボの樹冠のミニチュア版よろしく、現役ストロマトライトはその層の表面、ほんの一ミリほどの上に、異なる生物たちを生かしている。コミュニティの多様な住民たちは、隣人の生産する化学物質を栄養にしており、数種の生物間の相互依存関係が、このコミュニティの性質を、根本的に形作っていると言える。化学物質量の勾配と電子の流れがこの生きたマットを活性化する。夜になるとコミュニティは太陽光を貪ることから硫黄の処理へスイッチを切り替え、それに合わせて内部の化学組成を変える。もしもガンフリント地層帯のストロマトライトもいまどきの仲間と似たようなものだとしたら、彼らはいわば、楽句《フレーズ》があってこそひとつひとつの音が生きてくる、そんな生命の音楽だったに違いない。二〇億年の昔、すでに個と集団の境界はあいまいだったのだ。

では「個」とは、ガンフリンティアの細胞のひとつひとつなのか、あるいは細胞が糸状に連なった鎖なのか、あるいはストロマトライトが結集してできた円盤全体なのだろうか。おそらくは、そんなふうに「個」をつき止めようと——生物の「単位」を探そうとするのが間違いのもとだ。生命の根源的な特質は、原子にあるのではなく、関係性にあるのだろう。ガンフリント生物群の本質は、相互作用のネットワークであって、個の集まりではない。こうした疑問にたったひとつの解で答えようとすると、微生物たちの小宇宙の現実の、どこかの部分と相反することになってしまう。生命はいまや、地球全体をひとつのストロマトライトに変えている。互いにつながり合った有機体のネットワークのごく薄い膜が、過ぎた時代の瓦礫の上に積み重なった大地の岩石を、覆いつくすように広がりつつある。

ネットワーク——生命の根源的な性質

チャートに根を張るモミの木は、地球規模の細胞膜を織り上げる糸の一本だ。樹木は、一見個の典型のように見える。垂直に伸びる幹が、網の目組織とは真逆のありように思えるからだ。実際モミは、単独の種子の単独の胚から発生するし、そのＤＮＡは唯一無二の遺伝的指令を出す。幹が倒れたときが個体が没するときで、生物原子には始まりと終わりがある。

しかしどんな樹木もそうだが、モミの個別性はひとつの幻想でもあり、特定の角度から見たときにだけ目に入るものだ。針葉も、根も、すべて、植物とバクテリアと菌類の複合体で、ほどくことのできない織り物だ。モミの個々の胚は、鳥が植えつけたものだけれども、その鳥は、羽毛がバクテリアによって光沢を帯び、腹のなかには微生物が群生しており、しかも相互交流のある社会に生きている。種子がぱっくりと口をあけ、発芽してからも、草食のヘラジカに呑みこまれ、四つに分かれた消化微生物のプールに浸からなかった場合にかぎって、若木に育つことができる。ヘラジカがいない環境は、オオカミや人間の狩人、ヘラジカに線虫やウィルスを媒介してくれる蚊がいてくれなくては成り立たない。

現代のストロマトライトに支えられた緑——モミが育つ森——は、アマゾンの森とまったく同じように、空に種をまき、自分たち独自の雨を呼ぶ。大気は、マツやトウヒ、モミの芳香を集めて分子を作り、それが靄《もや》を引きつけて水滴にする。これにほこりや煙、それに北アメリカの排気ガスが加わって、細かい雨が降る。モミの生命は関係性だ。原子から別の角度に頭をそらすと、生物はネットワークでつながっているだけでない、ネットワークそのものであるのが見えてくる。

原子とネットワークの引き合いは、ガンフリント地層帯の時代よりさらに時を遡る。チャートに保存されてきたストロマトライトのコミュニティは古いが、その細胞はその時点ですでに、一〇億年からそれ以上もの時間をかけて進化してきていた。生命の起源はなおいっそう深く埋められているのだ。

ここ数十年、生物学では生命を、自己複製のプロセスと定義してきた。したがって、生命の第一歩を生化学的に説明するのは、自らを忠実にコピーする安定した分子を探すことだった。そういう分子はたしかに存在する。もっとも有名なのが、ＤＮＡの化学的親族であるＲＮＡのいくつかだ。こうした分子は、いわば生命ある折り紙で、自分を折りたたんで新たなコピーを作る。形と機能がひとつの分子のなかで結合しているのである。もし生命がこのように始まったのなら、それこそ、個別主義の勝利となるだろう。だが、化学ネットワークは、生命の起源にこれとは異なるモデルをさし出してみせる。

ネットワークは関係性の集合で、いったん確立すると個々の個体ではなく、ネットワークそのものを再生する。もっとも単純な形が三つ巴だ。分子Aは、自分自身をコピーするのではなく、分子Bを生み出す。するとBは分子Cを作り出して、このCが今度はAを作る。実験室では、初歩的な前駆物質から分子が集まってネットワークができ、やがて自己複製分子を適者生存で淘汰していく。

人工的に作られる最初の細胞も、ネットワークの性質を帯びている。相互につながった小さな仕切りの列に化学反応をしかけるとき、生命に似た特性が出てくるのだ。たんぱく質の生産サイクル、信号になる化学物質の勾配、そして、内的状態を平衡に保つ力。わたしたちの体内の細胞はみんなやっていることだ。人工細胞では、ネットワークの配列が反応の速度や振動のリズム、信号が作られる方式を決定している。ネットワークなしの均質な化学のスープでは、生命の香りはたたないのだ。

これと同じネットワークの重要性が、いまや生命工学産業でも際立ってきている。DNA操作の黎明期には、研究者たちは単独の細胞を操作して、単純といえば単純な課題を達成した。例えば、人間のインシュリン遺伝子だけをとりわけて、一株のバクテリアに挿入する。するとこの改変バクテリアの子孫は、慎重に管理された培養基のなかで生かしつづけられ、倦《う》むことなくインシュリンを製造しつづける薬品工場になるわけだ。だがもっとこみ入った課題になると、個にこだわっていると間に合わなくなる。遺伝子技術者たちは、木材を液体のバイオ燃料に変えたり、汚染物質の混合物を浄化したりすることのできる単一の細胞株を開発できていない。むしろ、他の細胞と作用し合うように操作された細胞どうしが協力し合うネットワークでなら、単独の細胞には成し遂げられなかった課題が達成できるようなのだ。実験室から飛び出した世界はもっと複雑だ。生命の生態系も進化も、関係性のネットワークに活性化されている。

化学的な関係が化石化することはめったになく、古いチャートなどまさに不透明だ。だから生命がどのようにして始まったのか、わたしたちに正確にわかることは、決してないのだろう。ただ、ネットワークは個人主義よりも進化的には強固で有効に思える。ネットワークは競争者を追い払い、細胞の化学物質を活性化し、時間を超えて引き継がれる。

ネットワークもいったん完成すると個のように呼ばれることもある。だがこの個の性質は、関係性の集積によって作られるのであって、特定の分子が変わらず存在するとか、決まった遺伝子コードがあることによって決まるのではない。関係性の特質は時とともに変わっていく──最初の三つ巴にDへのフィードバックが加わり、Aが任意になるかもしれない。だがネットワークそのものは残り、それが、その生命の形態の本質である。つまり生命は、その基本に矛盾をはらんだ創造的な二面性をもっているということだ──原子かネットワークか、どちらもなしか、どちらもありか。これはたとえ話ではない。これこそ生命の根源的な性質だ。生命はふたつの異なる存在をまたぎ、それだからこそ、死んでいた宇宙に息を吹きこんだのだ。

生命の起源の化学の混沌からガンフリント地層帯の中庸期を過ぎ、現代の森へと、生命のネットワークは単に存在を続け、多様化してきただけでなく、ここにきて、初期のころのちっぽけな姿に比べたら、数千倍も大きな細胞や生体を受け入れるようになっている。現代の生き物──生物界を支配する微生物たち──の多くは、多細胞化の道を進まなかった。彼らは、祖先と同じく、離合集散を繰り返す無政府状態を生きている。だが少数ながら、連邦制が定着するケースもある。集まって沼から抜け出し、無政府主義の仲間に覆われながらも泳ぎ、這い上がり、ストロマトライトを越えて、大型化の世界へと乗り出していく微生物たちだ。

酸素をたっぷり含んだ海は、激しい新陳代謝で腹を空かせたこの新種の生き物たちを生き延びさせるのに必要な環境を提供した。ただ酸素は、生命が寄り集まってもっと安定して、調和のとれたコミュニティを作るにはどうしたらいいかという大問題を解決してはくれなかった。モミの木であれば、針葉や根、樹皮が個々に再生しようとすることの利益は、細胞の集合体のより大きな利益のなかに完全に包摂されている。この状態には不安がある。大きな集団の利益と、内部の小さな集団の利益とが対立すれば、長い目で見た持続性が脅かされるからだ。抑制のない細胞の個別性という腫瘍は、内部からネットワークを破壊する可能性があり、現に破壊することがある。実験的環境で、バクテリアに関係する細胞すべての利益になるような細胞の集合体を自発的に作らせる。植物や動物の原初的な形だ。そのうちにバクテリア細胞の一部が変異し、コミュニティ全体の報酬を刈り取り、しかもコミュニティの存続に必要な返礼をしなくなることがある。こういうちゃっかり者は短期的にはわが世の春を謳歌するが、やがて数が増えすぎて、集合体そのものが内部から崩壊する。では、モミの木やコガラにまで行きつくには、どう縫い合わせていけばいいのだろうか。

ほんの時折、変異によって個は犠牲となるものの、全体には利益となる場合がある。こうした変異が、細胞の集結を強固にする縫い目になる。通常、分化、つまり細胞が体内であるひとつの役割を帯びることは、効率化への有効な一歩であると説明される。よき葉になろうと、あるいはよいマツカサに、根になろうと一心不乱に努力する細胞は、汎用細胞より抜きんでると考えられる。もうひとつ、ややわかりにくいかもしれないが、細胞の分化を促進する変異は、細胞の個別性を閉ざすという意味でも集団の利益になっている。孤立した根の細胞は生き延びられない。だが葉の細胞と結びついた根の細胞は、ダーウィン的進化の成功者で、もはや単独の細胞として自己の利益を追求する立場にもどることはありえない。

遺伝的にあらかじめプログラムされた細胞の死もまた、孤立した細胞が進化する見こみを閉ざし、集団を有利に導く変異だ。わたしたちの神経組織は、余計な細胞が自己犠牲を発揮して適度に死んでくれなければ、見当はずれにからまり合う一方だろう。足のつま先も、掌も、胎児の時期に指の間の細胞が死んでいなければ、くっついたままになる。分化やプログラムされた早すぎる死といった、こうした細胞の変化は、摘み取ることのできない結び目だ。一度結ばれたなら、生命のより糸はもう滑らない。織り目は固く締まる。

交易——毛皮・金属・木材

摂氏マイナス四〇度で、寒気は活気づく。もはや単なる感覚ではない。それははっきりとした存在感をもち、わたしの肉体の境界線を強引に押してくる、強力な意識の塊だ。モミの木のまわりで座っていようが立っていようが歩いていようが、寒気の握力はどんどん強くなり、北国のレスラーよろしく羽交い締めにしてくる。寒気がふれると焼けるような冷たさがわたしの顔を、背を、掌をないでいく。わたしは定点観測を一回につき二時間にかぎり、終わると大股で駆け出すか、街に逃げこんで、がっちりつかんで離さないレスラーの腕を少しでも緩めようとする。

寒気は、人間の肉体を襲うだけでなく、音も曲げる。森は気温が逆転していて、冷やされた空気がいくらか暖かい空気に蓋をされてたまっている。冷たい空気は音の波にとっては糖蜜みたいなもので、冷気を通るとき、音は上空の暖かい空気をわたる音よりも遅くなる。この速度の違いで、気温の差が音のレンズになる。音波は下方へ曲げられて、音のエネルギーは三次元のドームに散ってしまうかわりに二次元でしか進めずに、地面に沿って流れるので、その活力は地表に集中する。普段ならくぐもって聞こえないくらい遠くの音も、冬の宝石商の氷のルーペに拡大されて、ごく近くからのように耳に飛びこんでくる。

貨物列車の汽笛が、耳を打った。線路は雪のなかなら歩いて一時間近くもかかるほどの距離にあるのに、今朝はディーゼルのエンジン音もスチールの車輪の音も、わたしの足の下をまっすぐに走り抜けていくかのようだ。トラックのエンジンがカナダ大陸横断高速道路の上り坂を上がっていく。タイヤのゴムが氷の路面の上を回る。それにスノーモービルの荒々しい悲鳴。すべてがモミの森のなかで、リスやコガラのチーチー、ディーディーいう声にまじって聞こえてくる。

ここには現代と太古の太陽光があって、北国の音のパノラマに姿を見せている。リスが齧るモミの芽も、コガラが隠れた種や虫を探してつつく樹皮も、どれもが過ぎた夏の光合成の産物だ。一方、ディーゼルやガソリンは、太陽の光が圧縮され、一〇〇〇万年、いやもしかしたら一億年もの間封じこめられて発酵してきたものが、ようやく解放されてエンジンの轟きという歓喜の声を上げている。核の融合するエネルギーがわたしの鼓膜を叩く。これもみんな太陽の光を歌にしようとする、生命の押さえがたい衝動のおかげだ。

貨物列車は東に向かっている。きっと間違いなく、カナダ西部から穀物をサンダーベイの巨大なサイロ団地に運んでいるのだろう。ここは世界最大の穀物輸出港のひとつだ。サンダーベイから穀物を積んだ貨物船がスペリオル湖をわたり、世界中を網羅する交易の途につく。サンダーベイ博物館には、交易相手を示すリボンをとめた世界地図がある。アジア、ヨーロッパ、アフリカ、そしてアメリカ大陸の国々。世界を結ぶ縫い取りだ。

穀物サイロと並んで、同じくらいうず高く積まれているのは丸太と木材パルプだ。こちらの山は木質ペレットの工場や製材所、製紙工場に行く。冷気のなか、製紙工場が吐き出す蒸気は、街の南に見えている山々の稜線に負けないほど高くあがって空いっぱいに広がり、絵描きがうっとりするくらい、刻々と色を変え、厚みを変え、形を変えていく。

近づくと、音もまた多彩だ。コンベヤーベルトの規則正しい金属的な鼓動がリズムを受け持ち、ガスのパイプはぜいぜい言ったりため息をついたり。カナディアン・パシフィック鉄道の機関車は、積み荷が降ろされるのを待つ間、ピストンの指でドラムを叩く。金属板の壁のなかでは、低く喉を鳴らすような音が轟いている。木々は消化されてパルプになり、平らにつぶされる。

製紙工場につきものの、工場の配管のかもし出すにおいは、操業音の聞こえてくるはるか前からわたしの鼻に届いていた。粉砕された木の朽ちた熱い香気に、硫化水素の鼻をつくにおいがまじる。西から運ばれる穀物と同じく、北国の森の木々も、この港から地上の各地へとわたっていく。カナダは製材業では世界をリードし、木材パルプではアメリカ合衆国に次いで二位だ。この二種の木材製品は、世界全体でおよそ一〇パーセントがカナダの森から生まれている。

バルサムモミの森の縁は、人類が特に激しくものを流通させてきた場所だ。今日、もっともさかんに動かされている生物の秘めたエネルギーは、燃料、穀物、それに木材という形をとっている。二〇〇年前には、毛皮とタバコが交換通貨だった。夏になると、カナダの北部や中央部から罠師が集まって来て、獣の生皮をよじった葉っぱと取引したものだ。このモミは、そうした昔の交易路のわきに立っている。四〇メートルの落差があるカカベカ滝を迂回する陸路だ。荷を担ぐ男たちがところどころ錆色のにじむガンフリント地層帯の道をとぼとぼと登っていく。各々が四〇キロの荷をふたつずつ担ぎ、内陸への高速水路であるカミニスティキア川に浮かべたカヌーへと運ぶのだ。彼らの働きのおかげで、バージニア産のタバコの葉が森まで届けられ、森からは何十万という生き物の皮が、ヨーロッパにわたっていく。ビーバーは下毛がフェルト帽子に重宝されたが、北国で毛皮を着ている獣の皮は、残らずここを通った――ジャコウネズミ、キツネ、カワウソ、クマ、そして極地のアザラシまでも。

毛皮の交易はじきに立ち行かなくなり、地域経済は鉱業と木材輸出にシフトしていく。それは遠い昔の人と人との交わりのこだまだった。植民者たちが入ってくる以前、このあたりの先住民の掘る銅が南アメリカに運ばれ、製陶技術が北へ流れてきた。バルサムモミの樹脂がカバの樹皮で作るカヌーの継ぎ目をとめ、防水機能を果たしたのだが、このカヌーがあってこそ、銅と製陶の交換が可能だった。交易品も知識も、松脂の芳香に包まれて行き来したのだ。

人々は毛皮を追い、金属を追い、木材を追う。昔は交易路を往来した。やがて植民して地所を確保するようになり、近ごろでは職を求めて遠方から出稼ぎにやってくる。穀物の交易ルートを示す色つきリボンは地球全体を覆うように綾なすが、ここ、交易の中心地と世界のつながりは、この地の文化の多様さにも見て取れる。カナダの先住民であるファースト・ネイションの保護地区のひとつフォート・ウィリアムは製紙工場

穀物の交易相手を示すリボンをとめた地図

どの穀物がどこへ運ばれるかを示している
（サンダーベイ博物館）

に隣接している。このネイションはあたかも、オジブワ族の住む孤島だ。植民者たちが押し流すように奪い、占拠した土地に囲まれてしまっている。フランス人と英国人の居留地や砦はなくなったものの、彼らの亡骸は、あらゆる交易を支えた川筋に沿って、近くに埋葬されている。

近代的な街で、わたしはフィンランド風のカフェで塩漬けの魚を食べた。耳に入ってくるのは、現役を退いた人たちのフィンランド訛りの英語のおしゃべりだ。道の先にはイタリア文化センターと、ポーランド語で礼拝をする聖カシミール教会がある。夏にはインド祭りが行われ、ドイツや香港から来た貨物船をバックに、水辺でバクティの舞踊が繰り広げられる。プレスリーゆかりのグレースランド風に飾りつけたダイナーでは、エルヴィスが"Funny How Time Slips Away"を歌っている。どれもが鉄道や製材所、船着き場からさほど遠くない。

このような関連も人やものの動きも、太陽を原動力に動くネットワークの延長のようなもので、それを人間という生き物の活動が媒介しているのだ。わたしたちはガンフリント地層帯のコミュニティの行動様式を踏襲している。流れ、交歓し、互いに依存し、ガスを抜く——われわれのほうが熱くまた広く活動して、ネットワークの世界をより素早いものに織りなおしたかもしれないが、大きく思える変化も、とりたてて新しいものではない。

ストロマトライトはひとつの革命をもたらした。ガンフリンティアの出す酸素が燃えると、偶然の作用でたまたま新規の化学物質から守られていなかった微生物は、どれもやられてしまった。するとストロマトライトの子孫が先祖より強くなり、祖先を窒息させ、幾層ものバクテリアの群集を噛み砕いていく。その結果ストロマトライトはもはや、競争が最小限しかないラグーンでしか生きられなくなった。進化のはじめ、木々も先行者たちから多くを奪った。足元の幹のない植物に届く前に、日光をわがものにしてしまう。古代の森から放出された余分な酸素は、飛ぶ虫や大型動物の進化を促した。これらの変態はいずれも破壊的で、すべて関係性の変容をともなっていた。寒さにかじかんだ耳に聞こえてくる音は、種子を積んだ貨車を引くディーゼル機関車のエンジン音も、陸路、金属鉱石を運ぶトラックの音も、どれも昔ながらのテーマ音の変奏曲なのだ。

生物ネットワークが長い間沈黙していることはめったにない。いつかは必ず、簒奪《さんだつ》と革命が、創造と破壊がやってくる。思考も、感触も、そしてリズムも死に絶える。わたしたちが生まれたときから慣れ親しんだ音楽を愛する身には、辛い喪失だ。次いで登場するなじみのない、きしんだ音に、最初は不協和を聞き取るとしても、おそらくそれはいつか途切れなく、新たなハーモニーへとつながっていく。

ランドサット——北の森の土を知る

一九七二年、ランドサット衛星が——トラックほどの大きさに天文学の新時代の粋を集めた機器が、周回軌道に打ち上げられた。これでわたしたちはもう、移り変わる星座を見上げては未来を占うことはない。自分たちの星を手にしたのだから。二〇一三年には八代目のランドサットが打ち上げられた。地球の植物と地勢を宇宙から観察する試みで、もっとも息長く続いている調査だ。歴代の衛星は空を滑り、一〇〇分ごとに地球を周回して、電子センサーを使って眼下の様子を記録する。小麦畑で働くコンバインよろしく地面全体を球形にカバーするために、ランドサットの軌道は道筋が少しずつ軸をずらしていくように調整されている。昨今のプロジェクション流行りのおかげで、わたしたちは衛星のガラスを通して、暗い空間に未来を透かし見る。

まぶたのない目は萌え出る若木も、切り株だらけの原野も、両方を見つめる。裸地の広がりが新たな誕生を追い抜いていく。地球全体で総計すると、森に覆われている陸地の面積は急減している。二一世紀最初の一二年間で、失われた林地は二三〇万平方キロ、これに対して新たに生まれた森林はわずかに八〇万平方キロだ。北国では、森林の消失は二対一以上の割で誕生を上まわる。消失の要因は、山火事と伐採だ。ただ、政府統計はこうした実態を見誤らせる。ほんの若木でも生えていれば、成木がなくとも「森林」と定義してしまうからだ。ランドサットの映像はこの上げ底のフィルターを通さない。後退しつつある北国の森をそのままに報告する。

ランドサットの解像度［訳注：衛星のセンサーが地上の物体をどれくらいの大きさまで見分けられるかを示したもの］は三〇メートルで、太筆で塗られた絵だ。だが森のコミュニティは最高に細いペンで描くべき細密画である。衛星画像を読み解くには、わたしたちはもう一度地面に降りてくる必要がある。

わたしは夏、モミの木を再訪する。冷えた空気がたまって音のレンズがもどってくる夜以外は、列車もトラックも、しばし森からいなくなる。その代わりに、風が木々のコーラスを取り仕切る。空気がゆったり動くと、ヤマナラシの葉が慄《おのの》き、やがてもっと力ずくの突風を受けて、型にはまった痙攣が始まる。もう少し落ち着いて乾いた音をたてるのは、シラカバの葉で、風が強くなると、パタパタからシューシューへと音色を変える。落葉樹たちは、バルサムモミのこすれるようなさやさやいう声をほとんどかき消してしまう。バルサムモミは、堅い針葉を開いておく。命あるこの針山は物静かで、よほどの強風でもなければ声をたてない。だが茶色くなった針葉が生きている葉叢《はむら》に落ちると、ほとんどの小枝の先にぶら下がっているホネキノリ属やムカデゴケ属の苔の分厚い剛毛にこすれることになる。もつれた毛のからんだ櫛のように、小枝が跳ね、幹が揺れるとぎしぎしと鳴る。朽ちた葉とマツカサの鱗片はティックと音をたてて苔のなかに着陸する。強く吹く風は落葉を促して早め、細かな金属たわしでテーブルを磨くような勢いで木は叫びたてる。その音は力強く、心に食いこむようだ。ただし、そっと、柔らかな咬み方で。

モミの夏の歌は、朽ちた葉とコケと地衣類との歌で、はた目には、森林ネットワークのごく取るに足らないものたちの歌のように思える。わたしたち人間の感覚、すなわち、何を重要と感じ取るかの感度は、もっと大きな声で自己主張する生き物に波長を合わせてあり、朽ちた針葉やコケや地衣類の小さな束の密やかなつぶやきにはアンテナが向いていない。だが時にはワシやリス、ヤマナラシにばかり向く目を、森の朽葉の山に降り積もるくずを観察するのに使わないと、欺《あざむ》かれることになる。見すごされがちな森の一員をよく調べるところから、変わりゆく森が、地球のエネルギーと物資の循環にどうかかわっているかをひも解いていくことができるのだ。ランドサットのデータは、土や北国の森の「下層」の存在たちを知ってこそ、意味をもってくる。

針葉と根と微生物と菌、そして人間

北の森の土壌は、森の木全部の幹や枝、地衣類そのほか地上の生命すべてに含まれる分を合わせた総量の、三倍にあたる炭素を含有している。だから根や微生物、朽ちかけた有機物といったものたちは、莫大な炭素貯蔵庫なのだ。ある計量法によれば、北の土壌は、あふれんばかりに緑の濃い熱帯の森林さえも凌駕して、陸上では最大量の炭素を蓄えている場と見られ、別の計量手法を用いても、僅差の二位につけている。世界全体では、土壌には大気中の三倍の炭素が含まれるので、未来の気候はシューシュー、きしきしと風に鳴るモミの針葉の今後にかかっていると言ってもいい。落ちた針葉に包みこまれていた炭素が土のなかに落ち着く代わりに空へ放たれると、わが地球をくるむ二酸化炭素の暖かな毛布は、さらに詰め物を増した分厚すぎる掛布団になっていく。

北の森の炭素保有量が膨大なのは、森そのものの大きさも要因のひとつだ。世界に現存する森の三分の一は北国にある。ただ、その版図の大きさを度外視したとしても、北の森は尋常でなく炭素が豊富だ。枯れた針葉やコケも、水分をたっぷり含んだ冷たい土壌に降ると分解は遅々として進まず、分解されない朽葉が瞬く間に積もっていく。一年の大半は地面は凍っていて、個体物を気体の二酸化炭素に変えてくれる微生物の活動も滞る。短命で弱々しいぬくもりがもどってくる夏、微生物の活動はまたしても鈍る。今度は、湿った酸性環境のせいだ。モミの傍らに立っていると、羽を玉虫色に煌《きら》めかせ、ぶんぶんと低く唸る雲になってわたしを取り囲む幾百もの蚊が、ここがじめついた湿地帯であることを示す生きた証拠《あかし》だ。

冬と夏の気候条件が共謀して、土中に炭素を積み上げていく。最後の氷期からの数千年の間に、少なくとも五〇〇ペタグラム（五〇〇〇億トン）の炭素が、北国の森と泥炭地に蓄積された。その片鱗は、ホームセンターのガーデニング用品売り場で垣間見ることができる。天井までうず高く積み上げられた「ピートモス」のパレットは、ひとつひとつが北国と極地の炭素の一かけらで、沼地の土壌からとって南へと運ばれたものだ。

北の森は地上のどこよりも早く温暖化している。山火事が以前よりも頻繁に起こり、近年の森林消失の大きな要因になっているのだが、炎のなかでは、土中の炭素が灰になるばかりでなく、土を覆う植物が火に舐めつくされたあと、残った炭素も無防備にさらされることになる。火事は炭素を空中に放出するので、炭素を吸収してためこむ炭素「溜り」だった北の森は、もっぱら炭素を土壌から空気中へと送り出す炭素「源」になりはてる。大気中の炭素は温室効果ガスなので、北の森が溜りから源へと転身すれば、空気の布団にさらに羽毛を足すことになる。

火事ほどに目にはつかないが同じくらい重大なのが、土中の関係性のネットワークが変質することだ。暖かくなると土中の微生物は大興奮だ。土壌の温度が上昇するにつれ、その活動は指数関数的に増大する。暖かい日が数日、数週間と続くと、コミュニティの構成も変わり、寒冷な気候に順応していた微生物が熱さを好む種に取って代わられ、活動に拍車がかかる。この変化がもたらすのは、腐敗の加速だ。枯れ葉が、根が、菌が、微生物が土のなかの生きたコミュニティで処理され、残骸が空へと送られる。この生物の炎は煙をたてないが、どこまでも満遍なく広がるので、地球の炭素の流れとしては、山火事の繰り広げるドラマよりもはるかに大きな役どころを占めている。

バルサムモミの幹についた地衣類

見すごされがちな森の一員――朽ちた針葉、コケ、地衣類などを調べるところから、
変わりゆく森が地球のエネルギーと物質循環にどうかかわっているかをひも解くことができる

窒素の供給も、分解の勢いに影響する。窒素が限られていると微生物は活動を減速し、土中に炭素がたまる。このように、ほどよく窒素の欠乏している状態が、北の森ではほぼ微生物にとっての常態になっている。北の森林のあらゆる表面を覆う地衣類とコケの外套が、雨や塵の窒素を中間搾取し、土中にいる微生物のところまで届くのを妨げているのだ。だが、山火事や除草剤の散布で地衣類とコケのコミュニティがなくなると、窒素が土中の微生物へと流れこむのに障害がなくなり、まるでカフェインを一発ぶちこんだかのように、にわかに分解が加速する。

根と菌と微生物の間の関係も、窒素の作用を加減している。北の森では、ほとんどの樹木の根が、土中から窒素を吸収するのに長けた菌と結合している。樹木は炭素の供給源を得、菌は樹木から糖を恵まれるというわけだ。一方、根から離れて土中で暮らす微生物は後れをとる。土中の微生物が枯れ葉を腐らせるのに使えたかもしれない窒素を、根と菌が連携して捕まえてしまうからだ。このような根と菌の連携がさかんな場所では、微生物はやる気をなくし、炭素が土中にたまる。北の森はそうした場所だ。もっと南では、樹木の根は違う種類の菌と結びつき、この菌たちは土が蓄えた窒素を根こそぎ吸いつくしはしない。こうした南の木々が、すでに北国の森に進出しつつある。気温の上昇にともなって、北へとのしてきているのだ。この傾向が続くと、北の森の炭素は、さらに土から空へと解き放たれることになる。

モミの根方の苔むしたチャートに腰かけていると、森の営みがいろんな形で感じ取れる。マツカサの落ちる音に、汽車の轟きに、根の社会やコガラの文化記憶のなかに、そして、炭素の蓄えといった抽象的な記憶やランドサットの画像の形でも。そのすべてにおいて、わたしは出会うのだ——いまなお続き、いっそう磨かれている古きガンフリント地層帯の生きた思考のネットワークに。この思考が未来へとどうつながっていくかは、針葉と根と、微生物と菌と、そして人間の関係にかかっている。

この北の地では、この関係のなかの人間の部分を、深慮をもって慎重に導いていけそうな希望がある。ここ二〇年以上、大陸規模で北方森林の保護と林業、産業を総合的にとらえようとする構想のおかげで、かつては法廷でまで争っていた人々が歩み寄れるようになっているのだ。いまでは製材会社、企業、環境保護団体、それにファースト・ネイションを含む行政府が互いに話をするようになっている。対話はさまざまな形態をとっていて、合意書あり、枠組みあり、発議あり、座談会、あるいは評議会といった形をとることもある。

こういう人間の話し合いも、森の思考体系の一部分であり、生きて動いているネットワークが、まとまりの度合いを測るためのひとつのやり方だ。幅広い対話と、耳を傾け、順応する力。これまでのところ、ちょっとした国土なみの広さの森――数十万平方キロほど、つまりカナダの森林の一〇パーセント以上に及ぶ広さ――が、保護されるべき地域として、炭素排出に配慮した伐採をする場所として、絶滅が危惧される動物のいる場所として、さらには、持続可能な林業の地として、地図上に指定されてきた。場所によっては、交渉当事者たちの関係が緊張をはらんでいるところもある。対立もまた、関係性なのだ。

だが詳細な地図や合意よりももっと重要なのは、人々の関係が多層化してきたことだろう。北の森林はいまや、人間のコミュニティの多様な経験から、さらには多彩な人々による、生態系の理解の豊かさからも、恩恵を被ることができるようになってきている。

モミの木の下、崖のふもとで、コガラがしきりと騒ぎたてている。若いハゲワシが叫び、その羽が恐る恐る木のてっぺんを叩いて浮き上がる。若い鳥のぎこちない飛翔を盗み見ていたカラスたちが後を追って飛びたち、突進し、獲物のまわりをうねりながら取り囲む。ワシの羽ばたきは重たげで、自在なカラスとはまるで勝負になりそうもないが、追いかけていたほうが突然追跡をやめる。まるでからかっただけで満足して、襲う気など毛頭なかったかのようだ。カラスたちはワシが崖のてっぺんに着くまで追いかけたが、モミの近くの丘の斜面にあるねぐらへともどっていった。クワッ、クワッと何十回も鳴きかわしながら。

黒いチャートから生まれたものは、まずは化学のネットワーク、そして生物の、さらにいまは、文化のネットワークだ。鳴きかわすカラスの知性に、大気が震える。種《たね》がコガラとモミを結びつけるとき、記憶の糸が縒り合わさる。わたしのペンは、粉砕された樹木の繊維を固めたもの——紙——の上に文字を刻む。これもまた、森を気遣う、ひとつの小さな根であれと。

サバルヤシ Sabal Palm 砂浜で生きる

ジョージア州、セント・キャサリンズ島
北緯31度35分40・4 西経81度09分02・2

ニュートンの天球は空間に環《わ》をなぞる。地球と月は太陽に環を描き、この世に昼と夜のリズムをあつらえる。月は回転している地球をまわり、互いの空で弧をたどっていく。天球は、星であれ、月からこぼれた塵の欠片《かけら》であれ、海のしずくであれ、物質の塊どうしを結びつけている重力の糸がなければ、勢いあまって飛び去って行ってしまうことだろう。

膨大な水の塊が、この地球という惑星の上で月を追いかけている。月へ向かう重力の力は地面も感じてはいるのだが、岩は固くはりついていて飛び上がれない。その点では海のほうが柔軟で、月の引きと地球の旋回に応じて潮を持ち上げる。重なり合う天体の環は、海岸線ならどこであっても、上げ潮と下げ潮という形で姿を現している。人の英知も、いかに悪だくみに心血を注ごうとも、これだけの量の水を、広大なる海のうねりを動かすことはかなわない。だが回転する天球はそれを成し遂げるだけの静かなる力を放出しているのだ。それも、ただ関係性があるだけの、無のところから。

回転の途上で天球が束の間ひとつの軸にそって並ぶことがあると、太陽と月の引力が重なり合い、海はとても高く持ち上がり、とても低く沈みこむ——大潮だ。

海は跳ね、躍り上がる。数日後、月と太陽が列を解いて向かい合わせになると、重力の力は脱力し、穏やかな小潮となる。

天体の幾何学的抽象のなかだけで想像をめぐらしている分には、海水の動きは規則的で数学的精密さにあふれている。時には、不規則な海岸線や海の浅深が、倍音や装飾音になって楽譜に書きこまれるけれども、それでも全体は見事な和声を奏でているように思える。地球と海は、ぶれることなく確実に予想のできる、空の手によって治められているのだ。

バリア島のコミュニティ

日光も差さず、月も見えない。嵐が沖合を叩いている。荒々しい海鳴り以外には何も聞こえない。甲高い悲鳴を上げる波もあるが、ほとんどは満ちながら低く唸り、殴りつける。入り江や砂嘴《さし》がじゃまをし、攻撃をそらして、波に波を襲わせる。ぶつかり合う音はたいそう大きくて、わたしの胸のうちまで震わせる。ものの数分ごとに、稲光が闇を割る。浜辺に倒れているオークの巨木に、波が切り分けられ、砕け波の飛沫が打ち倒されたヤシの樹冠を越える。波しぶきが濃くたちこめた空気は、稲妻で銀色に光る。次の瞬間にはまた闇だ。足元の、しっかりしているはずの地面から震えが起きる。浜辺で一番盛り上がっている、膝くらいの高さの傾斜に波がぶつかり、人体ほどもある土の塊が持っていかれる。土を捕まえていた根はまったく無力だった。月は潮を激しく陸へと押しつけ、次の大波が来る前に引き波がもどる隙もないほどだ。

時計によると、大潮はいまが絶頂で、まもなく落ち着くはずだ。けれどわたしのなかの感覚のすべてが告げている——次にさらわれるのはお前だ、と。天球の和声などどこへやら、こうなると無調音楽が不安をかき鳴らし、暴走した感覚がすべてを押し流す。ニュートン力学の均整は消え失せ、プロスペロ［訳注：シェイクスピア『テンペスト』の主人公］の魔法が生み出す嵐と猛々しい戦の世界があるだけだ。

満月によって浜辺に打ち寄せた大潮で、この二年半、

アメリカ、セント・キャサリンズ島のサバルヤシとオーク

この後、満月によって浜辺に打ち寄せた大潮で引き倒されてしまう

二、三カ月ごとに見に来ていたサバルヤシが引き倒されていた。今夜、ヤシが倒れているのを見つけたのだった。根っこのまわりに固まった泥の球が空を向き、波が打ち寄せるたびに洗われている。そしてほんの数日前までは、九メートルもの幹のてっぺんで青々と豊かに揺れていた葉も、海水に浸かっていた。あの葉はおしゃべりで、始終さわさわとさざめいたり、手厳しく小言をたれたりしていたものだ。いまはただ、陸地と争う海の、爆発し、喚く声しか伝わってこない。

わたしはいま、大西洋に面したセント・キャサリンズ島の浜辺にいる。ここは、アメリカ合衆国ジョージア州の海岸沖にバリアのように横たわる島で、六五〇〇キロの海を隔ててモロッコの西海岸がある。このバリア島は、北アメリカ南東部、ノース・カロライナ州からフロリダ州まで大きく弧を描くジョージア湾のほぼ中央にある。このあたりの海は浅く、北の端から潮が入りこんでくると、もっと狭くて浅い陸地のくぼみに海水がたまってふくれ上がる。

セント・キャサリンズ島では、満潮と干潮の差は三メートルもある。ちなみに湾の南の端のマイアミでは、干満の差は一メートル以下だ。そのために島がかぶる潮と大西洋からの波の力は、幾層倍にも拡大されたものになっている。大潮が冬の北東風や夏の終わりの嵐にあおられた大波と重なると、今夜波にさらわれた土の塊などかわいいものに思えるほどの陸地がもぎ取られていく。一度の波で、崖や砂丘がまるまる持っていかれてもおかしくないのだ。

今夜の大潮で命を絶たれたのは、サバルヤシだけではなかった。海水は、波打ち際の海草や砂丘のなかへと殺到し、浜辺の高い尾根線を乗り越えた。ヤシのもとへ行くために、わたしはノコギリパルメットの藪を苦労して通り抜け、葉に鋭い歯の並ぶこの小ぶりの植物の名の由来を改めて思い知った。

波の渦巻きにブーツが押されたり引っ張られたりする。普段このあたりは、海岸線から二〇メートルも奥まっているというのにだ。この潮が引けば、淡水のラグーンも、オークとパルメットの林も、ハイビスカスが群れ咲く草地も、砂に覆われてしまい、土のなかにまで塩水がしみこんでいることだろう。

たったひとつ突破口ができるだけで、数ヘクタールに及ぶ湿地も広大な低木林も潮に侵され、窒息する。上げ潮の九九パーセントまではこの高さにまで及ばないが、一パーセントが陸地の鼻に咬みつき、潮を吐き出すのなら、あとの九九パーセントが無害でも何にもならない。ひとたび潮がこの地点まで到達すると、それまでは陸生のコミュニティだったものがほどなく海浜に屈し、やがて海水に呑みこまれていく。過去一世紀半の間、この地の陸は後退しつづけてきた。毎年、ある箇所では二メートル、はなはだしい箇所では八メートルも。

陸地を削りとるのは大潮と嵐だけではない。二年半前、わたしが初めて出会ったころには、このサバルヤシは砂丘の数メートル奥に根を張っていた。五、六本のサバルヤシと並んで、ノコギリパルメットがてんでに茂る藪からすっくと伸びていた。その向こうは、パルメットの藪と、風にさらされて上には伸びていないが、太さが一メートル以上もありそうな木もまじるオークの林が混在していた。砂丘の海側は削りとられ、わたしの背丈ほどもある絶壁になっていた。浜辺は、この急斜面のふもとから始まっていた。上げ潮の名残が時折砂丘近くを洗っていたが、その時のヤシは潮からは一〇メートルあまりも奥まっていた。というのも砂丘は海岸側が低くなっていて、ヤシの木の生えている地面は海岸から一メートル以上高くなっていたからだ。ヤシは砂の擁壁の上で、いたって安泰に見えた。穏やかな夏、耳を澄まし、目を凝らしながら日がな座っていると、その安泰がいかにはかないものだったかが見えてくる。潮の引いた風のない日であっても、砂丘はほんのわずかずつ失われ、それが積もり積もって着実に後退しつづけていた。

当時、砂丘の海側の砂は急角度で積み重なっていて、砂丘の頂上のすぐ下から浜辺へ向けて滑り落ちていた。近くに行くと、斜面の表のかすかな囁き、ためらいがちなシューシューという音が届いた。それも、遠くで吼《ほ》える波が静まるほんのわずかな瞬間にだけ聞こえたものだ。音は液状化した砂が発している。斜面の一部が突如結着力を失い、固体の砂粒から瞬く間に液状になるのだ。液状になった砂は細い溝を勢いよくなだれ落ちながら悲鳴を上げた。流れが海浜にぶつかると、砂はあえぎながら広がっていく。摩擦で、ほんの数センチしか進まないものもあるが、多くは行きつくところまで流れていく。流れが起きるのはだいたい一分につき一回だ。

斜面は硬く均一に見えるけれども、重力には別の言い分があるらしく、ある塊から次なる塊へ、砂丘の斜面を一見不規則に点々と崩していく。斜面をじりじりと登る甲虫がいくつもの地滑りの引き金になり、刃のように垂れ下がる砂丘の草が切り刻む下では、砂は残らず落ちていった。ある午後だけで、海岸の二メートルの範囲から、北アメリカ大陸はバケツ一杯分の陸地を失っている――虫の肢に蹴散らされ、草の葉に切り取られ、さらには砂粒がしがみつくのをやめにしたために。海に面した砂丘全部を合わせたら、何台ものダンプが束になって砂を海に押し流しているようなものだ。

嵐と虫の肢が砂丘全部を動かすのに、一年かかった。サバルヤシはいまや海岸の突端に立ちながら、まだ仲間たちといっしょにしっかり根を張っていて、ただ東側の端のほうだけ地面からむき出しになっていた。もっとも大きな潮の名残で、浅くてゆったりした海水が根のまわりをそっと掘っていたけれども、激しい流れは押し寄せてきてはいなかった。潮は砂を滑らかに、きれいに均《なら》していった。浜辺の縁には、くっきりと線ができていた。その奥、ヤシの幹の周囲は落ちた葉が根を覆い、草の根に砂や、いかにも土くさい土が入りまじっていた。カエルやシカやトカゲたちは、その雑然とした土の上で餌を漁《あさ》っていたが、潮にまみれた浜辺には決して足を踏み入れなかった。

波は海岸に近づいていくと、海底が浅くなるにつれて盛り上がっていく。波の底は砂を引きずって重くなるが、波のてっぺんはそんな牽制を感じないので、どんどん進んでいく。波はついには自分の上にそそりたって砕け、砂に自分のエネルギーを叩きつける。緩やかに傾斜した浜辺では、このエネルギーの一部が内陸

波がサバルヤシに押し寄せる

普段は海岸線から20メートルも奥まっているあたりまで海水が殺到し、
オークもパルメットも波に洗われる

へ向かう水となって広がり、あるいは泡だつ堰となってしだいに勢いを失い、最後には動けなくなって海へと引きもどされていく。傾斜のもっとも高いところでは、海水も人の足をかろうじて舐める程度の深さにしかならない。小波は優しく、わたしの指の間を逃げていく。

たゆみなく変わりつづける地

水中聴音器は卵形をした防水性のゴムのケースで保護されているマイクで、これが砂の粒とヤシの根をめぐる、もうひとつの物語をひも解いた。わたしの足には、物柔らかな鼻歌くらいに聞こえていた音が、水のなかから聞くと、大きなどよめきだった。せいぜいちょっとした攪拌音が聞こえるくらいだろうと高をくくっていたわたしの耳は、聴音器を水に沈めるなり爆音を浴びた。ひたひたと打ち寄せていたはずの波は、バケツの水を壁にぶちまけたような衝撃をともなっていたのだ。わたしはすぐさま録音機のボリュームを下げた。海水が砂をこする音は鉋《かんな》かけの音に似て、やがて砂粒の動きが早くなると音は高まって鋭い金切り声になる。海水が引くときには、引っ張られて押し合いへし合いする砂粒がごろごろと唸る音を帯びる。海の手は、もっとも穏やかな水の動きでも、それが届く砂を圧倒する。砂粒は転がり、飛ぶ。もっと軽い、粘土の粒や枯れ葉などは吹き飛ばされる。かつては土壌をつかんでいた根は、洗われてきれいになる。浜辺は、卓越した水の力で平らに均される。

機械の力で増幅されていないわたしの五官が大潮の嵐のなかで感じ取ったことを、砂の粒は、どこまでも凪《な》いだ日にも味わっている。虫の肢の力や重力が砂丘の表面に作用するように、軽やかな小波でさえも海岸線の形を変える。大嵐の顎とは違って、穏やかな小波は、日夜たゆまず、一年中少しずつ齧り取っていくのだ。

人間という種は、生涯変わらずにある風景というものに慣れている。わたしたちは、陸でも住宅でも、頑丈で長命であるところに惹かれる。岩の上に建てる者は賢く、愚か者が建物の基礎に砂を選ぶ。人間の発明したコンクリートや鉄骨、板ガラスを土地に使うことで、不変な世界の幻想はさらに強化される。不安定さはわたしたちを落ち着かなくさせる。像が倒れたり、家が崩れたり、木々がなぎ倒された森といった情景は、哀れを誘う。永続性とか耐久性を感じさせてくれる、例えば一〇〇〇年前に建てられた石造りの寺院だとか、古代から残るセコイアなどは、わたしたちの意気をあげる。

サバルヤシは、もうひとつの寓話を示している。聖書に出てくる愚者よろしく砂に全生涯を託したヤシは、永続ではないところでもちこたえようとするのである。しばしば一世紀を超えて生きるヤシなのに、芽を出すべく選んだ地形は、その生涯が終わるまでに形を変えてしまう。悲しむべきことではなく、それが砂浜のあり方だ。はじめわたしはそのことに気づかなかったが、波の力と動く砂がサバルヤシという存在のすべてを作り上げたのだった。その体も、その果実も、成長の速さも葉の細胞の化学物質の組成も。ひょっとしたらこの木につけられた名前にも、砂の痕跡があるのかもしれない。フランス人植物学者ミシェル・アダンソンは、一七六三年に「サバル」なる語を作った理由を書き残してはいないが、彼が砂を意味するフランス語の sable と、現地語との混成語であるクレオール語の sab から植物名の新語を引っ張ってきたというのは大いにありうることだ。

現在のジョージア州の浜辺に生えるサバルヤシは、砂の手になる生きた進化の学習を経てきている。過去一〇〇万年間、海面の高さは盛り上がると思うと沈みこむことを、幾度となく繰り返してきた。氷期と、暖かい間氷期が代わるがわる訪れたためだ。氷期の交代は潮の干満ほど規則的ではないが、地球に対する月の影響と同様、寒冷化と温暖化もどうやら天球の軌道の一定の変化によるもののようだ。こうした宇宙からの力が、地球に近い大気に起因する気候の変動を上から圧するように加わってくる。

氷期の最盛期には、水は陸地に、氷冠や氷河となって囲いこまれる。この備蓄水の量は漠大で、海の一部は干上がる。地球が温まると、その時によってほとんどの、あるいはすべての氷が融けて海原にもどる。融けた水は、温暖化で膨張した水と相まって海盆を満たして海面を押し上げる。そんな氷期が、一〇あまりも訪れては去っていった。最後の氷期が最盛期を迎えたのは二万年前だ。当時の海面は、現在よりも一二〇メートル低かった。ジョージア湾の浅瀬では、これだけ海面が低くなると海岸線が一〇〇キロメートルは東に出ていた。陸生動物はその気になりさえすれば、現在は海底の大陸棚になっているあたりまで、足をぬらさずにぶらつくことができた。

最後の氷期の終結後、海面は徐々に上がってきて、海岸線は西へと一目散に後退した。初めは速いペースで、しだいにゆっくりと。砂嘴も、砂州《さす》も、島も、海の縁とともに動き、甲虫の肢と波とに、絶え間なく西へ押されつづけた。侵食が特に激しいときは、浜辺全体ないし砂州全部が持ち上げられて島の向こうに落とされ、そこから生じた砂の回転運動がバリア島を隆起する海の縁から引きはがす。サバルヤシが根を下ろしていた砂は、グアレ島の残渣《ざんさ》だ。北東の方向にその昔あったこの島は、五〇〇〇年ほどの間に消失してしまった。グアレ島だった砂がセント・キャサリンズ島に積もり、かつては湿地だったところが砂丘になった。現在は浜辺の侵食が進み、古い沼地の泥が砂の流れ去ったあとに露出しはじめている。そんなふうに露頭した泥の部分が、倒れたヤシの真ん前にもひとつある。黒ずんでべとべとした露頭部分は波に逆らい、失われつつある浜辺から頭ひとつ抜きん出ている。海水が前進を続けていくかぎり、やがてこの泥も、海底になっていくことだろう。

間氷期には、海面は今日よりも少なくとも六メートルは高く、最大で一三メートルいまより高かったことも考えられる。間氷期の間、気温は、地上のほとんどで現在より摂氏〇・五度、極地となると五度は高いというように幅があった。気温と海岸線の動揺は、古いパターンを踏襲しつづける。過去五〇〇万年の海面高低を示すグラフは、まるで三角波の横断面を見るようだ。さらに時を遡行し、七〇〇万年以上前になると、波の高さは堂々たるものだ。フロリダ州全域とジョージア州のほとんどが、島を点々と浮かべた遠浅の海で、サバルヤシのご先祖たちはきっと、島々の砂浜に生え、果実を恐竜に齧らせていたのだろう。

砂という波に乗るサバルヤシ

一〇〇〇年という単位の年月では、砂は水のように振る舞う。砂丘はさざ波で、島は最高潮に達した大波だ。砂の水は海洋と風の力のもとで、回転し、渦巻き、流れる。サバルヤシはその波に乗ろうとする波乗りで、ひとつまたひとつと乗りこなし、ついには大波に巻きこまれて倒れる。それでもヤシは次の波に向かって水をかき、立ち上がって波に乗る。人間のサーファーとは違って、波乗りヤシは自分で自分の波も作り出す。砂丘は、何十もの植物の生物としての活動と、水と大気の物理的な力との関係の産物だ。平らな浜辺では、打ち上げられた海草の葉や、根や植物の茎などが、風に吹き寄せられる砂の飛翔をじゃまし、地面に落とす。砂の堆積が今度はそれ自身風を遮蔽してもっと砂を落とさせ、砂丘の土台が作られる。この砂と漂着植物の塚に草が進出してくると、その根が塚をさらに安定させて、何十年、いや、何世紀もの間そこに在る砂丘となることもありうる。

浜辺に散らばる枯れた草やヤシなどは、砂丘の核だ。生きているヤシは、種《たね》が波で運ばれて、あるいは鳥に落とされて、浜辺にやってくる。新たなサバルヤシの生息地はてんでんばらばらになるため、また、親株からは離れてしまう可能性が高いため、サバルヤシは果実をたくさんこしらえる。果実ひとつひとつの生存率は高くないが、ヤシは数にまかせて勝ちにいく。

サバルヤシの果実は、大きさも色も、ブルーベリーによく似ている。果実は、海水に浸かって数カ月揺られ、それから浜に打ち上げられて、そこで発芽する。塩水に浸かっていた影響はない。南北カロライナ両州はサバルヤシの北限地で、ここではヤシの種子はとりわけ塩の耐性が高く、これはつまり、サバルヤシが海から入植してきた植物の子孫である可能性を示している。アメリカ沿岸を南下し、カリブ海全域へと種子を広げるには、鳥と動物が大いに働いた。半年ごとにアメリカ大陸を縦断するコマツグミは、海岸に沿って進むときにはくちばしも腹も、サバルヤシの実を満載した貨物旅客機さながらになる。一年を通して島にいる空の生き物たちも、ヤシの林を定期的に訪れては地元のこれはといった育苗地に運んでいく。シジュウカラやキツツキが実をつけた枝を漁って、実がパタパタと落ちる音は、わたしがサバルヤシを訪ねるときの、お決まりの道案内になっていた。

発芽すると、ヤシはほかの植物だったらくじけてしまいそうな苦境を生き抜かねばならない。植物のそんな受難は、わたしたちの想像のなかにあるヤシのイメージとまっこうからぶつかり合う。葉を広げたヤシの木陰のデッキチェア、悩みも心配事もどこへやらのバカンスのイメージではなかろうか。サバルヤシにはバカンスはない。浜辺は、生理学的には苦労多き場所だ。塩分で根や葉からは水分が吸い取られる。熱波と乾燥の時期と、台風や大潮による大水の時期とが交互にやってくる。風に飛ばされてきた砂や、波に運ばれてきた砂が、一〇年がかりで大きくなった若木をものの数分でうずめてしまう。雷がよく落ちるので植物はしょっちゅう火に焦がされる。それでも砂の波乗りサバルヤシは、波の上にとどまるのだ。

サバルヤシの頑強さの源は、葉の騒々しさに少しばかり透けて見える。ヤシの葉の落ちている上を歩くと、セルロース弾の銃を乱射し合っているかのような、硬い膠《にかわ》をいくつもいくつもばりばりとはがすような音に見舞われる。わたしの学生たちは落ち葉を拾い、ふって、かさこそと乾ききった音を空にふりまいた。

サバルヤシのてっぺんに落ちる雨粒は、金属屋根にぶつかった小石みたいな音をたてる。これはすべて、ヤシの葉のなかに、硬いシリカの筋が通っているためだ。シリカを分泌する細胞が葉の繊維に沿って並び、植物組織の網の目に、顕微鏡単位の副木《ふくぼく》をあてている。シリカは砂だ。だからサバルヤシの葉は、半分石だ。葉の組織はさらに、表面を分厚く覆う細胞の層と、リグニンという植物を補強する分子がふんだんに織りこまれることによって強化されている。植物の研究者は、顕微鏡下で観察するために、サバルヤシの葉を薄く切り出そうとしては音《ね》をあげることになる。研磨剤が入ったようなサバルヤシの葉の組織は、高価なナイフも、顕微鏡試料をごく薄く切り出すミクロトームも歯がたたず、刃を台無しにしてしまうからだ。

葉は一メートルほどの軽い茎についている。この茎がまた、ずっしり重たい角材なみに頑丈だ。茎は、二本のストラップで幹につながっている。ほっそりした茎の先に、指が百本もある手が、人間の背丈ほどの長さと幅で広がっている。指はどれも、葉の中央の小さなひだから伸びている。遠くから見ると、こうしたヤシの葉はまるで幹の先端にまとわりつく無秩序な煙みたいだが、茎は樹冠部からロゼット状に広がり、ちょうどヒマワリの花弁のように、どの茎も基部のところできちょうめんに隣の茎と分岐して伸びている。

幹に水を貯めて、数カ月生きる

サバルヤシの葉は、砂漠の植物と肩を並べる節水家だ。二重になった蠟の層が塩分を締め出す。呼吸する気孔はすべて、蠟の層の下にあり、蠟で蓋をした井戸に沈んでいるようなもので、しかも茎の基部は水の流れをせき止めるように、道管を圧迫している。もしもこうした防御にもかかわらず海水がしみこんでしまったら、サバルヤシは塩を隔離する。細胞のなかの隔室に送りこみ、隔室のまわりを、塩の吸水力に対抗する化学物質で満たす。サバルヤシの葉がパキパキ、パリパリいうのは、植物としての頂点をきわめた音なのだ。塩害と干ばつとの二種の攻撃に、共に応えようとした結果だ。

海岸沿いにできる砂丘や森は、必ずしも砂だらけの荒地というわけではない。雨がくると葉についた塩は洗われ、土壌の塩分は流される。だが砂は長く水を貯めておけないので、ヤシは新鮮な水をがっちりとらえておかねばならない。そこで、芋虫ほどの太さの根が何千となく、ふくらんだ根元から四方八方に這い伸びていく。葉に負けず劣らず、根も強い。木質化した繊維と鞘《さや》のおかげだ。一本一本は細いのに、浜辺に倒れてむき出しになった根を折ろうとどんなに頑張っても、へし折ることができないほどだ。大量の根が出ている様は、穴を掘っているヘビの群れに見えないこともないが、これは幹を地面にしっかりつなぎとめるためと、水を捕まえるためだ。

真水は根から茎へと流れこむ。たいがいの樹種では、幹は生きた樹皮に包まれた死んだ細胞の柱でしかないのだが、サバルヤシの幹は生きた細胞に満ちている。雨が降ると、幹の細胞は水を含んでふくれ上がり、にわかに円柱形貯水タンクになり代わる。幹の太さは直径〇・五メートルほどで、高さ一メートルごとにおよそ二五リットルの水を蓄えられる。日照りのときには、貯められた水が茎の堰へと少しずつ流され、葉に、活動できるぎりぎりの湿り気を与えてやる。

大きなヤシだと、根こそぎ抜かれても、幹に貯めた水で数カ月は生きられる。森が火事になると樹冠部は破裂して焼け落ちるけれども、水のおかげで幹は生き残る。サバルヤシ林の火事を見た人は、爆発音が複数のまちまちなリズムを奏でていたと話してくれた。それでも数日たつと、ほかの植物がみんな死に絶えていても、真っ黒になったヤシのてっぺんから新しい葉が伸びてくる。幹に潜んでいた生きた組織から、木がよみがえるのだ。古いヤシたちはこれからも、海水に洗われた地で、波を乗りこなしながら数十年は生き延びるだろう。花をつけ、実をつけ、動物たちの腹を満たし、海が打ち上げていったさまざまな残滓と砂の山に、種子を打ちこみつづけるだろう。

発芽すると、芽ははじめ上に向かって伸びるのではなく、砂のなかへと掘り進んで、一メートルほどの深さまで先端を押しこんでいく。最初の降下が終わると、先端は上へと向きを変える。葉は、この地中に埋まったカギ形から上へ伸びて、幹は穴に潜ったまま、そこから地表へと頭をつき出す。サクソフォンを思わせるこの形で成長する時期は、平均して六〇年ほど続く。

サバルヤシの幹は生きた細胞に満ちている

雨が降ると幹の細胞は水を含んでふくれ上がり円柱形貯水タンクになり、
日照りのときには、貯められた水が少しずつ流され、葉が活動できるぎりぎりの湿り気を与えるこの間、ヤシの成長のエネルギーは保たれ、火からも砂まじりの大波からも守られながら樹冠部の葉を広げていく。こんなふうに、慎重に手を広げていくことが必須条件なのだ。幹は一度地上に出ると、もう太くならない。ほかの木々と違って、ヤシの幹の組織は生きていて上へと伸びるが、横へは広がらないのだ。

こうした、他とは異なる成長戦略のおかげで、サバルヤシはほかの木が根づけないところでも育つことができるのだが、一方で、少年期を引き延ばして、丈を伸ばす前に幹が少しずつ成木の太さになるまでじっと耐えねばならなくなった。サバルヤシは、この制約さえも利点に変えた。サバルヤシは、オークやギンバイカやほかのヤシの下層で、何十年もじっと待つ。火事や嵐で上層の木々がなぎ倒されたら、準備万端調えていたサバルヤシが乗り出していくときだ。

海面は上昇し、また下降して、ヤシの海岸のとらえ方に磨きをかけてきた。とらえ方は遺伝子のなかに暗号化され、あるいは生を共にする物理的な仲間、生物学的な連れ合いたちとの関係のなかに、刻まれていく。無事芽を出して幹を備えたヤシになることのできたごく一部の種子にとって、生涯とはえてして世紀単位になる。だがサバルヤシが何年樹齢を重ねることができるのかは、じつはわかっていない。幹に、死んだ組織が重なってできる「年輪」が刻まれないからだ。ただ、かなりいい線をついていると思われるのが、最終氷期の終わり、現在の海岸線より東に一〇〇キロの浜辺に生えていたヤシから、セント・キャサリンズ島の砂丘のサバルヤシとの隔たりは、およそ一〇〇世代になるだろうという計算だ。

アカウミガメの古い海岸の記憶

砂丘がつぶされたあとの夏、サバルヤシが浜辺のもっとも高くなったところで潮の手をかろうじて免れていたころ、アカウミガメがヤシのもとへやってきて、その陰に穴を掘った。アカウミガメの母さんは、夜に来たらしく、甲羅の腹で砂の道を均していた。道の両わきには母さんのヒレがつけた櫂《かい》の痕が、互い違いについていた。道は浜辺からまっすぐ伸びてきて、ヤシの下で向きを変え、ジグザグと海へ向かっていた。

学生たちとわたしが着いたとき、ウミガメの保護団体が作業にかかっていて、砂の表面をていねいにかき分け、母さんが産み落とした卵へと通じる埋もれた道筋を探していた。母さんカメを見た者はいなかったが、ヒレの痕で産卵巣のおおよその方向はわかる。ウミガメは産卵を終えると、穴が埋まるまで砂をかけ、その場でうごめいたり地面をかきちらしたりして痕跡を隠そうとする。浜辺に積もった砂を慎重に切り分けるように調べていくしか、埋もれた産卵巣へと続くトンネルの入り口をふさいだ砂を見つける方法はないのだ。カメの卵を喜んで食べるブタやタヌキは鼻を使うが、人間は砂の模様に残されたわずかな手がかりを前に、頭を使うしかない。

トンネルが見つかると、人間が産卵巣を掘り返す。沖にいるオキアミ漁のトロール船の操業音がどこか物悲しい。金属製のシャベルが濡れた砂をはがしていき、やがて卵が、白く光って見えてくる。そのあとは手作業だ。入るだけ深く腕を砂にめりこませ、壊れやすい卵をじれったいほどゆっくりと砂の囲いから取り出していく。三〇分もすると、真珠色に輝く、チャボの卵くらいの大きさの球体が一二〇個、そっとプラスチックバケツに収められていた。卵は一時間以内に別の浜辺に埋めもどされる。こうして人の手で、孵化のチャンスを増やすのだ。

母さんカメが産卵巣を掘った浜辺には、野生のブタがうようよしている。わたし自身、何十頭ものブタが砂や沼地のぬかるみを掘っているのを見たことがあった。貴重な卵が一〇〇は貪られる。侵食が早まっているのも危険要因だ。卵が孵化するまでの二カ月間で、海岸線は内陸にさらに数センチ、あるいはもっと食いこむかもしれない。仮に海岸線がずれなくても、侵食されて平らになった浜辺では、大潮が産卵巣を水浸しにする恐れもある。ウミガメの保護団体が卵を移そうとしている場所は、ブタが追い払われているうえに、島で唯一、砂が定着している浜辺だ。この養卵計画が、セント・キャサリンズ島で産卵するウミガメには時間稼ぎになる。二〇年前、島の海岸線は四分の一が産卵に適していた。いまは侵食が進み、それが半分になっている。

ウミガメは、ヤシよりも古くからの海岸の記憶を遺伝子にもっている。カメたちは、一億年以上も、浜辺を這い上がり、産卵巣を掘ってきたのだ。それなのに、現在生息するウミガメの七種全部が、絶滅の危機にさらされている。大人のカメは船や網で捕まえられ、殺される。侵食と土地開発が産卵場所を狭めていく。残されたわずかな浜辺には、生の卵の催淫効果とやらをあてこんだ人間をはじめとする捕食者がわれもわれもと集まってくる。だからセント・キャサリンズ島で行われているようなウミガメ保護計画は、ウミガメが生涯のうちに陸で過ごすわずかな時間を守るため、歴史上いまだかつてないほどカメに冷たい海岸から連れ出すというものになる。

母さんカメに代わって卵を守った人間にとって、孵化したばかりの赤ちゃんカメたちが産卵巣から海へと急ぎ、小さなヒレで浜辺を叩く音は、サバルヤシの葉陰を通りすぎる音のうちでも最高にいとおしく感じられるものに違いない。それに比べたら、赤ちゃんカメたちがまっすぐ大西洋に飛びこみ、水をはねかえし、がぼがぼしながら泳ごうとする音は、もっとずっとほろ苦い。沖ではカモメが待ちかまえ、波間からごちそうをついばんでやろうと狙っている。海鳥の魔手を越えた先には、赤ちゃんが親となって初めて産卵にもどってくるまで、三〇年の歳月が横たわる。

若いカメの多くが北大西洋旋回にしたがい、アイスランド、北ヨーロッパ、アゾレス諸島を経て、ようやくジョージア湾のすぐ外のサルガッソー海にたどり着き、そこで性的に成熟するのを待つのだ。なかには大西洋の渦を避けてサルガッソー海に直接泳いでいくカメもいる。生き延びて産卵にこぎつけるのは一〇〇〇個体に一匹だ。成熟すると、メスは卵を産み落とすため海岸に上がるが、オスは二度と陸へは来ない。サバルヤシを思うときと同様に、ウミガメの命を思うときも、海や海岸の未来へと、思いを馳せずにはいられない。

産卵のためにウミガメが砂浜を這った跡

ウミガメは古い海岸の記憶を遺伝子にもっている。
1億年以上も浜辺を這い産卵巣を掘ってきたのだ。
それなのに現在生息する7種すべてが絶滅の危機にさらされている

波の泡の筏《いかだ》——海の微生物のコミュニティ

サバルヤシの根元から引いていくとき、潮は大量の泡を残していく。泡の雲が膝の高さにくることはめったにないが、小型の船なみに長くなることはある。泡の筏は驚くほど丈夫で長もちだ。風が浜辺から持ち上げて、数メートルも上から落としても、筏はびくともしない。浜辺がうっすら水に覆われていると、泡の筏はカタツムリよろしく浜辺を這って、風に吹かれてつるつるした地面を滑る。わたしが掌に泡をすくって持ち上げると何千という泡の表面がはじけて、フライにされる魚みたいにじゅーじゅーと音をたてた。泡は、海を煮つめたようなにおいがした。ちょうど砕ける波の合間を縫って、しぶきに頭を濡らしながら泳いだあと、思いきり息を吸ったときのような。

泡は、粉々になった藻類など、ごく微小な生き物でできている。そうした生き物の細胞が荒れ狂う海で壊れると、アミノ酸と脂質が海に放出される。これが浴槽のなかの石鹸のように働いて、海水の表面張力を変える。風で海面がかき乱されると、手で浴槽をかきまわしたのと同じ要領で気泡が生じる。海の泡は、海の生物相の記憶だ。それが陸へと吹き寄せられたのだ。海の水は単なる水ではなく、いままさに生きている生物コミュニティなのだ。ウミガメは、その集団のなかでも目立つほうの一員ではあるが、彼らとて、海の生命の大多数を代表しているわけではない。海の水のほんの一滴に、数十万から数億という数の微生物細胞が満ちている。

このコミュニティの生活はセイボの樹冠やバルサムモミの根のネットワークと似たようなものだが、決まりきった陸上生活の縛りからは解放されている。海の微生物は自由に交わり、環境が水であるために、細胞はややこしい絆や結着といったしがらみ抜きに化学物質をやり取りすることができる。水はさらに、これ以上分解できないはずの原子までも解きほぐし、海洋微生物のDNAにまで入りこむ。バルサムモミの根は周囲の生物のDNAと交信はしたものの、自らの遺伝子はすべてもと通りに保っていたし、対話の相方たちも同様だった。だが海では、微生物は相互依存を一歩進める。

海の微生物はそれぞれが個別の業務——光を集めるとか、有機分子を再生するとか——を担うように分化していて、それ以外の作業はほとんどコミュニティに丸投げしている。進化が微生物たちから余分なDNAを摘み取り、それぞれに、個別の役割に必要な遺伝子だけを残したのだ。そのほかの業務は、たとえ細胞の生存には枢要のものであっても、コミュニティのなかの、別の微生物たちが担うのだ。

このような「合理化」つまり、個々の生物が必要不可欠な活動のための遺伝子を手放しコミュニティに依存する形態が可能になったのは、ひとえに、微生物たちが互いにごく近くを漂っていて、体内化学物質があちらの細胞こちらの細胞と、やすやす行き来できるからだ。細胞のなかには、栄養分だけでなく、情報を交換するものもある。分子は何が必要であるかや自分が何者であるかの信号を発し、荒れた海のなかでも細胞どうしの交換が特定できるようにする。もしこのコミュニティからはぐれてしまったら、彼らは生きられない。DNAは単独では、生存のための基本的なニーズのすべてを満たさないからだ。

したがって、海に生きる微小な生命体で、生存の可能な遺伝子の最小単位は、ネットワークのあるコミュニティということになる。この取り決めは効率的で、ネットワークの構成要素は自分がもっとも得意とするところにだけ集中すればいい。ただ、コミュニケーションの断絶には弱い。もしも油や合成化学物質が流出したり、海水の酸性度が変わったりして細胞どうしの関係が断たれると、微生物コミュニティは変質し、微生物たちには手出しできなくなる。大気や海洋の化学組成は、こうしたものたちのネットワークに依拠していて、世界の光合成の半分は海の微生物とプランクトンに起因するものだ。だから、海の小さな生き物たちの何十億とない囁きが、世界の空と水の化学的状態を決定している。

海に引き起こされる変化が、細胞間の情報伝達をどの程度阻害するのか、わたしたちにはわからない。海の遺伝子合理化ネットワークが発見されたのは、ついこの一〇年の間のことなのだ。だが、長期にわたる海洋調査から、プランクトンの一生が前の世紀のうちに平均して一年につき一パーセント短くなっていることが窺われる。海洋の化学特性もまた不安定だ。二酸化炭素が海水に溶けこむにしたがって酸性度が上がり、かつ人間が新たに開発した化学物質が川を下って、海の水の一滴一滴の合間を漂う。こうした化学物質の一部は、人体内の細胞どうしのコミュニケーションを阻害したり破壊したりする。おそらく同じことを、海のなかの細胞ネットワークでもやっているだろう。

プラスチックを分解する微生物

サバルヤシが倒壊して何時間もたたないうちに、波のあぶくがまたしても新参者を連れてきた。白いプラスチックの砕片だ。プラスチックは、葉が重なり合う隙間へと潜りこむ。かつてはトカゲやカエル、アリたちのねぐらだった場所だ。このプラスチック片は、木の周辺に集まった何万という細かな欠片《かけら》のひとつだ。浜辺をペットボトルが転がる音、枝にからまったビニールシートがこすれる音は、サバルヤシを取り巻く音のうちでもお決まりのものである。

わたしは学生たちとともに、木の周辺に打ち上げられたもろもろを調べた。われわれは長さの規格を定め、波打ち際で目に見えるすべての砕片を測定した。このサンプルを島全体にあてはめると、一〇キロに及ぶ浜辺にある目に見える大きさのプラスチック片は、五〇万に迫るほどの数があることになる。浜を掘り返すことまではしなかったので、実際にはもっとたくさんのプラスチックがあると考えられる。小さい破片のほうが大きい欠片よりずっと多い。われわれが集めたプラスチック片の半分は幅が二センチに満たなかった。ここ以外の浜辺での研究から、この傾向は顕微鏡レベルにまで及び、破片は小さくなればなるほど多く見つかっている。生きたプランクトンが姿を消していく隙間に、プランクトンサイズのプラスチックが入りこんでいく。
ソローも、浜辺で「人の手が作り出したごみと漂着物」を浚《さら》った記録を残している。彼の収集物とわたしの学生たちの収集物は未来の考古学遺物だ。ふたつの異なる時代から、文化の痕跡をうかがい見る。

ケープコッドの浜辺沿い、あてのない渉猟《しょうりょう》にて
——一八四九年、五〇年、五五年

陸地から打ち上げられた流木（多数）
難破船の廃材や帆桁《ほげた》（おびただしく）
煉瓦の欠片（少々）
カスティール石鹸（非集計）
砂の詰まった手袋（一組）
ぼろ布と亜麻の布切れ（非集計）
矢じり（一個）
水浸しのナツメグ（船の積み荷）
魚の腸《はらわた》のなかに——嗅ぎ煙草入れ、ナイフ、教会の信徒カード、「水差しに宝石に、そしてヨナ」
箱または樽（一）
縄、ブイ、引き網の一部（一）
瓶。「まだほのかにジュニパーの香る」エールが半分ほど残っているもの
リンゴの樽（二〇、また聞き情報）
人間の死体（少なくとも二九）

セント・キャサリンズ島の波打ち際
二〇一三〜一四年、一六〇平方メートルの調査区域内

プラスチック製浮きの塊（一六三個）
ペットボトル（一二本）
プラスチックのピルケース（一個）
誕生祝いの風船、しわのよったビニール製で空気は抜けている（三）
結婚祝いの風船、ゴム風ビニール製。空気が入っている（一）
空気の詰まったゴム手袋。ヤシの枝の下敷きになったもの（一枚）

ジュースを入れる二ガロン（およそ八リットル）入りプラスチック容器。七五のフジツボが密着（一本）
青いプラスチックバケツ。オランダ語で「近寄るな、ガスを吸いこむな」と書かれたラベルつき（一個）
黒いプラスチックバケツ。ラベルに「T1　ヘビーデューティ・エンジンオイル」とある（一個）
プラスチックのボトルキャップ（二個）
紫色の編んだビニールリボン（一本）
白いプラスチック製洗濯桶（一）
プラスチックのクロックス、不ぞろい（二）
プラスチックのマヨネーズ瓶。半分残っている。乳化された植物性油脂の「においがかすかに残っている」（一本）
釣りの浮き。プラスチック製で糸のついたもの（一個）
ショットガンの散弾。赤いプラスチック製（一個）
ライフルの薬包。真鍮製（一個）
硬質プラスチックの破片。色と形はさまざま（四二片）
テニスボールの芯のゴムボール（一個）
カメや、船のプロペラに巻きこまれたか、餓死したかで浜に打ち上げられた生物を解剖して出てきた消化器の中身——金属製釣り針、クラゲ大の透明ビニール袋（二）
長めのビニール紐（三本）
集成材（五枚）
ガラス瓶（二本）
錆びた船梯子、使用に耐える状態のもの（一本）
エッセンス・オブ・マンの金属製香水スプレー（一本）

考古学者は遺物をもとに、発掘した文化の慣習や産業や信仰を推し量る。サバルヤシの根方でわたしたちが見つけた文明は、まず木材やガラスを遺し、ものの二、三〇年のうちにプラスチックを経験した。プラスチックの生産と移動は、海が示すわたしたちの時代の地層だ。発想の豊かな考古学者なら、漂着物から宗教的意味合いを読み取ろうとするかもしれない。人工物のあるものは、供物として捧げられた食物やタバコだし、なかにはまぎれもなく婚姻や誕生を記念する儀式のなかで使われたとわかる、文字の証がついたプラスチック遺物もある。

漂流プラスチックは、海洋の生命ネットワークを変質させる。カメや海鳥といった動物から海生の環虫類に至るまで、生き物たちはプランクトンサイズのプラスチックに腸管を詰まらせ、あるいは裂かれ、活動を鈍らされる。これほどはっきりと目には見えないが、海のエネルギーや生命、物質の循環にもっと重大な影響を与えているのが何十億とないプラスチックの微粒子だ。

海洋微生物の生命にかかわる緩急や様式は、自由に浮遊する細胞間で交換される化学物質によって決まってくる。プラスチック微粒子の煙幕は、この微細な関係性を書き換えうる新参者だ。プラスチック細片の硬い表面は、以前には海のなかでめったに出会うことのなかった細胞どうしがまとまって群れをなせる場になる。微生物のなかには、硬い表面にしか育たないものもある。かつての大海原では、そうした種は稀だった。いまはすっかり定着種になった。プラスチック片が島のようになって、それまではなかなか出くわすことのなかった珍種どうしをごく近いところにひとまとめにするのだ。

プラスチックの表面に進出した微生物のなかには、少数ながら消化物質をもったものがいる。そうした連中が育つと、プラスチックが分解される。分解されると、破片にはそれぞれに生物がとりついているため、その重みでプラスチックは沈む。そのプロセスは完全には解明されていないものの、どうやら微生物がプラスチックを海面から一掃しているようなのである。破片の一部は沈み、一部はもともとの化学物質にもどる。不完全ながら、現代の微生物は祖先の仕事を全うしようとしているようだ。

石油が誕生したのは、微生物が藻類や植物の死骸を分解しきれなかったためだ。地質作用が微生物に取って代わって、死んだ植物を液状化石に変えたのだ。そしていまは人間によって、石油はプラスチックに変えられ、ボトルやバケツとして一度使われただけで、埋め立て地か海へと追いやられる。微生物はこの循環を完結させてくれるかもしれないが、その働きはカメや環虫類を救えるほど素早くはない。

海面上昇が難民を生む

プラスチックが海の生命活動を書き換えていく傍らで、海辺の動きはよどみなく続く。一九世紀には、海面は世界中で年に平均一ミリ上昇していた。過去二〇年では、毎年の上昇は三ミリにまで増えた。わたしたちがこの一〇年間に世界に加えた余分な熱の九〇パーセントは海に吸収され、海の底まで行きわたった。温度計の感温液を思い浮かべればわかるが、液体は熱せられると大きく場所をとるようになる。

この先一〇年は、どう予測してもさらなる熱を海に注ぎこむことになりそうだ。融けた氷床や氷河も海の嵩を増やすが、そうした氷の融解も加速している。熱による膨張と氷の融解が正確にどの程度生じるものと考えればいいのかはわからないが、充分に吟味された信頼のおけるある研究によれば、二一〇〇年までに海面は五〇センチから二メートル上昇しそうだという。もう少し根拠の薄弱な研究のなかには、もっと大幅な上昇を見こんでいるものもある。

サバルヤシやウミガメの見地からすれば、これも大した変化ではない。ごく近い祖先たちが経験した範囲のことだ。だが砂の波をサーフィンする日々は目下失われている。砂丘は湿地を越えて流れていけない。島が内陸へと漂い、新たな砂の波を生み出すこともない。そうした大地の動きは、壁につき当たるのだ。

わたしたち人間は若木を育んだ海辺の森を道路や街並みに変えてしまった。高潮は内陸から運ばれた石の護岸壁に阻まれ、建物の前に立つ石やアスファルトを洗う。かつては川の流れで海へ運ばれた砂は上流にとどまっている。ダムにせき止められているのだ。浜辺に砂を供給していた沿岸の潮流も、いまや砂不足で、侵食は進行しても陸地への付着は休止状態だ。吐き出すばかりで吸収できず、浜辺は萎れる。やがては海が、この冷徹な光景のすべてを沈め、変化を食い止めようとする人間の試みを消し去るだろう。同時に海辺の植物と動物は、それまでの生き方では備えておけなかった危険と対峙しなければならない。

海面上昇の予測が正しいならば——これまでのところ、海は従来の気候変動モデルの予測をすべて追い越してきている——、人間は災禍に見舞われる。海の水が呑みこもうとしている土地には、世界の人口の二パーセントにあたる人々の住む家がある。嵐がうねり、海岸が削り取られて、海抜一〇メートル以内に住むさらなる六億人にも影響する。あと二世代のうちに、海によって大勢の人が難民と化すだろう。

打ち上げられた遺体は、浜辺を渉猟したソローが出会ったなかでも、近代アメリカの海岸にもっとも似つかわしくない遺物だ。一八四九年の一〇月七日、ソローがケープコッドにやってくる二日前に、アイルランドのゴールウェイからきたブリッグ帆船が嵐のなかで碇《いかり》を落とし、難破して移民の多くが溺死した。ソローは、葬儀の場面からはかけ離れた楽天ぶりで、「どちらかといえば風と波に同情する」と言い、アイルランド人たちが「新たな世界へと旅立っ」たと信じ、自分たちの遺体を波の間に間に流されるにまかせて、大喜びで彼岸に口づけていることだろうと書いた。

ソローの言い分は、現代人の感覚からすると冷酷に響く。彼はアイルランドの人々に相矛盾する評価の目を向けていて、おそらくはそのために彼らの運命に冷淡だったのかもしれない。それに、移民の多さにも度重なる難破にも慣れっこになっていたのだろう。大飢饉［訳注：一九世紀半ばにアイルランドで起きたジャガイモ飢饉］のさなか、一〇〇万以上の男女がアイルランドからアメリカ合衆国に逃れてきたのだが、一八五〇年の統計で、アメリカの全人口は二〇〇〇万をわずかに超える程度にすぎなかった。またソローの時代、風雨の強い冬のケープコッドでは、二週間に一隻の割合で船が難破していた。だからソローは問うのだ——「なぜ恐れ入ったり哀れんだりしてむだな時間を費やさねばならないのか」と。

サバルヤシの根元では、人間の死体は見つからなかった。もっとも、プラスチックに殺められたカメや鳥が時々打ち寄せられる。わたしたちの浜辺は、ソローの浜辺から遠く隔たっているように思える。しかしそうではないのだ。

人々を移民へと駆りたてるのは、もはやジャガイモの病気や一九世紀イングランドの政治家ではないが、現代には海面上昇を含む新たな脅威がある。試算には異論もあり、環境変化に応じて生じる移民の数を定量化する研究は、はなはだ不正確な分野だ。しかし多くの試算で、海岸線の後退や侵食による土地の崩壊、淡水の減少などにより、これまでにも一〇〇〇万単位の人々が転居を余儀なくされ、今後もおそらく億単位の人がこれに続くだろうと見られている。

ジョージア湾ではこうした動きはわずかだ。しかし地中海で、アデン湾で、アンダマン海で、そしてカナリア諸島で、いま再び、旅人たちが浜辺で移民の遺骸をまたぎ、難破船の生存者が寝椅子のわきを這い進まねばならない日々が訪れている。二一世紀にもなって、英国の政治家の言葉は、先達たちの焼きなおしにすぎない。「われわれは地中海における組織的捜索と救出作戦を支持しない。彼らは図らずも、難民の増加を促進する『牽引力』となってしまっている」

大量移民と難破のソローの時代がもどってきた。

海辺に生きる賢者となるすべ

太陽と地球と月の軌道を関連づける重力と同様、温度と水の性質を関連づけている物理法則は融通を利かせられるものではない。南極の氷が一〇〇リットル融けるごとに、九〇リットルの水が海へ流れこむ。気温が一度上昇するごとに、熱帯の海水量は一〇〇分の三パーセントずつ嵩を増す。サバルヤシは規則と争ってはこなかった。むしろ進化の過程が、サバルヤシの仲間に、砂や塩や潮に働くニュートン力学の間隙をつく独創的な方法を見つけてやったのだ。

わたしたちはヤシではない。波間に浮かんだり鳥に種を運んでもらったりして浜辺から浜辺へと飛び移ることはできない。だが海が古くからの人のしきたりを揺さぶるのなら、わたしたちはヤシの顰《ひそみ》に倣《なら》おう。真似をするということではなく、浜辺で生きるすべをもっとよく理解するために。サバルヤシは、変わりやすい環境のただなかで生き延びる手だてを身につけてきた。内陸の山や平原の暮らしに適した樹種の上をいっている。生涯の大半、サバルヤシは砂をしっかりととらえ、波の活動に逆らい、砂丘をあるべき場所にとどめてきた。細胞から塩分を除去して、可能なかぎりの淡水を貯めるすべを考案した。嵐や山火事が起きると、ヤシは身をまかせ、あとから立ち直った。だが最後には、昔はあんなにしゃきしゃきしていた葉も根も、波の満ち引きに引きずられ、没していく。サバルヤシはそうして進んでいく、浜辺の木材の墓場をあとにして。

聖書の寓話はこんなふうに書き換えることができる。愚者とは、砂に家を建てる者ではない。間違っているのは、砂が岩になると信じることだ。どれほど大量のコンクリートを注ぎこんでも、海岸は決して石にできない。むしろ、砂の特質を知り、あの手この手で抗いつつ、いざとなったらちゃんと退散できる者でなければ砂に家を建てられないとわきまえているのが賢者なのである。人間社会はこれまでのところ、砂に抵抗するほうに力を入れてきたが、自ら選んで、あるいは不幸にして砂地に住まざるを得なくなった者にはあまり手をさしのべてこなかった。「なぜ恐れ入ったり哀れんだりしてむだな時間を費やさねばならないのか」――なぜならばそれは多分、海の振る舞いに対するわたしたちの答えがヤシには欠けていたもの――共助のネットワークだからなのだ。

トネリコ

Green Ash　倒木をめぐる生物たちの世界

テネシー州、カンバーランド高原、シェイクラグ・ホロー
北緯35度12分52・1　西経85度54分29・3

死後の生はある。ただ、それは永遠ではない。木のネットワークは、死をもって終わりとはならない。朽ちつつある木の幹や枝や根は、おびただしい関係性を紡ぐ中心地となる。森に棲まう生物の少なくとも半分は、横たわる木のなかに、あるいはその上に、食べ物や寝床を見出す。

熱帯地方では、柔らかい樹種の木は、バクテリアや菌類や昆虫たちの煙をたてない炎に、速やかに焼きつくされる。倒れた丸太が一〇年以上残っていることはめったにない。少しばかり身のしまった重たい熱帯樹木も、もってせいぜい半世紀だ。これが酸性度の高い極地付近の湿地林となると、腐敗の進行はずっと時間を要する。そこでは、木は死後の川をほんのスプーン一杯ずつすくい取っては、一〇世紀以上もの長きにわたって、辛抱強い微生物に小出しに与えつづける。熱帯と極地という両極端の間では、温帯林の倒木が、生きた年数と同じくらいの歳月をかけて死後の生を全うする。

倒れる前、木は、自分のなかや周辺で対話を促し、それを統制していく存在だった。死によって、対話を積極的に統制する活動は終わる。根の細胞はもう、バクテリアのＤＮＡへの信号を送らない。葉は、化学物

質で昆虫と語らうのをやめる。そして菌類は、これ以上宿主からのメッセージを受け取ることはない。だが、木は決して、こうした関係を一〇〇パーセント支配下においていたわけではない。生きていた当時の木もまた、ネットワークの一部にすぎなかったのだ。死は、木をネットワークの中心からそらしはするが、ネットワークにとどめを刺すわけではない。

テネシーの春は、北極からの冷たい壁と、メキシコ湾から押し出してくる暖かく湿ったあぶくとがぶつかり合う。そのおかげで風嵐が起きやすい。幹や根に少しでも弱いところがあれば、空から襲う突風や暴風に暴かれてしまう。そんな、風にいたぶられたあとのある日、わたしは木々と岩に覆われた山肌を歩いていて、倒れたばかりの巨大なトネリコの木に出会った。

三月——キクイムシ

彼らの肢が一歩ごとにたてるのは、乾いた木っ端のこすれる音だ。六〇〇〇〇ものキチン質の肢は、空気を震わせ、樹皮をかきまわす。虫たちは取っ組み合い、番《つが》う。もがき合ううちにひと塊になって朽葉の上に落ち、ひっぱたくような音をたてる。闘っていたのが着地すると、ぱっと離れて木へ飛んでもどる。翅をじじじと言わせて。黒と黄色の縞模様に、巻きひげのアンテナのやつらは、わたしが近づいても慄《おのの》く気ぶりもない。擬態が彼らの防御だ。実際はただの甲虫なのに、黒と黄色の縞模様や自信たっぷりな様子、それに翅の音が、彼らをスズメバチに見せている。

彼らは、シマトネリコキクイムシで、ここにはたったの一日しかいない。彼らは交接すると卵をトネリコの樹皮のなかに産みつける。今朝は、鼻の利かない人間でさえ風で引き倒された木を見つけられるような日だ。倒木からは、タンニンの酸っぱいにおいが放たれている。オークのようなぼんやりとした酸味のなかに、ブラウンシュガーの風味がまじる。倒れてから数時間がたったいまは、傷ついた樹皮の放つ強いにおいが残っているだけだ。

キクイムシたちは、裂けた木の、この独特のにおいのなかで生きている。折れたばかりのトネリコは、キクイムシの保育園だ。樹皮の下にぬくぬくとくるまって、幼虫は春から夏にかけてずっと、刃のようにつき出した口吻で木の本体に孔をあけつづける。細かなその木くずを呑みこんで、共生微生物の棲みついている腸に送りこむ。木を消化してくれる同僚がいなければ、キクイムシは栄養をとることができないのである。

わたしは丸太に耳を傾け、空洞だらけの樹皮の下から湧いてくる、カタカタガリガリいう音を聞いていた。

四月——トチノキ

トチノキの若木がトネリコの足元に育っていた。風でトネリコが倒されたとき、若木は衝撃に乗り、一メートルも浮き上がり、九〇度も撓《たわ》んだ。前年の夏からじっと閉じていたトチノキの若芽はそろそろ鱗片を落とし、垂直な世界へと目を覚ます。重力はいま、斜め横から彼らにかかっている。

一年分の葉のもとが、若芽のなかでふくらんでいる。細胞の塊が開くと、葉っぱの子どもが現れる。ほころび出した若芽の細胞のなかでは、古代のバクテリアの末裔が重力の方向が変わったのを感じている。このバクテリアたちは、いまは袋状のアミロプラストに姿を変え、一五億年もの間植物細胞のなかを旅してきた。目下アミロプラストは細胞内のいわば食品庫で、澱粉《でんぷん》を保管している。重力方向が変わると澱粉団子が転がってゆがみ、アミロプラストの膜を押して葉のほかの部分に信号を出す。「茎の下側の細胞へ『伸びろ』、てっぺんの細胞へ『じっとしていろ』」と。茎は自ら姿勢を正し、指を広げていく葉が太陽に向くようにカーブを描く。

トチノキの成長点はいままっすぐ上を向いている。感覚と反応がこうまで熟達しているのは、植物細胞を構成する幾多の生命体どうしの信号のおかげだ。アミロプラストが不完全だったり、細胞のほかの部分が信号に耳を傾けようとしなかったりすれば、茎は重力を感じられない。

倒れたトネリコ

木の幹や枝や根は朽ちつつあっても、
森に棲む動物たちの関係性を紡ぐ中心地となる

五月――ミソサザイ

浮き上がった根から四一メートル、トネリコの樹冠あたりはいまやへし折れた四肢が散乱していた。つき出したりからみ合ったりした枝が目の高さまで達して、とても歩けない。だが、木の裂け目や枝の先がチャバラマユミソサザイをさし招いている。木が倒れたあと、ある日番《つがい》が藪に飛びこみ、もつれた木々を歌でくくった。いまはここが彼らの縄張りの中心だ。わたしがここを訪れるたび、彼らはチュウチュウ、キーキーと鳴きかわす。小鳥たちは枝をかいくぐり、くちばしでとらえた羽虫をヒナに運ぶ。森のそちこちで、倒れたどの木のまわりでも、赤茶けたミソサザイの羽根がかつて樹冠だった枝の迷路をすり抜けている。子育て中の彼らは、穴の探究者で倒木を渡り歩き、倒れた木の枝のからみ合う網に守られて生きている。

六月――ガラガラヘビ

木々が倒れて招じ入れられた太陽の塔は、上層部の一段下の層や、散らばった落ち葉に熱を与える。森の生き物たちは、どこがぬくもっているかをよく知っている。積もった落ち葉の周辺は薄暗いのに、太陽の塔の下だけが明るく、暖かい。ムシクイの鳴く朝、わたしは日のあたる一角に腰かけて観察した。一時間ほどすると、腐葉土《リター》のなかで頭をもたげてきた親指ほどの大きさの黄褐色のコブに目を引かれた。わたしはにわかに目を見開いた。節が見えた。鎧のような皿が見えた。そして息ができなくなった。ガラガラヘビだ！倒木にのうのうと腰かけた目配りの効かない愚か者の足の先、わずかブーツ二足分ほどの距離にヘビは寝ていた。そいつは、セミが枯れ葉の間でたてる音のような警戒音を出さなかった。腕ほどの太さの体を丸め、頭と尾の先がキスをしていた。日に照らされて色あせたカエデの枯れ葉の色と肥えた土のようなオークの色とがまじって、寝転がったヘビの皮膚は完璧な色合いだ。

そばに寄ってよく見てみると、ヘビの目は曇っていた。おそらく脱皮に備えているのだろう。皮膚を脱ぎ捨てる前に目が曇るのは動物では普通のことだ。だが、細菌感染ももうひとつの可能性として考えられる。動物はみんな皮膚に細菌を宿していて、ほとんどは無害な共生生物だ。だがこの五年ほど、アメリカ合衆国東部から中西部にかけてのガラガラヘビの体表では、細菌のコミュニティに変化が起きていた。ひとつの種がほかの細菌を圧倒し、ヘビの健康を損ねたり、死に至らしめたりしているのだ。このような変化が起きた原因は、いまの段階でははっきりしていない。もしかしたら、温暖化した冬のせいである細菌だけが優勢になったのかもしれないし、海外から入ってきたペット用のヘビに、目新しくて強力な細菌がついてきたのかもしれない。

原因が何であるにせよ、ガラガラヘビの皮膚病は蔓延し、その影響がどう出てくるかはいまのところわからない。ガラガラヘビは、森の生き物たちと直接間接にかかわりをもっている。獲物である齧歯類《げっし》は、種子や木の実を食べあさり、同時にあちこちに配って歩く。ガラガラヘビの減少で齧歯類の生息数がどうなるかによって、樹木の種子の運命も変わってくるだろうが、齧歯類の旺盛な食欲を考えると、損失が大きく出ることになりかねない。

齧歯類はまたマダニの主たる媒介者でもあるので、ヘビが少なくなれば、鳥類や人間を含めた哺乳類の血液中に寄生虫が増える結果になるかもしれない。フクロウやタカ、それにキツネやコヨーテは、ガラガラヘビと食性がいくらかかぶっている。だが森の命のネットワークの関係性をわたしたちはまだまだ正確に把握しているとは言えず、ヘビ人口に病気が広がっていくとほかの捕食者たちの数や行動がどう変わっていくのか、予測するのは難しい。

わたしは次の日も再び森に出かけた。ヘビは同じ場所にとぐろを巻いていた。巻き方は若干変わっていたけれども、目は相変わらず曇っていた。二日後、ヘビはいなくなり、枯れ葉の山に掌ほどのくぼみだけが残っていた。

八月——木の洞

サッサフラスの葉にハナアブが翅を休め、花粉にまみれた前肢を洗っている。わたしを見て、金色の縞の入ったそのハナアブは、空へとさっと飛び去った。肢に押されて、葉が揺れた。ハナアブの飛翔はとても素早くて目が追いつかない。とはいえ翅の鳴る音はハチの羽音なみに大きかった。キクイムシと同じで、このハナアブも見た目と羽音を針のある虫に似せることでわが身を守っている。

わたしたちはこのハナアブを「ニュースバチ」と呼ぶ［訳注：*Milesia virginiensis* の俗称。人の顔に近づきホバリングするその習性が、ニュースを届けているように見えることからNews Bee（ニュースバチ）と呼ばれる］。ニュースバチはわたしの顔を見つけ、鼻に沿って登り、目と目を合わせて自らの物語を打ち明けた。ハナアブがためらって少しよろめくと、ハチを思わせる震え声が起きた。そしてそいつは思いきりよく飛び立ち、ほんの一秒の間に数メートルも離れていって、カエデの幹にできた染みに同じ物語を語ってから、山のわきを飛んでいった。ニュースバチは大きな目をした活発な狩人で、夏の終わりに森に咲く花を探してまわる。わたしの顔とカエデの幹は一秒ほどの間は興味を引いたようだが、蜜がなかったから、カエデもわたしも、ニュースバチの関心を長く引きとめておくことはできなかった。

わたしは以前、裂けたトネリコの幹のなかでこの虫に出会ったことがあった。幹のなかが腐ってできた洞《うろ》に水がたまり、水浸しの木製カヌーさながらだった。初め、水は蜂蜜色をしていた。それが数日たつと煮つまったお茶の色になり、数週間後には濁ったスープになっていた。濁りの上に幼虫がやってきて、スープのごちそうのなかを泳ぐ。ヌカカのウジや落ち着きのないボウフラ、這いまわるイモムシたち。幼虫のなかには、成長すると、呼吸管で水の表面にさざ波をたてるものがいる。呼吸管は髪の毛ほどの太さで、水棲幼虫と空気とをつなぐ。シュノーケルをつけた潜水幼虫はハナアブ科の幼虫で、これがつまり金の縞入りのニュースバチの子どもで、幼虫はみんな、木の幹の水たまりで、木くずを食べて大きくなる。

この森には池も湖もないけれども、木の洞や倒木が、熱帯のセイボのアナナスと同じでたっぷり水を湛え、幾百とない生物を支えている。朽木は森の水環境となる。ありがたいことに、ありとあらゆる節穴が、裂けた丸太が、枯れ葉の塊が、溜め池にも沼にもなるのだ。虫を食べたいヒナも、花粉の運び屋を切望する花も、そして蚊に刺されるすべての生き物も、死んだ木の水たまりにつながっている。

一〇月——動物たちの通り道

哺乳類たちはなぜか——直径一メートルもある倒木に上がれば展望が開けると期待するからか、あるいは樹皮がしっかりとした足がかりになるからか——倒れたトネリコの道筋をたどりたがる。昼日中、倒木にリスの仲間がいないことはめったにない。夜には、コヨーテやリス、オポッサム、ウッドチャック、時には筋肉の発達したボブキャットまでが倒木を道にする。捕食者は上に腰をすえ、斜面の向こうを窺う。ほかはみんな、ダニでチクチクする植物のない道をぶらぶらと歩く。夜ごと、アライグマの一家が四匹一列になって、倒れたトネリコの道を駆け抜ける。黄昏時には、樹冠部から土が根にからんで大きな玉になっているほうへと歩き、坂の上へと向かう。多分この方向に歩いて三〇分ほどの町中の、ゴミ箱を目指しているのだろう。夜遅く一家はもどってきて、根の玉から樹冠へと、さらに森の斜面を谷へと下る。谷底に散らばった岩の間に、ねぐらがあるのだろう。

歩行者たちは糞を遺《のこ》す——倒木の上に記された、なわばりを主張するマーキングだ。落し物はひとつひとつ、どれもがその生き物の食事の記録で、食料の網の目をのぞき見ることができる。そんなうちのひとつ、親指大の湿った落下物は、バッタの肢（複数）、ハチの頭（複数）、葉の繊維、種《たね》、ハチの腹部（複数）にわたしの掌くらいの長さのハリガネムシ一匹のごたまぜだった。

別のに目を移すと、そっちは指くらいの大きさのキツネの糞で、わたしはその辺に落ちていたカエデの小枝を使って中身を調べた。全体はノブドウの種で、タールでひとまとまりになっている。わたしは種をふたつ拝借し、鉢に植えて窓辺に置いた。発芽した新芽の裏が、白く蠟を刷いたようになっていて、ピジョン・グレープとわかった。その名はリョコウバトを思い起こさせる。いまでは絶滅してしまったが。リョコウバトはこの地に集まると、ありとあらゆる植物の種子を運び、たっぷりの肥料で包んでは土に落としてまわった。バルサムモミと同様に、このあたりの植物も後進の配属には動物の手が頼りだ。配達手がいなくなったいま、キツネとアライグマが、おびただしい数のハトたちが受け持っていた園芸部門の業務を引き受けざるを得なくなっている。

糞と糞の合間、樹皮の裂け目に、オレンジ色に光る欠片《かけら》が散っている。嚙み砕かれたゴルフボールの残骸だ。もともとは人間の遊び道具で、森に打ちこんでしまった者がいたのだろう。森に飛びこんでくると、明るい色の球体は強力な歯の持ち主の格好の歯固めになった。多分、遊びざかりのコヨーテの子どもか、見境のないリスの仕業だろう。

倒木は、森のなかの一点に哺乳類を集め、そうすることで自らの周辺に森の未来を描き出している。種子は、肥料の山に落ちる。倒木は朽ちながら地面に栄養分を滴らせ、芽を出そうとする植物を寒さから守りつつ、栄養を施す。サバルヤシの根のまわりを取り囲む海水さながら、花輪よろしく倒木を飾るプラスチックの砕片は、産業化時代の森という海の漂白物だ。

一一月——顕微鏡下の生き物たち

わたしはひび割れた倒木にたまった淀んだ水から、長いピペットを引き抜いた。バルブを絞って、倒木の汁を一滴、顕微鏡のスライドに落とし、薄いガラス片で水滴を平らに伸ばした。

倒れたトネリコは動物たちの通り道になっている

夜にはコヨーテやリス、オポッサム、ウッドチャック、時にはボブキャットまでが道にし、
夜ごとアライグマの一家が4匹1列になって駆け抜ける

倍率を四〇倍にすると、蚊の肢と木くずが見えた。わたしは顕微鏡のつまみをひねり、もっと強力なレンズをセットした。一〇〇倍になると光の針が酔っ払ったみたいに視界を動いた。水に落ちたごく細かな木の欠片だ。四〇〇倍では、顕微鏡の接眼レンズは生きた細胞が押し合いへし合い、震え慄く動きでいっぱいになった。一滴のなかに、この山肌に生える木の本数よりも多い数の生き物がいる。二連のボールが線に沿って、スライドのあちらからこちらへ泳いではもどり、漂いながらうんうんとうなずいている。コンマの形の細胞がくねくねと蛇行する。ゼリーの人形が回転する。スリッパ形の細胞が這い、引き波をたてていく。巨大な何か——透明な腹のなかに見えている餌食よりも五〇倍は長い——が飛ぶように視界から消えていく。わたしはダイヤルを動かし、スライドを滑らせて巨漢を見つけようと試みた。水が、卵形のそいつの体を後光のように取り巻いている。はたはたひらめく毛束にふれて、光が屈曲しているのだった。

三〇〇年前、オランダのレーウェンフックがガラスを磨いてレンズにした。彼が観察した微小動物の報告は、ロイヤル・ソサエティから鼻であしらわれた。現在でも、こうした顕微鏡下の生き物たちは、物言わぬ百科事典の闇に棲まわされている。彼らの対話を盗み聞きしてやろうという人間は、星々から降ってくるおしゃべりに耳を傾ける人間よりも少ない。

一二月——ヤスデ

マルヤスデが樹皮の裂け目をひょろひょろと縫い、詰まったコルクの合間をなめし革のような体ですり抜ける。ヤスデは移動の間、頭を低く下げ、細い流れになって生えている藻類を食《は》みつづける。倒木はヤスデの棲み処だが、ヤスデもまた別の生き物たちの棲み処だ。黄褐色のダニが二匹、ヤスデの背中にしがみついている。それぞれがヤスデの体節ひとつ分の幅の一〇分の一しかない。ヤスデは朽ちかけた倒木の表面を噛みしめ、ダニはヤスデの外骨格からしみ出る滲出物をすする。これは長きにわたる関係で、系統の進化するうちに定着してきたものだ。分類学上ダニの親族とされるもののうちで、ヘテロゼルコニダエはヤスデにだけ寄生する。

両者の生命環は同期している。夏の終わり、ヤスデが繁殖のために倒木の下にもぐると、ダニは宿主から降りて自分の相手を探しにいく。秋のはじめ、孵ったばかりのダニの子どももヤスデの子どもも、朽木の下でしっとりと守られている。保育室を守ってくれる朽木のない森では、ダニもヤスデも見かけることはない。

一月——種子のゆりかご

ひっくり返ったトネリコの根の玉は、てっぺんがわたしの頭の高さくらいにあり、ちぎれた根もあるものは人間の太腿なみの太さで、何本も土の塊からつき出していた。風に乗って、根の抜けたあとのむき出しの土に降りた樹木の種子は、冬の霜で地表に押し出され、春にはここに何が芽吹くかが見て取れた。

サトウカエデのV字形のヘリコプターは、数カ月分の雨と風、そして氷にさらされて、羽毛の抜けたハゲワシみたいにぼろぼろになっている。ニレの実は腐りかけた紙きれを切り裂いたみたいになり、レンズマメのような種子がなかに見えている。短剣に似たユリノキの実はそうした腐敗の憂き目にあっていない。堅い房から離れて、今週樹冠部から落ちたばかりなのだ。細長い刃の端がコブになって上を向いていて、そこに種子が入っている。

こうした在来の樹木にまじって異国からやってきた樹木の種《たね》も見られた。ぱりっとした羽をつけ、真ん中がふくらんだ種は、東アジア出身のニワウルシのものだ。

種子から根が伸びはじめると、ニワウルシは自分以外の植物の根には有毒な化学物質を土壌にしみこませる。さらに、若木の根は土中微生物と他の在来植物にはわからない言語で対話し、バクテリアたちにせっせと窒素を貢がせる。そうやって栄養を得たニワウルシの茎は勢いよく上へ伸びて、競争相手に日があたらないようにしてしまう。

土壌のコミュニティを作りなおし、ある種の絆を断ち切り、都合のいい絆を強化することで、ニワウルシはアメリカ合衆国の落葉樹の森にできた間隙に、もっとも素早く大挙して棲みつく外来樹となりおおせた。

二月——倒木から糧《かて》を得る

ごちそう請求音

風邪ひきネコが喉を鳴らす音——セジロコゲラ

夢中になりすぎてあたりかまわず叩きまくるマーチングバンドの小太鼓奏者——セジロアカゲラ

三連または四連の太鼓——シマセゲラ

木の物差しをぶんぶん鳴らす音、のち、やたらにドアをノックしまくる音——ズアカキツツキ

老人がのんびりと板に釘を打ちつける音——エボシクマゲラ

激しい鼓動が、やがて不規則な鼓動に——シルスイキツツキ

一八九〇年代の電話の音。木製版——ハシボソキツツキ

鉛の粒を木に打ちつける音——ムナジロゴジュウカラ

鉗子《かんし》で革をつき刺す音——カロライナコガラ

ねじまわしで革をつき刺す音——エボシガラ

本のページとページの間で、シャープペンの芯をついたり、ねじったり、折ったりする音。腹立ちまぎれにひっきりなしに——アメリカキバシリ

カブトムシの幼虫や、オオアリやキクイムシには身も凍る振動音だ。わたしは幹に頭を寄せた。木をつついているキツツキからは二〇メートルは離れていた。幹を通ってこつこつつつく音は、樹皮に押しつけた耳が直接つつかれているかのように聞こえた。鳥の引き起こす振動は森に広がり、あらゆる昆虫に捕食者の存在を知らしめる。

上にあげた鳥たちは、樹皮の裂け目を熟知している。目にもとまらぬ速さで動く舌と鋭いくちばしで、虫のいそうなつき出た層を制圧する。木の表面を移動しな

倒木の上に舞い降りたニワウルシの種

根が伸びはじめると土壌に有毒な化学物質をしみこませ、
他の植物の生育を阻害する。土壌のコミュニティを作りなおすことで、
ニワウルシはアメリカ合衆国の落葉樹の森に大挙して棲みつく外来樹となった

がら、そのすぐ内側に何がいるのかを聞き取ろうとし、虫の存在を窺わせる物音はひとつたりと聞き逃すまいと耳をそばだてる。

虫も鳥も、どちらもトネリコの倒木から糧を得ているのは同じだ。トネリコのセルロースに蓄えられた日光は、まず虫に流れこんで血肉となり、次いで鳥の胃袋に収まる。鳥の力こぶの出そうな頸の筋肉に支えられ、くちばしが生み出す騒々しい衝撃音は、トネリコのエネルギーの発露、木がその長い長い生涯の最後に、森に向けて吐き出す生命の息吹なのだ。

最初の誕生日

木が倒れて林冠部に隙間ができたことで、空から降り注ぐ光の間欠泉が生まれた。一年の間ありあまる光子を受け取って、可愛らしい草だったものが叢《くさむら》に育った。森の別の場所では、ルイヨウショウマやルイヨウボタン、ハゼリソウも、わたしの足首にやっとふれるほどの背丈しかない。日陰の乏しい光を、精一杯吸いこむしかないからだ。それがこちらでは、植物は根にも茎にも充分すぎるほどの栄養をもらい、歩くのに、腕で払いのけながら進まなければならないほどだ。息がつまるほどの緑は、一歩ごとに踏みしだかれた葉から芳香を吐き出す。繁茂する植物で地面が見えず、わたしは用心深く足を踏み出す。ガラガラヘビを忘れてはいないから。

若木や灌木も、光に向かって殺到する。オジロジカは、倒れたトネリコ周辺のこの区画をお気に入りの場所にしたようだ。急成長したニオイベンゾインやニレ、ニワウルシ、トチノキの若木の間を寝床にしている。どの樹木も高慢ちきに豪勢な枝を上へ上へと伸ばしている。ここへ来るたびにわたしは、ほとんど毎回のように、シカたちに警戒音をたてさせて、食べ物の豊富なねぐらから追いたてるはめになってしまう。

一〇〇メートル離れた場所に、倒木仲間がある。ホワイト・オークで、大邸宅の正面玄関の扉ほどの幅のものが、風に吹き倒された。根は二〇メートルも土をまき散らし、抜けた跡は、まるで爆弾が落ちた孔みたいだ。もう一本、サトウカエデの巨木も、同じ春の嵐で折れた。幹の大部分が斜面の下へ投げ出され、抜けなかった根の上に、細長い切片《せっぺん》が何本もつき立っている。鉛筆ほどの太さの折れ残りは、わたしの手が届かないほど高い。裂けた木肌に手を這わせ、折れ残りをもぎると、ウーンと低くこもった音がした。トネリコと並んで、この二本の巨木も、倒れたあと林冠部に日の差しこむ大きな隙間を開いた。倒木は両方とも、嵐に寝かされ、出入り自由だ。森の生き物たちがすぐにも入りこみ、ごちそうに舌鼓を打つことだろう。上空から見たならば、こうした倒木のあとは、森中に不規則に穿たれた穴のように見えるだろう。ひとつひとつが森の生命の寄り集まる軸となる。何年もたつうちに、それぞれの場所に芽生えた生命たちが、徐々に周囲と入りまじっていくことだろう。

森林統計によると、世界の森には七三ペタグラム(七三〇億トン)の倒木があり、これは世界の木材の五分の一にあたるという。そして、死んだ有機物となって土壌に溶けていった木、もはや生きた樹木と言えない木は、その重量で生きている木を上まわるのである。

二度目の誕生日

ちょうど爪楊枝くらいの太さと長さの突出物が、倒れたトネリコの表面に何百本となくつき立っている。どれもが、樹皮の裂け目の錐で開けたような穴から出ている。ひとつにふれてみると、それは砕けて粉になってしまった。燃えつきたタバコの灰のように。倒木に耳を押しつけても、何も聞こえない。聴診器をあて、マイクも使ってみたが、おが屑でできたような細い管は、どうやらずいぶん深いところでごく小さな口の生き物が作っているらしく、その音は樹皮を通して聞こえるほど大きくはなかった。

崩れやすいこの突出物は、木に孔をあける昆虫、キクイムシの仕業で、その体長はゴマ粒の半分ほどしかない。キクイムシは、木のところへ来る際に助っ人を連れている。胸部のポケットに菌とバクテリアの一団を入れているのだが、この助っ人たちが木をキクイムシの食べ物に変えてくれる仲間なのである。

木の樹皮と木質部の間にある柔組織を食べるほかの穿孔虫と違って、アンブロシアビートルはずっと奥深くまで穿孔する。針の先ほどの穴を中心部まで掘り進めながら、胸のポケットから菌とバクテリアをまいていく。キクイムシは耕作者だ。穴は耕された畝《うね》で、菌とバクテリアはヤギであり、ヒツジであり、ウシなのだ。ミニチュアの家畜たちは木を食み、消化して栄養分を自らの体内に蓄える。やがてキクイムシはもどってきて、家畜の「肉」を収穫し、菌とバクテリアの恵みをたっぷりといただくが、木を分解する仕事を再開するために必要な菌たちは残しておく。

この洞穴牧場の歴史は人間の農耕より六〇〇〇万年以上も古く、共依存関係が完璧に成立している。この絆が断ち切られたら、菌もキクイムシも死ぬしかない。

ほかにも、開拓者のキクイムシにひっついて木のなかに入り、穴を利用して内部から木を侵略する菌、キノコがいる。今週はそうしたキノコがいくつも木から頭を出し、樹皮をつき抜けてきていた。

ひとつめはきらきらと濡れた茶色の笠の縁がクリーム色をしたカワラタケで、もうひとつは平らな三日月形で、バターのような黄色をしていた。その隣には小鹿色、クルミ色、羽毛のような白の縞模様が入った多孔菌のキノコがあった。

キノコの棚や笠は、木の内部で分枝している菌類の、表に現れて胞子を作り出している部分だ。胞子ひとつは人間の細胞の一〇〇〇分の一の重さだから、風がひと吹きしただけで、昆虫が通りかかっただけで、小枝が転がっただけで、楽々と脱出を図れる。そして、もし面倒見のいい木の表面に降り立てたら、胞子は目覚め、穴を掘る。育つことのできた菌は伸びつづけ、新たな棲み処をそろそろと掘り広げていき、消化酵素を使って奥の、糖分のあるところまで木を割り進んでいくのだ。

数週間もすれば、トネリコについたカワラタケやそのほかのキノコにも、キノコから栄養をもらおうとする生き物がたくさんたかっていることだろう。数百種もの昆虫の幼生がキノコの棚や朽木で暮らしている。木を分解するキノコを唯一の棲み処とする甲虫やガや羽虫たちがいるのだ。

たくさんの記憶を抱え、あちこちで対話し、多くのほかの生物と関係していた生き物——人間でも木でもコガラでも——が死ぬと、生命のネットワークは知性と生命の中心を失う。死んだ生き物と近しかったモノたちにとって、喪失は痛切だ。

生態系において、死別の悲しみと同様の喪失は、森にも見られる。生きている樹木に依拠していた生物たちにとっては、木の死は、彼らに生命を分け与えてくれていた関係の終結を意味する。かつて生きていたその樹木の仲間も敵も、いずれも、新しく生きている木を見つけなければならない。でなければ、彼ら自身も死ぬのだ。こうした関係性のなかに埋めこまれていた森の調和も、多くが消え去る。光や水、風、生きたコミュニティなどなどについて、死んだ木が個別に蓄えていた知識——森のある場所で生涯にわたって培われてきた知識も、消滅する。

それでも、自らの死んだ体の周囲に新たな命を促すことで、倒木は新しい関係を、ひいては新しい命をもたらす。新たなものを生み出すこの道のりに、教訓などはない。

木は、かつて知っていた知識を伝えるわけでなく、自らを再生するのでもない。むしろ、自分の周辺や内部に、死によって幾千もの相互関係が生まれ、それぞれが新たな生態系のできる可能性を模索する。管理者もいない支配者もいない群集から、次の森が出現し、新たな関係性のうちに新たな知識を紡いでいく。避雷針よろしく、死んだ木は自分のなかに可能性を呼びこむ。その周辺で、かつては広く行きわたっていた知識を集め、強めてくれる可能性を。

だが雷と違って、この可能性は地面に吸収されて消えてなくなることはない。その代わりに生命たちは、死んだ木の裡《うち》にある関係性から力を得て、活力を増し、表現を多様に広げていく。

わたしたちの言語は貧弱で、木の死後の生を充分に言い表すことができない。腐敗、分解、腐木《ふぼく》、分解途上の朽木、枯木——力強い更新の様相を言い表すには、どの言葉も物足りない。腐敗は可能性を爆発させるものでなくては。分解は、生きたコミュニティによる新たな生成であり、腐木も朽木も、新しい命を精錬するものであれ。枯木は沸き立つような創造性にあふれ、「自身」がネットワークのなかに溶けこみながら、再生していくものなのだ。

ミツマタ Mitsumata 紙と神の記憶

越前市、日本
北緯35度54分24・5 東経136度15分12・0

言語の障壁で、巡礼に遅れが出た。用意した地図も、あらかじめ何度も練習した日本語の例文も、鉄道駅のタクシー乗り場ではさして役に立たなかった。神社は遠くなかったが、わたしが「カミ」――神と口走ったことが相手を混乱させたようだ。後ろに下がって手を二回打ち、聖堂でするようにお辞儀をしてみせると、眉間にしわをよせていたタクシー運転手の顔がようやく綻《ほころ》んだ。わたしたちは田んぼの間の道を抜け、山に向かった。運転手はわたしを、山のてっぺんに住まう紙の女神の社《やしろ》の入り口で下ろした。

巡礼の、この最後の行程に要した費用は、ミツマタの皮を漉《す》いたものとマニラ麻の葉の繊維から作った紙幣三枚。紙の表面には、細菌学者の肖像と、富士山、そしてサクラの花が描かれている。粗い木綿と麻繊維で作る多孔質のアンドリュー・ジャクソン紙幣（二〇ドル紙幣）と違って、千円札は色鮮やかで何度も人の手を渡っていても、ぴんとした張りを保っていた。

わたしは鳥居をくぐって、黄金色の落ち葉が散り敷かれた敷石に足を踏み入れた。イチョウの枯れ葉が紙の神の社を歩く足音を和らげる。だが、紙の神のもとへ行く前に、わたしは噴泉、浄めに用いる冷たい水を貯めた手水舎《ちょうず》に立ち寄った。紙づくりのわざも同じ手順を踏む。何よりもまず、冷たい水に手を浸さないことには紙は作れない。どの神社にも浄めの水はあるが、ここ、川上御前の社では、山からの冷たい水は、いまなお紙の神がこの地にいる証であり、源泉でもある。

どこからやってきたのか尋ねられた川上御前は、「川上に住まう者」とだけ答えたという。鳥居に掲げられた扁額の文字は、御前の社の名前として、水と山を刻んでいる。大瀧神社、すなわち大きな水の落ちるところと、岡太《おかもと》神社、すなわち丘だ。どちらの神社も川上御前の到来以前からあるもので、御前は歴史の流れの合流点に出現したと言えそうだ。御前がもたらした知識もまた古いもので、七世紀、仏教とともに朝鮮半島経由で中国から日本に伝えられた。

すりつぶしたコウゾかミツマタの皮を投じた液体のなかで、コウゾやミツマタの細胞から分離した繊維は水に浮かび、水面近くを漂う。このセルロース分子は多糖質で、多くは一万五〇〇〇ほどが鎖状につながっている。水とトロロアオイの粘液のなかで、繊維はならび、織り合わされていく。冷たい水は発酵を食い止め、粘性を出して最上質の紙を作り上げる。

越前の山のふもとは食料生産には向かない土地だったかもしれないが、川上御前は、山間の村にふさわしい手仕事を伝えてくれたのだ。このあたりに生える木も、もっと暖かい土地のものよりも繊維が長く、強くて光沢のある紙ができる。越前は日本の紙製造の中心地へと発展する。公家や幕府、日本政府御用達の製造地でもあった。水と繊維を湛えたこの漉き舟から、日本は独自の書き物文化を紡いできたのだ。

後に西洋との交易が始まると、和紙はヨーロッパに渡った。ヨーロッパの製紙業はアジアから一〇〇〇年も後れをとっていた。レンブラントは、エッチングには和紙を好んだ。越前で作られた紙もあっただろう。
目の細かい簀《すのこ》を漉き舟に浸すと、セルロースの迷宮がとらえられ、紙がのされるにつれてからまり合う繊維が固着する。繰り返し簀を浸せば紙の表面に層ができていく。水の毛細管結合――このおかげで植物細胞のなかに水が保たれるのだが――で、植物繊維から水が吸い取られ、固められる。圧力に押しつぶされ、水は紙からしみ出してくる。びしょ濡れだった紙は、水を絞り出すほどに堅くなる。最後には、紙から水が出ていくことでセルロースどうしが近々とくっつくために、植物の原子が仲間を見出し、原子と原子が手をつなぐ。

カミは水であり、水でない。物理的には蒸発していても、電気化学的には、水は紙のなかに存在して原子どうしを結びつけている。何十億というカミが紙を物質として成立させている電気結合のなかに棲んでいる。わたしを運んでくれたタクシーの運転手が混乱したのも無理はない。彼は、紙の漉き手が大勢住む町で暮らしているのだから。神と紙。音は同じだ。舌にも耳にも、川上御前が神道上の存在であることは自明だ。どんなに卑俗な紙にも、御前の聖なる社に宿っていたのと同じ見えないエネルギーが内在している。

権現山《ごんげんさん》山頂の奥の院はこぢんまりした社で、一年の大半は幔幕《まんまく》に守られている。幕が開かれるのは祭礼のときだけだ。川上御前を模した像が黄金の神輿で町へ降り、数日にわたって続く祭礼期間中、紙漉き工房を訪れる。下宮である里宮は鬱蒼と木が茂る山のふもとが、集落へと接する場所に建てられている。本殿は、神様だけのためにある聖堂で、拝殿の奥になる。境内は壁に囲まれ、苔むしていた。石燈籠の並ぶ参道が鳥居に続いている。神社の周辺は、セイボの木ほどもあろうかというスギの古木が取り囲み、古えの勇ましい大瀧僧兵の槍の記憶を呼び起こす。

社殿は、巣作りする鳥や龍、葉や花やドングリの彫刻に囲まれていて、わたしは何時間もそこから目を離せなかった。社殿の三層の屋根は、賽銭箱から本殿の奥にまで波打つように連なる板葺きと檜皮葺《ひわだぶ》きだ。この木造建築は、いわば逆説の上で建っている。社殿をまっすぐに支えているその分子を、紙漉きでは破壊しなければならないのだから。リグニンは硬直な分子で、その支えとリグニンの年輪があって木は強度を保てる。リグニンなしでは、枝は綿糸さながらふわふわの繊維になってしまうだろうし、幹は全体の重さに耐えられなくなる。だがリグニンは水にまじらず、また紙を作るための分子の組織を固着させている。伝統的な紙漉きでは、木灰と苛性ソーダで、水に浸したパルプからリグニンを取りのぞいた。現代の製紙工業では、鼻につんとくる硫黄が同じ役目を果たす。世界のどこでも、木はこの浄化の工程を通り、カミが宿る前に浄められるのだ。

　木彫では、木の内なる本質と、彫刻家による外からの意匠とが融合する。紙にも融合があるのだが、それは分子と分子の間で起こっている。紙漉き職人のわざは、繊維と水を理解し、操ることだ。木も職人も、一目みただけではそれとはわかりにくい刻印を残す。痕をとどめている紙ももちろんある——葉や植物の繊維がまじっていたり、水の痕が染みになっていたりと、作られた過程を表に表している紙もあるのだが、ほとんどは指先の感覚や耳にしかわからないようになっている。

＊　＊

　偽札は本物の紙幣とは違う音がする。犯罪者が正しい植物や水の配合を見出せることはまずない。銀行家も造幣家も、指をふれれば、手触りや札のこすれあう音で、紙幣の年齢や出所を聞き分ける。紙幣の鑑定家は、紙の出所を耳で知る。

　わたしは綿花の便せんを耳に当て、こすった。羽毛のように、堅いはずの紙片は柔らかな音をたてた。細かな砂をかく、熊手のような音がした。指を素早く動かすと、今度は金属のスケート刃が氷を滑った。

雁皮紙《がんぴし》は野生のガンピの繊維から作られる和紙で、「紙の王」とも称され、手漉きで、古来もっとも貴重な印刷物や高級な障子紙に使われてきた。その滑らかな骨組みの上に指先を滑らせても、まずため息ひとつつかない。ごくかすかに聞こえてくる音は、高く、平板だ。

コウゾの紙二枚からは、作られた工程の異なる余韻が聞こえてきた。一枚目は、叩かれずにとられた繊維でできている。ふれるとその紙はパチパチ、シュッシュッと鳴った。丸まった白い繊維がいくつも紙に入っていて、指がふれる角度で音色が変わる。二枚目はよく叩かれた繊維でできていた。上質の堅い紙で、こすると、ぶんぶん唸り、ごろごろと喉を鳴らす。そこに、細かい砂粒をこすったような、かすかな摩擦音がまじっていた。

ティッシュペーパー。密やかに裂ける。その繊維は平らで少なく、結合は簡単にはがれる。

乾燥している日の新聞用紙は、跳ねてはじけ、湿気に組織が緩んでくると疲れたようにしわくちゃになる。そして亜熱帯の霧のなかで一週間もすると、何も言わなくなる。

紙の鬼軍曹よろしくコピー機やプリンターから現れるのは、リズミカルに撃鉄を鳴らす音だ。この手の紙は乱雑にされると大声で喚き、どの方向にも強い。均一なコーティングがしてあって、なかのセルロースをがっちり安定させているのだ。

＊
＊

わたしは鉄道の駅まで歩いてもどったが、通りに人影はなかった。庭に大根を吊るしている年寄りが二、三人。手押し車にコウゾの樹皮を積んだ男性がひとり通りかかった。神の山が遠くに霞んできたころ、ようやく交通量も増え、ショッピングセンターや高速道路が出てきた。一九世紀の日本には、七万軒近くの紙漉き工房があった。いまは三〇〇に満たないという。現代のわれわれは歴史上もっとも大量に——年間四億トン以上で、紙の不足していた一九八〇年代の倍以上になる——紙を使っているのに、一枚一枚の紙はわたしたちの意識からは消えている。産業化社会では、紙はほとんど透明な存在で、その表面にインクで記されたテキストを、黙々と支えるだけだ。

だが、そのようなうかつさは、必ずしも万人に共通ではない。

芸術家や印刷業者、紙漉き職人は、カミを聞く。紙の精髄が、儀式に際してふと零れ落ちたりもする。例えば結婚式の招待状、記念誌、誕生日の告知という形で。このように注意を引く使者のおかげで、わたしたちは紙の重要性を聞き、また感じるのだ。

スーダンとボスニアの難民が語ってくれたことだ。逃れる間、彼らはわずかな枚数の紙を大事に持ち、それこそ一センチ刻みで大切に使ったという。書かれた言葉のひとつひとつが表現できる喜びに満ち、それでいて、とっておきを翻り取る思いであっただろう。

エネルギーを大量に消費する製紙業や電子スクリーンがいつかつまずくような日が来たら、現代を生き延びて後世に遺るのは、川上御前の水と繊維が生み出す紙——ミツマタやガンピ、綿花やコウゾの繊維を手で漉いた紙に書かれたものだろう。

Part 2

The Songs of Trees

ハシバミ Hazel 中石器時代の人々を養う

スコットランド、サウス・クイーンズフェリー
北緯55度59分27・4　西経3度25分09・3

その木の遺物はビニールに包まれ、段ボールの棺桶に納められていた。保存箱には、見本が付され、採取地を示す符号がふられていた。なかには、ラベルを貼った袋が整然と並んでいる。「木炭」「骨」「木の実の殻」。わたしは「木炭」の袋を取り出し、綴じ目を開いた。掌《てのひら》ほどの大きさの透明な袋が数十ばかり、もっと大きな袋に詰めこまれている。小さい袋を抜き出してしわになってくっついている部分を伸ばすと、規則的に保管された人工物の、合成の音がした。木の欠片《かけら》が一万以上も、何百時間もかけて分類され、数字と名前で格づけされて納められているのだった。

よりどりみどりの袋のなかから、わたしは「木炭３０２―１３０」を取り上げ、密閉してある封を破いた。シャーレに袋を傾けると、木炭の塊が安息場所から転げ落ちた。塊はピンと音をたててシャーレに落ち、顕微鏡のふたつのライトの光を浴びて、ぽつねんと鎮座した。裸眼には、各辺がそれぞれ、人間の手指の爪ほどの長さのいびつな立方体だ。古い木の欠片ではあるけれども、木炭の黒い色は艶やかで、ついさっき消したばかりのキャンプファイアーの名残かと思うほどだ。

顕微鏡に目を近づけると、均一に見えた木炭の塊が、縦に規則正しく亀裂の入った崖の景色のように見えて

くる。この裂け目は、木の内部に細胞の環《わ》があったところだ。炎は木の薄い壁を焼き、黒くなった薄片構造をあとに残した。ひびは木炭塊のうちに、曲線を描いて沈んでいる。弧の堅さから、この塊がかつては小枝であったことが窺える。拡大し、強い光をあててみると、木炭は銀の粒をまぶしたようだ。黒い軽石を点々と覆う滑らかな表面部分からの反射だ。

わたしは木炭を割ったり削ったりはしない。実験室の通常の分析の手順ではそうする必要があるだろう。だがスライドに乗せるために剝離しなくとも、木の特徴は見分けられた。年輪がかすかにうねり、気孔が均等に散在する。春にできた細胞と夏にできた細胞の環に、これといった相違はない。年輪と直交するスポーク形の細胞組織、放射組織は分厚いが、これは個々の放射組織が集まって一本の線になっているからだ。こうした特徴は、セイヨウハシバミのいわば指紋で、DNA検査とか、葉の分析から診断するのと同じくらい確実に同定できる。

この遺物を古代の焚火《たきび》の跡から掘り出した考古学者の綿密な分析で、もっとはっきりした特徴が明らかになっているが、どれもがこの塊をハシバミと同定している。集成部分の放射組織の数、道管部分の孔が伸びているところ、孔を横断している筋かいが五本から一〇本であるところ。木炭のなかには、菌糸の痕跡が含まれるものもあり、木が、燃やされる前に朽ちはじめていたことを示唆している。数千個の木炭塊のひとつひとつが、同じ特徴をはらむ記録保管庫だった。どこの誰かはわからないが、火を熾《おこ》しこの木炭の山を残した人物は、ハシバミ以外の木はくべなかったのだ。

木炭は、ひとつずつ入れられている袋もあるし、五、六個の塊が一緒になっている袋もあった。木の実の殻は数百個が一袋にまとまっている。「木の実の殻302―231」を開けて傾けると、ころころと音がほとばしり出た。まるで、広口瓶に入れておいた一セント硬貨をテーブルにあけたみたいな音だった。

木の実の正体は明らかで、顕微鏡でのぞくまでもない。こちらもまた、セイヨウハシバミだ。先端がとがってはいないのが特徴で、丸い殻の底は平らで、外殻

ハシバミの実（ヘーゼルナッツ）

1万年前のスコットランドの森はハシバミの低木に占められていた。
枝は焚き木になり、実は常備食となった

はつるつるしている。殻の焦げたところは、ホタテの殻のような筋がてっぺんから底に向かって走っている。ハシバミの実特有の子鹿色もちゃんと残ってはいたものの、いまは焦げて煤《すす》けていた。標本はどれも、殻全体を完全にとどめてはいない。どの実も四分の一、八分の一に割れている。どの実もひとつ残らず、地面に打ち捨てられる前に、何者かの手でなかを確かめられたのだ。

木々は、毎年毎年、二酸化炭素を使って自分を作り上げていくので、小枝や木の実の殻には、それができた年の標《しるし》が、炭素原子の形で刻まれている。放射性の炭素14が少しずつ減少する率は計算可能で、殻に含まれるその量が時計がわりになる。当初木の実の殻は、周囲のどの生き物とも同じように、自分が生まれ育った大気中と同量の炭素14を含んでいる。やがて、放射性炭素が窒素に置き換わるにつれ、炭素14はまるで砂時計から滑り落ちる砂のように、崩壊していく。およそ五万年後、当初あった炭素14はすべて消え失せ、砂時計の上のガラスは空になる。その範囲内の歳月であれば、死んだ植物に歳を尋ねるには、炭素年代測定法が最適だ。

炭素14砂時計をもっと精密にするには、樹齢のわかっている木の年輪と比較して目安にするといい。年輪の幅は当たり年と外れ年の記録で、雨が多かった年はおおむね幅が広く、少なかった年は幅が狭い。年輪の物語る年代の様子をつなぎ合わせると、気候の変化と空気中の炭素14の変動ぶりが、一年単位でつき止められる。植物学者が、沼沢地に沈む古い木を調査すれば、数万年も遡って、年輪記録の年表を作り上げることができるのだ。核物理学による炭素14測定と、枯死した樹木の顕微鏡検査とで、驚くほど正確な精密時計が得られる。そんなわけで、わたしがいま手にしている袋の殻たちは、オックスフォード大学の研究室へとたどり着いたのだった。

炭素原子はそこで金属セシウムイオンの砲撃を浴び、二五〇万ボルトの電圧のかかった箱で加速された。この電子拷問で蒸発した殻は光の束になり、センサーに飛びこむ。炭素原子の答えは、年輪の目安も借りて、

中石器時代の遺跡から出てきた炭化したハシバミの実の殻

ハシバミは伐採後すぐに芽吹き、1、2年もすれば焚き木となる。
スコットランド中石器時代の遺跡からは豊富にハシバミが発見されるので、
人が管理した萌芽林だったのではないかと考えられている

紀元前八三五四年、つまり一万三六九年前、誤差の範囲は七八年ということだった。

橋の工事が呼び覚ましたもの

交通渋滞と老朽化した橋がなかったら、わたしがエディンバラのヘッドランド考古学研究所でためつすがめつしている木の実と小枝は、スコットランド、エディンバラ郊外で、サウス・クイーンズフェリーのイヌの散歩に恰好の公園の地面の下に、いまも眠っていたことだろう。

町の名前からして、このあたりの物流の抱える問題が知れる。町のすぐ北で、道はフォース湾に阻まれるのだ。湾はスコットランドの南部に食いこむ、大きな入り江だ。スコットランド王妃マーガレットが湾北側の修道院に赴く巡礼者たちのために、入り江のもっとも狭くなっている部分に渡し船を通させた。女王の時代からおよそ一〇〇〇年近くの間、クイーンズフェリーの北と南は、船がつないできた。

それが一八九〇年、フォース湾鉄道橋が完成し、次いで一九六四年には、道路橋も開通した。渡し船は姿を消し、道路橋は当初の予測をはるかに上まわる交通量になって、このままではこれ以上の負荷に耐えられそうもなくなってきた。新しい橋が必要だ。基礎を掘らねばならない。

クイーンズフェリー横断橋はスコットランドの二一世紀最大の公共事業となり、イヌの駆けまわる郊外の公園に、多くのブルドーザーと考古学者を集めた。スコットランドでは、道路工事をすれば必ずと言っていいほど、古代の農村跡や中世の街の遺構やヴィクトリア朝の産業遺産が出てくる。そのため道路建設計画には、最初から考古学調査の時間が見こまれていて、車を使う人間はやきもきさせられるが、過去から学ぶために調査したい人間には大変嬉しいことだ。

クイーンズフェリーは宝の穴だった。表土がはがされると、フォース湾へと傾斜した岸辺からは、スコットランドでは最古の人造物、最終氷期末期の中石器時代の人々によって作られた遺構が現れたのだ。

建設中のクイーンズフェリー横断橋

スコットランド、エディンバラ郊外のフォース湾にかかる
クイーンズフェリー横断橋工事の際に、スコットランドでは最古の人造物、
最終氷期末期の中石器時代の遺構が現れた

一万年を経て、氷河はとっくに消え去ったけれども、氷期は身近に感じられる。晴れた夏の日、風が木々をなぶり、フォース湾に白い波頭を立てていく。長い基礎が海底に打ちこまれている橋の建設現場から、重機の動く音が規則正しく響いてくる。海岸線をつついてまわるケワタガモは、平地から湾へと流れこむ細流の河口で風をよける。土手の上のほう、中石器時代の人々が暮らしていた場所では、風が唸りをあげてわたしの耳を鳴らす。マキバタヒバリの歌が時折、甲高く、風をつんざいてからかうように繰り返される。突風はわたしをよろけさせるほど強いのに、ヒバリは歌いながら、一〇メートルほど頭上をゆるぎない弧を描いて飛んでいく。

冬には、北海から吹きつける霙《みぞれ》まじりの風が、帽子も上着も貫いて冷気を伝えてくる。ガンやカモは力強く、強風のなか、フォース湾を上流へと遡る。彼らは北の鳥なのだ。ヒバリもガンもカモも、一万年前にもここに棲んでいたとしてもおかしくない。

だが現代の気候は中石器時代に比べるとだいぶん暖かだ。いまならスカンディナビア半島北部が、中石器時代のスコットランドに相当するだろう。だから、この地に最初に根を下ろした人間たちが頑丈な屋根と風よけになる堡塁《ほうるい》を造り上げたのも無理はない。

一番大きな建造物は、太い丸太が入りそうな穴が九個、内向きに傾いて、長円形を作っている。壁はいっさい残っていないが、粘土の痕跡から、枝を編んだ隙間を泥で固めていたものと思われる。柱の環が囲んでいる部分は二一平方メートルで、現代の住居の基準からすれば中規模の部屋くらいだ。床が膝下くらいに掘り下げられているのは、断熱効果と風よけのためだろう。内部の一隅は川石を敷きつめてあり、舗石《ほせき》の前に炉がしつらえられている。中央には小ぶりな穴が環状に並び、幕か枠があったものと考えられる。燃えがらを掃きためる穴があちこちに穿たれている。

腐敗によって、分解されるものはあらかた分解され、目に見える形で残っているのは、柱の穴と石の道具、それに炭化した植物だけだ。「木炭３０２—１３０」と「木の実の殻３０２—２３１」はこの建物跡から出た。考古学者が真っ黒な泥まじりの砂を篩《ふるい》にかけてより分けたのだ。何千年もの時を経てこの標本が得られているのは、炎に焼かれてすっかり炭になっていたからだ。炭には、さしもの微生物も歯が立たない。

わたしが最初に思ったのは、ここでの生活の厳しさだ。暮らしがおおむね苦労の多いものであったことは間違いない。ただ、この遺跡の場所は恵まれてもいた。入り江がすぐそばにある。貝塚に堆積した魚や鳥の骨は、海辺でどんな食物が獲れたかを物語る。海産物の残骸には、何とはわからないものの、哺乳類の骨がまじり、たんぱく源には事欠かなかったようだ。だが、もっぱら暖の源となり、食の大半を賄ったのはある一種の生物であり、それがこの地の狩猟採集民の暮らしの要石《かなめいし》だった——セイヨウハシバミだ。ハシバミの枝は焚き木になった。実は常備できる食べ物となった。焚き木を燃し、実を焼きながら、この居留地の人々は図らずも、ハシバミのほんのわずかな一部を幾星霜を超えて運び、考古学遺物入れの袋に落としたのだ。

種々の落葉樹やマツが優勢な現代スコットランドの森と異なり、一万年前の植生はハシバミの低木や林地に占められていた。カバやニレ、ヤナギも多少は森に入りこんだけれども、他を圧していたのがハシバミで、それというのもハシバミが冷気と湿気に強く、人間に刈られてもまた容易に芽吹いたからだろう。

居留地内の住居跡に遺る焚き木はどれもハシバミで、ほとんどが短く細い枝だった。ハシバミは比較的密な材で、燃やせばヤナギより高温になり、カバより長もちする。この遺跡に多く見られた樹木のうち、燃料として最良だったのがハシバミだったのだろう。数百年後、このあたりを席巻するようになるオークやトネリコには及ばないものの、当時の人が手に入れられるものとしてはもっともいい焚きつけだったのだ。だから林地は、燃料のすばらしい供給源で、中石器時代の居住者たちに、調理や暖房に必要なすべてをその場で与えてくれた。

ハシバミは伐採後すぐに芽を出し、一、二年もすれば次世代の焚き木が生えてくる。スコットランド中石器時代の遺跡でハシバミがあまりにも潤沢に、どこででも発見されることから、考古学者は、ハシバミの森は管理された萌芽林ではないか――品質のいい焚き木を大量に得るために、定期的な伐採を繰り返し、あえて低木林を育てていたのではないかという説に達している。

ハシバミの実は建物中にあふれていて、歩くたびに砂利を踏むように木の実の殻がザクザク鳴ったのではないかと思えるほどだ。ハシバミの実には、実の中央に埋めこまれている胚細胞の小さな集まりに、木が提供しうる最良のエキスが注がれる。実には、ハシバミの新芽に必要な栄養のすべてが詰まっている。たんぱく質、脂肪、炭水化物、そしてビタミン。実の六〇パーセントは脂肪で、あとはたんぱく質と炭水化物にわずかばかりの食物繊維。人間ならば、この実が二つかみか三つかみもあれば、午前中いっぱい仕事をこなすのに充分な糧食になる。ハシバミの実は日もちがし、不作の時に備えて蓄えておくこともできる。火で焙《ほう》じれば、貯蔵できる期間は数カ月単位で伸び、栄養損失も少ない。悔やまれることに、中石器時代の食卓で、ハシバミにどんな副菜が添えられていたのか、あるいは副菜そのものがなかったのかはまだ謎のままだ。考古学資料はほとんどがごたまぜのゴミの山からきていて、個別の食事の中身は、いまだ明かしてくれてはいない。

中石器時代の集落では、ここにかぎらず英国やスカンディナビア、北ヨーロッパの多くの場所で、人々はハシバミに依拠して暮らしを立てた。考古学でもこの時代を、「木の実時代」と呼ぶことがある。その後、気温が上がってより大きな木が生える時代がくると、ハシバミは衰退し食料供給も厳しくなった。新石器時代の重労働――毎年の収穫を得るための耕作――は、ひょっとしたら中石器の人々御用達の焚き木と木の実が減収したことによって、人々に降りかかってきた課役だったのかもしれない。

中石器時代における炉は、調理し、暖をとり、物を食べさせるという機能以上の役割を何かしら果たしていたと思われる。炉は、人々に他者とつながることを促し、社会的ネットワークを深めた。現存する狩猟採集民の調査から、キャンプファイアーが対話の性質を変容させることがわかってきている。日中、会話の中心は経済的な話題や苦情、冗談だ。火の傍らに来ると、想像の扉が開き、物語が出現する。人々は人間どうしのつながりや不和について、霊的な世界について、そして、結婚や血縁について話し出す。炎がコミュニティを焼き鍛え、紐帯《ちゅうたい》を縒《よ》り上げる。わたしたちの心は、炎の音にとりわけ調和するようにできているらしい。心理学の実験では、薪の爆《は》ぜるパチパチいう音が耳に入ると被験者は血圧が下がり、社交性が高まる。炎だけで音のない映像ではその効果は小さい。

ハシバミが支えた命

　数千年もの後には、新石器時代の農耕革命とともに登場する小麦とエンバクの種子がそうやって利用されるようになるわけだが、クイーンズフェリーの中石器時代人も植物の世代と世代をつないでやって自らの食料を得ていた。ハシバミの実を食べることで、氷期後の陸地を拓いた人々は、ほかの脊椎動物、とりわけカケスや齧歯類と肩を並べた。こうした生き物たちは――人間もしかり――単に木々から恩恵を受ける一方の身ではなかった。彼らは、バルサムモミの森のコガラのように、サバルヤシの木立のコマツグミのように、種の蒔き手として働き、風景のなかをあちらからこちらへ木々を配達してまわった。だから、森のなかで動物と植物の運命を区切ることは不可能だ。動物がいなければ、ほとんどの樹木はいまだに、氷期を生き延びた地中海沿岸にたむろしていただろう。樹木がなければ、氷河が去ったあとの風景には、カケスやネズミや、もちろん人間も、いまよりもずっと少ない数しかいないだろう。

　ハシバミは特に鳥や哺乳類と仲がよくて、おかげでほかの樹種よりもずっと早いペースで再移入できた。およそ一万年前、ハシバミは地中海地方から毎年一・五キロメートルずつ北進したが、これはオークの三倍の速さだ。このハイペースと比較的冷涼な湿潤気候とが相まって、数百年間、ところによっては数千年間も、ハシバミは樹木として北ヨーロッパに君臨していた。スコットランド西部のようなさらに寒冷で湿っぽい土地では、いまだにハシバミが優勢を保っており、まるで氷期が居座っているかのようだ。

鳥や哺乳類に実を好まれたのに後押しされてハシバミが素早く拡散してきたことは間違いないが、まだ議論の余地はあるものの、人間が新たな土地に果樹を育てようとして意識的にハシバミの実をはるばる運び、それがハシバミの北進を加速したのではないかという仮説もある。スコットランドに残る森や花粉、人造物の遺構からは、人とハシバミがほぼ同時にこの地にやってきたと考えられるのだ。

だとしたら、北ヨーロッパの森林は氷期の末期、氷が後退していく騒乱のなかで誕生したときから現在に至るまでずっと、人間とかかわりながら生きてきたことになる。この森は、人のいない原初の荒野を見た時代はないのだ。だから現代のこの地域の林業は、森林そのものと同じくらい古くからある、人との相互関係を継承しているのだと言えるだろう。

大陸を縦断して進んでいくハシバミは、地面の下からも助けられていた。この樹種は、湿って冷たい土壌をはじめかなり異なる環境に耐えうるが、それはひとつには根が菌類と組んでいるおかげだ。ハシバミと菌、両方の複数の遺伝子のなかで化学信号がやり取りされると、菌類の鞘《さや》が木の根を包みこむ。バルサムモミにも同じような鞘が働いたが、この鞘が根と土との仲介者になって、植物の細胞を病原体から守り、根にミネラルを与える。木のほうは、葉で拵《こしら》えた糖分をお返しする。ハシバミの生態は、植物と菌類が交わるコミュニティ丸ごとでとらえるべきもので、この事実をトリュフの栽培者が見逃すはずはなく、ハシバミはトリュフの菌床として重宝されている。

北の森林は多くの生物の祖先たちが合併して誕生した。地をわたって木々が動くのは、相互に関係し合う生物ネットワークによってはじめて可能になったのだが、その中心に近いところに人間がいたわけだ。「平和」の精霊にハシバミの冠をかぶせたスコットランドのロバート・バーンズも、「木の実泥棒」にハシバミ

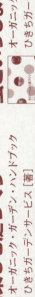

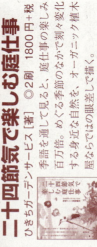

《歴史と文化を知る本》

宝石　欲望と錯覚の世界史

エイジャー・レイデン［著］ 和田佐規子［訳］
◎2刷　3200円+税
宝石をめぐる歴史、ミステリー、人々の熱狂と欲望を、時間と空間を越えて、縦横無尽に語る。

歴史をつくった洋菓子たち

キリスト教、シェイクスピアからナポレオンまで
長尾健二［著］　2400円+税
今に伝わる洋菓子は、どのように発明、工夫され、世界中に広がる文化へ昇華されたのか。豊富なエピソードと共にひもとく。

手話の歴史［上・下］

ろう者が手話を生み、奪われ、取り戻すまで
ハーラン・レイン［著］ 斉藤渡［訳］ 前田浩［監修、解説］ ◎2刷　各2500円+税
手話言語とろう教育の真の歴史を生き生きと描き、言語・文化の意味を問いかける。

植物と叡智の守り人

《ロングセラー》

土と内臓　微生物がつくる世界

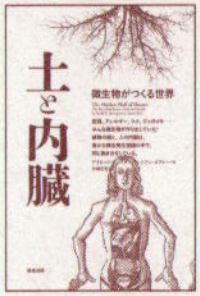

D・モントゴメリー＋A・ビクレー［著］
片岡夏実［訳］ ◎13刷　2700円+税
農地と人の内臓にすむ微生物への、医学、農学による無差別攻撃の正当性を疑い、微生物研究と人間の歴史を振り返る。

天然発酵の世界

サンダー・E・キャッツ［著］ きはらちあき［訳］
◎4刷　2400円+税
時代と空間を超えて脈々と受け継がれる発酵食。100種近い世界各地の発酵食と作り方を紹介、その奥深さと味わいを楽しむ。

斎藤公子の保育論［新版］

斎藤公子［著］ ＋井尻正二［きき手］
◎3刷　1500円+税
「さくら・さくらんぼ保育」の創設者が原点を語る。科学と実践に基づく保育理念を語ったロングセラー、待望の復刊！

狼の群れと暮らした男

の枝を折らせたイングランドのウィリアム・ワーズワースも、この地の詩人たちが詠った冠や食べ物は、一万年も昔から続く祖先たちの関係の恩恵でいまあるのだ――人間と鳥と菌類と木々との関係のおかげで。

木の叫びが鉱夫の命を救う

サウス・クイーンズフェリーの古代炉は、フォース湾をはさんでもうひとつの炉とちょうど正対している。中石器時代を温めていたのがハシバミの実であるなら、現代にロンガネット火力発電所を燃やすのは石炭だ――数億年もの間地中にあり、変質した木である。ロンガネット発電所の炉は、年間四五〇万トンの石炭を消費する。一九六〇年代に建造された当時、ロンガネット発電所は、ヨーロッパ最大の火力発電所だった。中石器時代以来、火炉の規模は大きくなったというものの、原理は変わらない。人間社会は、この地域でもよその地域でも、木を燃した火でエネルギーを得ているのだ。量的には、石炭はよく乾燥させた薪の五倍の熱量があり、家計を預かる身にはありがたいし、産業にとっては願ってもない恩恵だ。世界中でわたしたちは毎年、圧縮した古生代の木を八〇億トン燃やしている。

ロンガネットの立地は単なる偶然のめぐり合わせではない。地質の折り目や割れ目を縫って、石炭層が一部露出しつつこの地域を走っているのだ。ロンガネット火力発電所は、この地域がながらく石炭に依存してきた歴史の上に建てられたのだ。遡れば一三世紀、修道院が初めて石炭層を開削した。発電所は、この最初期の坑道の近くにあり、専用の炭鉱に直結していて、石炭は火炉に直接送りこまれている。

現代のスコットランドが石炭に依存するのは、森林乱伐の結果でもある。一五世紀から一六世紀までにはスコットランドの林地は九五パーセントが裸にされていた。あとは、燃料はもう地面の下にしかない。だが、工場のボイラーや家庭の暖炉から薪が姿を消したと言っても、石炭産業を文字通り支えていたのは木なのである。

坑道というものはいずれも、石の重さに働く重力に対する賭けだ。炭鉱の記念誌や炭鉱検査官の報告書には、炭鉱主が地球を相手に打った賭けの犠牲になった人の名前が何千と綴られ、「天井の崩落により……石炭の落下により……石の落下により……瓦礫の落下により死亡」の記載が何ページにもわたる。何世紀もの間、崩落に備えてきたのは「坑道支柱」つまり木製の柱や梁だけであったのだ。地元では木材がほとんど供給できないため、フォース湾沿いの波止場には、ロシアやスカンディナビア、南ヨーロッパから柱用の製材が船で入荷された。一九三〇年代とごく最近まで、スコットランドの地主たちは、自前で坑道支柱を生産するために植林するよう、熱心に勧められたものだ。

炭鉱夫にとっては、支柱の音に注意深く耳を傾けることが生き延びるための手法だった。木は、重みに耐えきれなくなる前に、うめいたりはじけたりする。木材の悲痛な叫びは、天井が落ちてこないうちに逃げろという合図だったのだ。炭鉱主たちは金属のほうが木材より頑丈だとしてしだいに金属製支柱に切り替えていくが、そのために崩落の警告は鳴らなくなった。金属はもちこたえられなくなると何の前ぶれもなく崩落して大惨事になる。対策として鉱夫らは、材木を持ちこんで金属支柱にとめつけ、音の早期警戒システムを再構築した。カナリアにも勝って、木こそが炭鉱夫たちの命を救ってきた功績を称えられるべきなのだ。カナリアは二〇世紀になって導入された新発想で、主として災害が起こった後の救助隊に用いられる。

今日、スコットランドに残る数少ない炭鉱に木製の支保《しほ》はひとつもない。地下の炭鉱は、電子センサーを取りつけた水圧鉄柱で天井を支えている。それ以外の炭鉱は露天で、地面を鉱床まで掘り下げており、坑道を設ける必要をなくしている。もっとも、炭鉱はもうほとんどが閉鎖されたか、閉鎖に向かっている。ロンガネット火力発電所も一年以内に操業が止まるだろう［訳注：ロンガネット火力発電所は二〇一六年三月に閉鎖された］。石炭がつきたわけではない。一世紀以上もつとまでは言えないにしても、スコットランド全体にまだ数十年は行きわたるだけの石炭は残っているのだ。

新しい化石燃料が出てきたことと、石炭を燃焼させて生じる副産物の影響が懸念されることとが相まって、いま、数百年に及ぶ石炭の歴史に幕が降ろされようとしている。

発電業界では、輸入天然ガスが石炭に対して価格競争の強力なライバルだが、これには、スコットランドの発電業者に不利な英国の関税構造も追い打ちをかけている。そのうえに、石炭から出る影響は風に乗って広がっていく。スコットランドで人間が出している温室効果ガスの五分の一は、ロンガネットのたった一本の煙突から吐き出されているのだ。この煙突は高さが二〇〇メートル近くもある。どんなに最新技術でフィルターをかけても、硫黄や窒素を含んだスモッグに空気を汚染する微粒子が混じり、空中高く口を開けた煙突から流れ出す。ロンガネット発電所の原理はおそらく中石器時代の炉と大差なく、燃えた木の遺物がわたしたち人間の暮らしを支えてくれるのだが、原理を適応すれば問題が生じる。

ハシバミと石炭にかわる炎

クイーンズフェリーのハシバミとロンガネットの石炭は、それぞれが互いに目に入る範囲に位置する炎の三すくみのうちの二者だ。三すくみの三番手がいるのはフォース橋の北端、新たに計画された発電所群のなかだ。これは木を燃料とした炭素循環を人為的に速め、しかもそれをロンガネットなみの出力で行おうという目論見で、実現すればフォース湾沿いの港町、ロジスとグレーンジマスには中石器時代なみのかがり火が焚かれ、二一世紀の技術で焚き木がくべつづけられることになる。完成すれば、いま国内にできつつある木質ペレットを燃料にした発電所群の仲間入りをするわけだ。ここから、配管を通して近隣の工場に熱が、一帯には電気が供給される。

木質ペレット発電所は、石炭に代わって「再生可能」な燃料を使うもので、これにより大気中の温室効果ガスを多少なりとも減らせるかもしれない。スコットランド政府は二〇〇九年に議会の承認を得て、温室効果ガスの削減目標を、二〇二〇年までに四二パーセント、五〇年までに八〇パーセントと定めた。二〇一三年までには、スコットランドの電気は半分近くが化石燃料製でなくなり、四四パーセントが風力か水力により発電された。フォース湾を見下ろす丘や山々では、タービンが回って、スコットランドに吹く風を送電線に送りこんでいる。木質ペレット発電所はある意味、再生可能エネルギーへの転換を完成させるピースとして、必要不可欠なのだろう。

輸入材に比べると、石炭は燃料としてはるかに安価だ。したがって、ペレットを燃やすプロジェクトは補助金なしにはどれひとつとして成立しない。一見したところ、木質燃料に補助すれば太古の炭素に頼ることを減らし、大気には疑いもなく恩恵がもたらされるはずだ。しかし石炭の場合と同じように、理屈のうえでは名案と思えても、じつは問題が隠れていることはある。

一万年前は、ハシバミの木を見つけるのに何の苦もなかった。産業化の進んだ国家に行きわたるのに充分な木を集めるのはずっと骨が折れる。一万年前より森のずっと少ない国になっているのだからなおさらだ。各地にはそれぞれ、ほかの目的で木を使いたい人たちもある。ことに木で家具を拵《こしら》える職人や製材業界は、木材の価格を押し上げそうな施策や、材木市場での競合相手への補助金には抵抗を示す。

スコットランド政府は、原則として森林の伐採には反対で、煙を吐き出す木質発電所の建設は許可していない。スコットランド政府の眼鏡にかなうようにするには、発電燃料としての木材は海外から調達して、スコットランドの森には最小限の影響しか与えないことを保障するしかない。かつて炭鉱の支保を輸入木材に頼っていたように、現在のスコットランドは、木質ペレットを自給していこうとはしていないのだ。スコットランドのこうした判断は、世界的な傾向を反映したものだ。国が豊かになればなるほど、自分たちの森は守り、地域を森林で覆おうとする。だが、木の需要がなくなったわけではない。むしろ輸入量は増えて、木材を輸入している人たちの緑豊かな環境からは遠く離れたどこかで、森が消えていく。

政治的思惑がなかったとしても、人口稠密な北ヨーロッパでは、欲しいだけの電力を木質燃料だけで賄うのは不可能だ。土地も森も、ほんのわずかしかない。したがって木質ペレットは、どこかよそから持ってくるしかないのだ。アメリカ合衆国南東部では、近い将来地元で木材が爆発的に売れるようになる見通しもないことから、山林の持ち主たちはヨーロッパの買い手と喜んで長期売買契約をかわしている。これまではほとんど関係のなかった人々と木々が、もはや運命共同体だ。英国の家庭で点けた電気は、両カロライナ州やジョージア州の森や樹木園の木を刈っていく。ポンドで払われた税金が、ドルで建てられたペレット工場に流れこんでいくのだ。

アメリカ合衆国南東部の波止場はかつて、奴隷たちの手で育てられた綿花や樹齢豊かなマツ材をヨーロッパへ積み出していた。それがいまでは木質ペレットの積出港に様変わりだ。内陸の森からの供給路に近くて外洋船が碇を下ろせるところには、必ずといっていいほどスタジアムを思わせるドームと倉庫が現れる。巨大な建造物が必要なのは、中身が不安定な代物だからだ。ペレットは木をすりつぶし、乾燥させ、圧縮して作られる。粉末を多分に含み、ひとたび湿ると腐敗し、刈り取った芝生の山や乾燥途中の干し草を詰めこんだ納屋みたいに熱をもつ。圧縮されたエネルギーと可燃性の塵に熱が加わると、自然発火や爆発の恐れがある。

木質ペレットが大西洋をわたることの、環境への効果には両論ある。推進派は使い道のない木材を生かし、石炭に代わる燃料源にする利点を強調する。反対派は、合衆国南東部の多様な森の伐採が進むことの影響を懸念し、地球をまたいで木材を運ぶことがはたして気候変動にいい結果をもたらすのかどうか疑問を呈する。どちらの立場もそれぞれに、温室効果ガス排出の勘定書きから自分たちに有利な根拠を引いてくる。

もしペレットが製材所の廃材や木材プランテーションの間伐材だけから作られるのであれば、ペレット燃料の炭素効率は石炭よりはるかに優れている。逆に、木質ペレットを成木から作るとしたら、炭素循環の優位性は崩れる。原料となる木をプランテーションではなく天然の森から採ってくると、そのペレットは、石炭よりも大量の炭素を空気中に排出することになる。このように、石炭とペレットが生物多様性に及ぼす影響は、とても一口で言いきれるものではない。

森もプランテーションも木質ペレットを作り出すことができるし、同時に、多くの生物に生息地を提供する。さらに、木製品の経済価値が上がれば、山林所有者が土地を農地や住宅地に転換するより木を植えて育てようとするほうへ、気持ちを向けさせることにもなる。森林を活用しながら、わたしたちは自分たちが必要とするものと他の生物に必要なものとをすり合わせることで、森に棲む多様な生物の未来を守ってもいる。

だがもし、森林を管理することが、天然の森をよりいっそうプランテーション化することにつながるとしたら――現に合衆国南東部ではそうなっている――、天然の森に棲む生物の多くは衰退するか消失するかしてしまうだろう。であるとするならば、わたしたちはその変遷の影響と、石炭を燃やすことによる汚染の影響をしっかり秤にかけなければならない。温暖化に加えて、石炭の燃焼ガスには水銀や酸が含まれ、それが土壌を汚染し、樹木を傷つけ、水路を汚す。

したがって、木質ペレットを燃やすのと石炭を燃やすのとではどちらが生命のネットワークに大きなダメージを与えるかという問いに、一発で誰もをうなずかせ、どこでも通用する答えなどあるわけがないのだ。わたしたちの行動が生態系にどのような影響を及ぼすかは、それぞれの森の性質がおのおの答えを出す。

関係性を再生する

長年の間に、人間の炉がもたらすものは目に見えづらく、理解もしにくくなってきている。ハシバミの森を一瞥しただけで、中石器時代の人々がどのようにエネルギーを得ていたか垣間見ることができた。彼らは火を燃やし、煙たいながらも暖をとったが、その頼りない煙は風で吹き払われた。おびただしい石炭がどんな影響をもたらしたかは、ある時期スコットランドの家々や人々の肺がほとんど真っ黒になったことに明らかだ。トマス・カーライルは、一五世紀以来、「ある種の黒い石」を燃やした結果エディンバラの上空に雲がわき、この街に今日まで続く俗称――「オールド・リーキー（あの煙たいやつ）」がついたと記している。ロバート・ルイス・スティーヴンスンはこの街を、「焼成窯《キルン》なみに」煙っていると称し、ウォルター・スコットは、いまもエディンバラの中心部に立つその記念塔に煤けた染みをまといつかせているけれども、かつて、二〇マイル離れたところから見ると、煙があたかも「野ガモの雛の群れを狙うオオタカ」のごとく街の上に浮かんでいる、と書いた。

　二〇世紀になると、煙突が高くなり、工業用の燃焼炉の効率が上がったために煤はほとんど追い払われたが、その代わりに世界を変えてしまう二酸化炭素がせっせと吐き出されている。燃料と汚染の関係は、多くの人にとって目に見えないものになっていった。あのロンガネットですら、スコットランドの人々の目に映るのは、炭鉱と灰だめの形だ。木質ペレットは水平線の彼方からやってきて、その出所は見えていない。

　地球規模で交易が行われると、市場はどの地域が競争上有利であるかを探すことはできるかもしれない。合衆国南東部なら、スコットランドよりたくさん木を植えられる、といった具合に。だがそのために、エネルギーの利用者も為政者も、利点や交易の代価といったものを抽象概念としかとらえられなくなる。理念も法制も、姿の見えない知性だけにもとづくものは脆弱で、議論の際、推進派と反対派の両者から好きなように操作されがちだ。これは、ヨーロッパの数々の「持続可能性」関連策にも言えることだし、森という棲み処から遊離したアマゾンの「スマク・カウサイ（安らかに生きる）」にも言えることだ。知識は、森と人との関係も含め、森のなかの生命の関係性の延長に、確たる実体をともなっていてこそ骨太なものになる。

　輸入燃料は、ペレットでも石油でも、再生可能と言われようがなんであろうが、ある社会のエネルギー事情とそのエネルギーの源とのつながりを、感覚的に断絶させる。燃料タンクは世界中とつながっているのに、われわれの心や体はつながっていない。火に頼っているという点ではわたしたちも中石器時代の人たちと一緒だ。だが炉心ははるか離れたところにある。それこそが――エネルギー政策や環境政策の細部などよりもずっと、地球規模でのエネルギー交換の弱点だ。法律は書きなおせる。位置の狂いを正すのは厄介だ。

ヨーロッパでいう「グリーン」は、じつのところ七色で、世界各地に射しこむ日の光の、とりどりの色合いを帯びている。その地の植物たちによって集められ、政策という名の模糊《もこ》たるレンズのなかを屈折してヨーロッパへと架けられた虹だ。この虹は地面に届いている。木も、エタノールも、バイオディーゼルも、アメリカ合衆国やカナダ、ブラジル、アルゼンチン、ウクライナ、インドネシア、そしてマレーシアといった国々の森や平原からヨーロッパの市場に来ているのだ。それぞれの地の生命の営みをたどっていけば、エディンバラやロンドン、ブリュッセルの再生エネルギー政策に血肉を与えることができるのではないか。

知性だけでは近づけない真実がある――特にその知性が、地域に根ざした生態系の多様さに目を向けようとしない知性である場合には。ほんの数年でも海を越えて共に働き、互いに耳を傾けたなら、政策決定者は再び、人々や地面との結びつきを取り戻すだろう。白書や科学の文言で埋められた要約での議論ばかりが先行している世の中にあって、そのように手と目をかわした関係性を再生するのは、各地の政府に対して、文字通り「草の根的《ラディカル》」な先例を示すことになるだろう。

クイーンズフェリー横断橋を最後に訪れたとき、造園業者が作業中だった。金網フェンスの向こう、ウサギを入れないように樹脂の囲いが施されたなかに、膝丈ほどの若木が育っていて、そのなかにセイヨウハシバミもあった。丸くて縁がぎざぎざした葉が、植生保護管からのぞいている。この建築現場のものは、すべてが仕様書にのっとって搬入され、ハシバミも例外ではない。コンクリートの混合率であれ、安全基準であれ、はたまた植樹でさえも、技師も設計士もチェックリストとパーセンテージと首っ引きで働いている。ハシバミは、HW1区画とHW2区画の生垣では一四・〇パーセント植えられるが、MW1から4という混林区画には一本もない。中石器時代人がこの地にやってきたとき、手ずからハシバミを植えたかどうかはわからないが、われわれ現代人は、その作業を少数点単位で進めようとしている。わたしたちの手を借りて、中石器時代の樹木が生きつづけるのだ。木々が空気を吸い、成長していくとき、小枝や木の実の原子には、スコットランドの石炭とアメリカの森の標が、時間と空間を超えて刻まれる。

ハシバミをわきに見下ろす橋の上では、何万台もの車が毎日のように、フォース湾をわたった敬虔な王妃の航路をたどっている。タイヤの下には、過ぎ去った日々が往来する――ヴィクトリア朝の鉄、中世の石炭の灰、中石器時代の家々、そして古生代の森の遺物。行きかう乗り物は騒々しく、瞬く間に移動する。新しい鋼は水路の上、優に二〇〇メートル近い高さにひとつらなりに弧を描き、車を運転する者たち、乗り合わせた者たちの関心をほしいままにするほどの、見事な建造物だ。一方車道の縁で、間断なく吹きつづける風になぶられる若い木々が、ちらりとでも目を向けてもらえることはまずない。

セコイアとポンデロサマツ

Redwood and Ponderosa Pine

木々をわたる風が
太古と現代をつなぐ

コロラド州、フロリサント
北緯38度55分06・7 西経105度17分10・1

樹皮の香り

引っ掻くような騒々しい音に目を覚ました。ズグロシルスイキツツキが、わたしが寄りかかって転寝《うたたね》していたポンデロサマツの幹と取っ組み合いを始めたのだった。キツツキは硬くとがった尾羽で樹皮につっ張り、一秒ごとにひと跳ねというたゆみないリズムで登っていく。うろこ状の肢が、ひと跳ねで数センチずつ飛ぶ。頭を右左に傾げ、くちばしで樹皮の表面をかすって、舌を刺すアリを探る。ズグロシルスイキツツキはほぼアリだけでヒナを育てるので、この鳥もどこかこのあたりの木の洞に、大声で喚《わめ》きたてているヒナたちを待たせているのだろう。

尾羽、肢、それにくちばしが樹皮をこすり、きしきしと音をたてる。キツツキがせかせかとせわしなく働いている音だ。騒々しいのはこの個体にかぎったことではない。この種のキツツキは森のなかで働いてまわる間中、何かをこそげ取ったりどさっと落としたりするのだ。昨日は、ベイマツの樹皮のくぼみや切り口をせっせと広げている大騒音をたどっていって、別の個体を見つけた。木が傷口から滴らせる樹液をすすって

ポンデロサマツ

ポンデロサマツの樹皮からにじむ樹液には、柔らかで奥行きのある
バニラか砂糖をまぜたバターのような香りがまじっている。
においは昆虫に対する防御手段だが、
皮肉にもこのにおいが木を枯死させるキクイムシを案内する

いる鳥の姿が目に入るはるか前から、樹皮工事の騒音はわたしの耳に届いていた。針葉樹の出すこの浸出液が成鳥の好物で、彼らがヒナを育て、冬枯れの時期を乗りきるよう肥え太るために必要な糖分を提供してくれる。

小鳥がわたしの頭の上を飛び去ると、樹皮がはがれ、太陽に温められてもろくなった幹の表面から、ふんわりと香りが立ち昇った。ポンデロサマツの、暗い色をした板のような樹皮の合間ににじむ黄金色の樹液は、松脂とその精油の強烈なにおいがする。油と酸を含んだ、冴えたにおいだ。だがマツはたいてい刺激的でぴりっとした香りが立つのに、ポンデロサマツには柔らかで甘い奥行きがある。バニラか、それとも砂糖をまぜたバターのような香りが、松脂にまじっているのだ。敏感な人間の鼻は、それにひょっとしたらキツツキの舌も、ポンデロサマツが鼻に訴えてくる調子には、地理的な変化形があることを先刻承知だ。ロッキー山脈北部ではかすかで、太平洋沿岸ではやや強くなり、レモンの皮の香りがまじる。においは、襲ってくる昆虫に対する防御手段だ。ねばねばした脂が、木に孔をあける昆虫をだまして罠にかける。それに樹脂性の化学物質は、量が多いと有毒だ。

樹脂による防御はたいていの昆虫に有効だし、おおむねいつも威力を発するが、近年ポンデロサマツをはじめとするマツの仲間が一〇〇万単位で枯死している。樹皮下キクイムシにやられているのだ。皮肉にも、木を守ってくれるはずのにおいが、このキクイムシを餌食になる樹木へと案内する役になってしまっている。守られているものには価値があるはずだ。防御機構の存在が、広告塔にもなる。アメリカマツノキクイムシ(マウンテン・パイン・ビートル)は空気を嗅ぎ、マツのある風上に向かって飛んでいく。マツに到達するとキクイムシたちは樹皮の内側に潜りこみ、木の生の細胞を喰らい、潜りこんでくるキクイムシの数が多すぎると、木は死んでしまう。ロッキー山脈では、キクイムシの来襲が途方もなく広がったために、谷がまるごと生き生きした緑色から、枯れた針葉の茶色に取って代わられ、やがては漂白したように灰色に沈んでいく光景もめずらしくなくなっている。
キクイムシがこれまでも山々に棲んでいなかったわけではない。だがこのところその個体数は激増していて、干ばつや日照りで弱った木々ばかりになると、ますます多くなる。ズグロシルスイキツツキがこの先数十年にわたってこの地にとどまるかどうかは誰にもわからないことだが、この種の鳥が絶滅への道をたどっているという予測もある。鳥たちの運命は、変化していく気候のなかで、自然環境、つまり、風や水や土や火が様相を変えても、ポンデロサマツをはじめとする木々がうまく対応できるか否かにかかっている。

風を梳《す》き、風を裂く針葉

わたしはいいにおいを放っている針葉の寝床から上半身を起こし、気長な見張り番を再開した。わたしは、コロラド・ロッキーの高原の際にある、ポンデロサマツの低木林にいる。左のほうにはイネ科の草とハーブの草原が開けていて、浅い谷間を横切り、ここから歩いて三〇分ほどの小高いマツ林まで続いている。右のほうは粘土質の岩がごろごろした斜面で、岩の一部がはがれ、巨大切り株《ビッグ・スタンプ》があらわになっている。これは大昔のセコイアの幹のつけ根で、フロリサント化石層国定公園に二ダースある、セコイアの巨大な切り株の化石のひとつだ。国定公園は、こうした石化した樹木を保護し、世に知らせるために造られたものだが、わたしたちの関心をまず惹きつけるのは、えてして現世の生き物だ。ヤマネコが野の花のなかで眠り、カラスとタカが、鳴きかわしながら追いかけっこしている。そしてマツの林を縫う小道の先では、キリギリスがにぎやかに鳴いている。

「あのものすごい音、何?」幼い少女が家族に訊きながら、ピンク色のズボンの足でマツの低木林にのんびり近づいていく。敏《さと》い子どもだ。ここを訪れる人々のうち、わたしが知るかぎり、木々の歌のことを口にしたのは、この少女だけだ。少女は正しい。それはたいそう「ものすごい」音だ。

一陣の風がマツの木々を吼《ほ》えたたせる。控えめな微風でも、切羽つまったような悲鳴がシュッと鳴る。極限まで圧力をかけられたバルブから漏れる蒸気さながらだ。これが突風となると土砂崩れなみに、侵食された涸れ谷をなだれ落ちる砂みたいな音がする。合衆国東部にある故郷では、カエデやオークの森でこれほどの音がしようものなら、木々の幹が割れてこないか、枝が降ってこないか横目で窺いながら、大慌てで身を隠す場所を探さねばならない。だがここのマツたちは、そんな大声で叫びながらもそれは何かの予兆ではない。

わたしたちの耳にものすごいような音が聞こえるのは、ポンデロサマツの堅い針葉のせいだ。ほかの木々の葉は、揺れる大気に身をまかせるが、ポンデロサマツの針葉は頑なだ。大きな枝も小さな枝も風で跳ねるけれども、針葉は動かない。針葉は風を梳き、何千という頑迷な刃で風を裂き、大気に荒々しい音を刻む。この音には反響がない。はたはたと震える葉の余韻はない。その代わりに、ポンデロサマツは刻一刻と風の性質を克明に伝え、突風が来れば高い音域へとひととびに上がるし、あるいは細くなり、あるいはふくらみ、移りゆく大気の動きのなかで、ぱったりと途絶えもする。

ジョン・ミューアもポンデロサマツの音を記録していて、彼の表現がわたしには不可解だった。木々が風に反応すると、ミューアはそこに「最上の音楽」を、そして針葉が奏でる「自由で、翅の震えのような」ハミングを聞く。爪痕はどこへいったのだろう、さし迫った不安は。ミューアはマツの木の山でエオリア旋法の短音階を聞くらしいが、わたしには空気《エリアル》の精が閉じこめられている牢獄で嘆き、苦しがって空を蹴りつけているように聞こえる。聞こえ方がこんなにかけ離れているのも、もちろん単に気質の違いなのかもしれない。ミューアの底抜けな前向きさは、とうてい真似できるものではないからだ。だがその後、植物分類学者の書いたものに教えられた。つまりミューアとわたしは、異なる方言を聞いていたのだ。

ポンデロサマツは変種の多い木だ。樹脂のにおいも場所によって違っていたが、音を発する部分の形や堅さも、地域によって変異がある。わたしがロッキー山

ポンデロサマツの針葉

風が吹くと枝は跳ねるが、針葉は堅く動かない。
針葉は風を梳き、何千という刃で風を裂き、大気に荒々しい音を刻む

脈で聞いたポンデロサマツの針葉は、ミューアがカリフォルニアで聞いたマツの針葉の半分の長さしかない。針葉の皮下にある細胞は壁が厚く、それも堅さに影響するが、太平洋沿岸に生えるマツの針葉を雌ウマの尻尾の毛に喩えるとすれば、ロッキーの針葉はワイヤーブラシなみだ。短くて堅い針葉は、猛々《たけだけ》しい音をたてる。どうやらエリアルはカリフォルニアで捕まっている分にはいたくご満悦で、わりあいにしっとりとした土で育つ木々から、妙なる調べを奏でるようだ。彼が呻《うめ》きを漏らすのは、コロラドの干上がった山々でだけ——夏には乾き、冬にはずっしりと雪の降る環境に適応した針葉から、苦しい唸りを発するのだ。

無意識のうちにわたしたちに恐怖を呼び起こす引き金は、きっと、その土地から感覚へと発せられるさまざまな信号に波長を合わせているのに違いない。理性では、いま自分を脅かすような嵐など起きていないことがわかっているのに、体は、別の場所で親しんだ木々にまつわる記憶のせいで別の印象を受け取っている。例の感受性の強い少女も、別の木々に囲まれて暮らしているのだろう。ポンデロサマツのかき鳴らす、情景とそぐわない騒音が、違和感を与えたに違いない。森の、音に言えることはほかの面にもあらわれる。田舎のネズミは、夜中でもサイレンが鳴りわたり人々がなり合う都会では眠れない。ところが都会のネズミは、田舎の静けさや木造小屋のまわりでしきりに鳴き騒ぐ夏の終わりのキリギリスの合唱に神経をとがらせる。

樹木の苦しみの音

木々の音には、周波数が高すぎて人の耳には聞こえないものもある。こういう超音波のカチカチ音やシュワシュワ音は、木の道管内部の秘められたドラマを物語る。水をどのくらい利用できるかが、植物の栄枯盛衰をおおむね決定づける要因なので、こうした超音波を盗み聞きすると、枝や幹を流れる水の音を通じて、わたしたちは木の心臓部へと誘《いざな》われる。

樹木の葉はすべて、ポンデロサマツの針葉も例外でなく、表面に何百となく気孔が点々と開いていて、この孔を通じて空気が出入りする。孔はじっとしておらず、唇みたいな形のふたつの細胞の動きによって、まるで縮尺版の口みたいにギュッと閉じられたり、ぽっかり開いたりする。唇が離れると、空気がなだれこんできて葉の内部に満ち、植物の糧を作り出す光合成細胞に二酸化炭素を供給する。水蒸気はこの開いた唇の間を通って外へ流れ出し、葉を乾燥させて根から水を引き上げる。土壌が湿っていれば何の問題もない。だが土壌が乾いていると、根は葉を潤してやることができない。すると葉は、口を閉ざして、内部が致命的に乾燥するのを防がねばならない。つまり水が不足すると栄養源をもたらしてくれる空気の流れがつまるのだ。水がなければ光合成もない。

わたしは親指の先ほどの大きさの超音波感知器をポンデロサマツの小枝に結びつけ、感知器をコンピュータに接続した。その後はただ待って、スクリーンに現れるグラフの形を通して、木の音を「聞いた」。小枝が耳には聞き取れないポンという音をたてるたび、グラフの線ががくんと上がる。ひとつひとつの「ポン」は小さいが、何時間も経つほどにパターンが見えてくる。枝が乾いていると超音波はさかんに音をたて、水が充分に与えられているときには比較的静かだ。音の活動の活発さが、枝の水タンクの満ち具合を、刻一刻と物語ってくれる。

木の根から樹冠部へと走る水の柱のどこかに故障があると、この超音波音が起こる。水は、からみ合う空洞を通り、木質細胞を抜けて流れているが、細胞はそれぞれ高さが二ミリほどで、幅は細い人毛ほどしかない。土壌に水分が多いときには水も自由に流れ、気孔から蒸発する水分につられ、水柱となって上へと引き上げられる。だが根が水の流れに水分を追加してやれず、乾いた風の引きが強すぎると、絹糸のごとき水の細流はちぎれてしまう。その直後、空っぽになった細胞のなかで空気ポケットがはじける。極限以上に引き延ばされたゴム紐のように、はじけた空気ポケットはぱちんと割れるのだが、細胞の小ささのゆえに音はあまりにも高くて、わたしたちが聞き取れる高音の限界を超えていく。

木にとって、超音波の破裂音は苦痛が積み重なっていく音だ。空気ポケットは水の流れをせき止める。これは、根から葉の先までの間の、どこででも発生する。こうした小さな断水はどの樹木も経験することだが、乾燥土壌に生えるマツはとりわけ害を受けやすい。ポンデロサマツの、特に若い木では、夏の終わりまでに根の四分の三近くが空気ポケットにふさがれることもある。秋が深まり、湿った涼しい気候がもどってくると、ほとんどの根は復活するけれども、ほんとうは夏のさなかが、木々が空気と水を存分に浴びてもっともたらふく栄養を蓄えねばならない時期なのだから、これでは手遅れだ。そうして、水不足が木々を弱め、枯らす。水が足りなくて口を閉ざしたままの葉には、栄養のもとになる二酸化炭素は届かない。

わたしが設置した電子機器は、枝のなかで動く、水より小さな空気の泡もとらえた。空気の泡は水を導く細胞の縁に集まる。風船でできた壁のようなもので、泡の層は伸び縮みして、圧力を吸収したり放出したりする。細胞が乾いて水分が補給されると、泡の層はあわただしく揺れて、ぱちぱちと音にならない音をさかんにたてる。だから木々のなかの水の管は、古い家屋の配管に似て、水が通るたび、がっこんがっこんと唸るのだ。ただその音は、何オクターブも高いのだけれど。

森は音に満ちている。けれどもわたしたちの耳がわたしたちを置き去りにする。もっと高性能の耳があったら、何がわかるだろうか。絶え間なく音色を変え、音調を変えていく長々しい音や短い破裂音を聞けば、最低でも、表面的には静まり返って見える樹皮の壁の内側でさかんに行われている活動には目を向けることができるだろう。詩人ロバート・フロストは、木々のざわめきの真っただなかで「あらゆるペースを乱された」という。わたしたちもフロストも、多分幸運なのだ。仮にわたしたちが森のすべての枝の内なる叫びを聞き取れたとしたら、その音はさぞやわたしたちの心をかき乱すだろうから。

節水精神

超音波感知器の感受性は、木々の音を感じ取るわたしたちの体に比べると貧弱だ。とはいえ、スクリーンに展開されるグラフにも物語は顕れる。午前中、木々はおとなしく、根から針葉へと行儀よくふんだんに水が流れている様子を知らせてくる。もし前日の午後に雨が降っていれば、静謐な時間は長めになる。木自体も、雨降りに手を貸している。脂を含んだ木の芳香が上空へ漂うと、香りの粒が水が凝集する核になる。バルサムモミやセイボと同じように、ポンデロサマツも、雲に芳香をふりまいて雨を呼ぶ。だが夏の終わりの午後に雨が降るのは稀だ。どこかの谷に降る局所的な豪雨は、山全体を潤してはくれない。

丸一日雨が降らなかった翌日は、雨の助けを借りずに朝の飲み物を提供してくれるのは土壌共同体である。夜の間に、根と根粒菌が共謀して重力に公然と逆らい、土の深い層から水を引き上げる。レース細工のような根の網目が菌の糸とつながってまるで巨大な吸い取り紙のように働き、薄く、緩やかに編まれて土の奥のほうへ浸透していく。この吸い取り紙は、普通の紙のようにセルロースがランダムに散らばっているのではなく、セルロースが編まれ、継がれて管や細胞壁を成し、細い道管が枝状に分かれたネットワークだ。水は、わずかに電荷を帯びた根のセルロース分子や菌の細胞壁に引きつけられ、そうなるといとも簡単に管を滑っていく。物理の法則が命じるところにしたがって、湿ったほうから乾いたほうへと流れるのだ。だから太陽の力で土の表面から水を引き上げて葉の外へと導かずとも、夜の間、水は上へと動く。

夜の、乾いて埃っぽい土の表面は、このようにして朝までに湿っていく。このおかげで多くの木々は、水柱の途中にできた空気ポケットで水の流れが滞るのを遅らせて、なんとか生き延びられるのだ。夜、こうして地面から空へと降る雨に助けられるのは木々ばかりではない。丈高い草も、小さな草本も、微生物も、トビムシやダニ、甲虫など地中に生きる生き物たちも、土のなかの根と菌の共生のおかげで上へと昇っていく水の流れに、背を押してもらえる。広くコミュニティ全体に及ぼされる影響は、いまなおつまびらかにされているとは言い難い。だが植物と菌の共生関係がなければ、高原性の森林や草原は乏しい雨や乾いた風に追いこまれ、やがては衰退していくだろうと考えても、それほど荒唐無稽な予測とは言えまい。

　正午までに、超音波をたどっていたグラフは上向きに曲がる。土壌は乾燥し、小枝のなかの水柱は乾いた音をたてはじめる。わたし自身の身体反応も木に倣う。唇はひび割れ、水筒は空になる。朝方のこの地は快適だが、乾燥した空気にさらされる長い一日が本格的に始まると、しだいに不快感が芽生えてきて、高高度地に照りつける日射が拍車をかける。わたしはマツの木陰で転寝できるが、木にはそんな贅沢は許されない。いま、ポンデロサマツの気概が試されているのだ。

　製錬所さながらの午後には、多くの木が燃えつき、水の道管を失って有機廃棄物になる。生き残る種はいわば高原という坩堝《るつぼ》に残った黄金で、干ばつにも耐える生理構造を備えている木だ。ポンデロサマツは夜に水を引き上げて一息ついているけれども、これは、この種が苛酷な環境に適応しようとする手だてのほんの一例にすぎない。根が乾燥するやいなや、針葉は気孔を固く閉じる。口をしっかり閉じ、なおかつ蠟質に覆われた分厚い皮に包まれているおかげで、湿った土を好む種には及びもつかないほど強力に、水の流れをせき止められる。マツの仲間のご多分にもれず、ポンデロサマツの道管も狭く、開閉可能な穴でつながっている。そのため空気ポケットは単一の細胞に閉じこめられるので、これが、他の多くの樹種には欠けている救命機構になっている。ポンデロサマツは、必要とあればとことん水をケチれるのである。

　この節水精神は、早い時期から始まる。ポンデロサマツの種子は地面の表面近くで発芽し、種子が割れて大きくなるのに、雨はほんのわずかぱらつく程度でかまわない。雨が多すぎるのはむしろ弊害で、というのも、周辺の雑草が、息がつまるほどに生い茂ってしまうからだ。無事発芽すると、ポンデロサマツは直根《ちょっこん》と呼ばれる槍のような根で地面を垂直に貫く。
木の一生の二年目、若木がやっと人の踝《くるぶし》くらいの丈になるころでも、直根は二分の一メートルもの深さに達し、横方向に伸びる根が、八方に広がっていく。木が成熟するまでには、岩やほかの樹木に成長を妨げられないかぎり、直根の深さは一二メートルに及び、側《そっ》根《こん》は四〇メートル以上も伸び広がっている。直根も側根も、もっと広範囲に勢力を伸ばしている土壌菌の網の目と結託する。わたしたちが目にする樹木の地上部分は、根と菌の共同体が太陽光を集めるための付属器官にすぎないのだ。この共同体こそが、水を求めて地下に広がる巨大な怪物だ。

製錬所なみの熱気は時として炎を上げる。そしてその事態にも、ポンデロサマツはちゃんと備えている。夏の終わり、雨は降るかどうかあてにならないが、稲妻は着実に光る。激しい雷嵐にじゃまされて、わたしも何度か、森での滞在を早めに切り上げるはめになった。わたしが寄りかかっている木を含め、多くの木の樹皮に、てっぺんから根元にかけて深い切れこみが走っている。裂け目の周辺は樹皮が盛り上がっているが、これは木が、傷口を塞《ふさ》ごうと頑張った印だ。それでも雷がつけた傷が完全に癒えることはめったになく、むき出しになった木は、たいていが山岳地方の強い日射のなかで灰色に朽ちていく。

わたしが尻に敷いている乾いた針葉や草は、格好の火口《ほくち》になる。雷がこの草床に火を点けると、炎は森の下層を瞬く間に這っていく。こうした野火は森を煤《すす》けさせるものの、成長したポンデロサマツは燃えずに残る。分厚い板のような竜皮のごとき樹皮が盾になって、熱と炎を寄せつけないからだ。ヤマナラシなど、ほかの樹種は火にそれほどの耐性がなく、ちょっとした山火事ならむしろ、ポンデロサマツは競争相手を一掃してもらえるというものだ。おおよそ一〇年ごとくらいに火事で地面を焼いてもらえると、ポンデロサマツは栄える。

竜の皮膚も、炎を通さないわけではない。時に炎は、普段よりも熱く、高くなる。地面から樹冠へ昇り、びっしりと葉の生えた枝を貪る。樹冠部の二分の一以上が焼けると、木は死ぬ。激しい炎は、山の斜面から生きた木を一掃することもある。森は、種子が発芽しては若木となって育っていく、何十年もの気の長い過程の末に、やっともどってくる。

だから森の様相は、山が何度くらい小火《しょうか》や大火《たいか》に襲われたかによって変わってくる。焼け跡のできる周期には、さまざまな要素がからむ。森林管理者や土地所有者は規模の小さな火災は消し止めるが、それがより大きな火災の火種にもなる。乾燥で弱った木々の放つ芳香は、キクイムシの大群を惹きつけてしまい、やつらが去ったあとには、薪にちょうどいいくらいに乾ききった幹が大量に残される。さらには何にもまして、代わるがわる訪れる湿度と熱波——短い周期で変わる天気と、長いスパンでこの地を包む気候と——が、火を焚きつけたり抑えこんだりする。

変動する気候の影響は、森林より下流沿いの土壌に見ることができる。山肌を流れる水は、谷にくると流れが遅くなり、蛇行するようになる。水とともに運ばれてきた物が、流れがゆったりしてくるとともに水底に落ち、扇状地を作っていく。いわば、上流で何が侵食されてきたかを物語る地質学の記録だ。燃やされていない森を通る水路の水は澄んで、谷に何も運ばない。小火のあった森からは、燃えかすや炭が脈々と届けられる。大火事のあとでは、小川には、燃え落ちた木々が流れをせき止めんばかりに折り重なり、崩れた崖から岩が落ち、あらゆる種類の土がなだれこむ。下流のこうした地層を掘ることで、わたしたちは時間を解きほぐし、火災の歴史を再構成することができる。

過去八〇〇〇年間、つまり最後の氷期の直後から現在に至る歳月は、不安定な火炎に焼かれてきた。数世紀の間、ちょろちょろとしか燃えない時期もあれば、激しく燃えさかった時期もある。不規則さの原因は、どうやら気候の変動にあるようだ。一五世紀から一九世紀の小氷期の間は、冷涼で湿潤な気候が続いた。おかげで大きな炎は起きにくくなったが、草が旺盛に生育するため、これが小火のもとになった。この時代の沈殿物からは、森が頻繁に焼けたこと、しかし火災そのものは頼りないものだったことが窺える。反対に、

ポンデロサマツの樹皮

分厚い竜皮のような樹皮は、ポンデロサマツを野火から守る

一千年紀の始まるころの温暖期、中世気候異常期の初めには、西洋は一〇年単位で干ばつに見舞われた。乾ききっていたこの時代、巨大な炎が山を舐めつくし、残骸を分厚く堆積させた。

炎の大きさが千差万別であることを考えると、「普通の」規模を特定しようとすることは不可能に思える。そうする代わりに、土壌と大気をたんねんに調べることで、わたしたちは現在の炎のあり方を知り、将来を多少なりとも予見できるのではないだろうか。

火災は森林の姿を変える

フロリサントに生えるポンデロサマツから数キロ下った山のなかの峡谷に、マニトゥ・スプリングスの街がある。昨日、鉄砲水が街を襲った。今日、わたしは中心街の店の地下室に降り、ボランティアたちにまじってシャベルで泥をかき出している。急ごしらえの厨房からいいにおいが漂ってきて、束の間泥や腐敗物や灰のにおいを忘れさせ、わたしたちはしばらく陶然とした。作業の手は、この暗がりとはとうてい相容れない感覚に、つい止まってしまっていた——荒れ果てた穴倉に満ちる甘美で家庭的なにおいに。

浸水を起こした嵐は遠慮がちなものだった。雨の下にショットグラスを置いておいたとしても、なかなか一杯にはならなかっただろう。それでも雨は、七〇〇ヘクタール以上の裸地に一気に降り注いだ。この裸地は、ワルド・キャニオン火事と名前もつけられ、何度もテレビニュースで取り上げられたほどの大火事の跡地だ。火事があったのは前年で、マツもヤマナラシもトウヒも、みんな蒸気と煙と化した。何百軒もの家屋が燃え上がった。

山に遺されるのは、普通に考えると傷ついた古い森で、それをわたしたちは通常焼け跡と呼ぶけれども、炭とまじり合ったむき出しの土壌は、新たに生まれようとする森の顔とも言える。わたしたちが、焼け跡を何と名づけようと、あるいはそこにどんな感情を抱こうとも、山肌はすでに、物理の法則の支配下にある。土の分子の摩擦が斜面をその場所に保っているのだが、それも気候が乾燥している間だ。小雨程度の湿り気ならば分子どうしの付着力が増して、斜面はあたかも浜辺の砂の城のように、束の間安定性を増す。しかし大雨は砂の城を滑りやすくし、重たくして、あげくに押し倒し、土壌を水路へと押し流す。

マニトゥ・スプリングスに到達したとき、濁流は吼え猛る四メートル近い真っ黒な波となっていて、普段なら踝ほどの深さで静かに迸《ほとばし》っていく小川を駆け抜けていった。ひとりが亡くなり、けがをした人も大勢いた。家々が流され、商店の売り物は泥まみれになった。未来の地質学者たちは下流の扇状地を調べ、きっと大火事のあとにできた堆積だと考えることだろう。

泥流は、わたしたちが泥をくみ出している地下室の壁の目の高さに、一筋の痕を残していった。壁の染みを飾るように松葉やヤマナラシの葉、折れた小枝がまつわりついている。流域の森が濁流に乗り、乗り上げてきたかっこうだ。地下室の床は踝まで灰まじりの泥に覆いつくされ、重たげな泥濘《でいねい》のなかには、割れたガラスだの木っ端などがちりばめられている。積もった泥をバケツに移し、次から次へと運び出していく。金属のシャベルがコンクリートの床をひっかき、泥がどさりとバケツに落ちる。わたしたちは文句たらたらバケツを持ち上げ、運んでいく。道路のブルドーザーに運ばれる泥もあるが、それ以外は裏口から投げ捨てて小川に落とすのだ。小川はもう、すっかり水かさが減って、黒っぽいヘドロがたまっている。

三〇年ほど前は、コロラドの森で八〇〇〇ヘクタール以上の土地が燃える年はめったになかった。最近では、八万ヘクタール以上を焦がす年もめずらしくない。地方の郡部に相当する広さだ。アメリカ合衆国農務省林野局は現在、予算の半分以上を森林火災対策に費やしている。一〇年前は予算の五分の一ですんでいたのだが。燃えたポンデロサマツなどの樹木の灰は、世界中に届く。アメリカの山火事の煤やカナダの北方樹林帯の煤はグリーンランドにまで到達し、氷床を黒く染めて太陽光を吸収しやすくしてしまう。日光の暖かさがしみとおると、氷床は融ける。もっと身近なところでは、灰や燃えかすがコロラドの貯水池にたまって、飲料水の生産コストを押し上げたり、水力発電の効率をそこねたりもする。

火災は、熱帯でも亜寒帯でも、同じように森林の姿を変える。東南アジアでは、焼き畑のための炎が非常に大きく、煙が複数の国を覆うほどになる。こうした国々では粒子状物質の問題、いわゆるＰＭ問題――炎上した熱帯雨林から飛び散った微小な燃えカスを吸いこんでしまうこと――が大変な公衆衛生の課題になっていて、多国間で、焼き畑を制限しようとする協議が試みられている。アマゾンでは、大規模な焼き畑を行わない地域であっても、干ばつで火災が引き起こされる場合があり、この一帯の生態系の規模が改めて思い知らされる。遠く北方に目を転じると、北方樹林帯ではあまりにも頻繁に山火事が発生するので、森の再生が追いつかない。世界全体を見ると、こうした森林火災は、大気中への炭素の放出を加速していると言えるだろう。産業革命前から現代に至るまでに、大気中に流れ出た過剰な二酸化炭素のじつに五分の一は、その陰に森林火災があるのだ。

アメリカ合衆国西部で扇状地を掘ると、中世気候異常期の特徴が見て取れる。最終氷期以降では、西洋でもっとも火災が頻発した時代だ。わたしたちの時代は、どうやらこの中世の異常状態を凌駕しつつあるようだ。合衆国西部は乾燥が激しく、そのため、北アメリカ大陸の西側はこの一〇〇年で数ミリメートル浮かび上がっている。水分という重荷を取りのぞかれたからだ。春と夏の気温が上がり、雪解けが早まっていることと相まって、西部で山火事の起きやすい時期が延びており、一年で焼ける面積は一九八〇年代の六倍に増えている。この先一〇〇年の気象予測は、いずれのモデルもほぼ同じ形に落ち着いているのだが、それによると、かつてこの地域が干ばつ続きであったことなど、ほんの「気まぐれ」にしか思えないような未来がやってくるらしい。

木と酸素が森林火災の材料で、両者は同じ場所で生み出される。ガンフリント地層帯の微生物が地球にもたらした光合成によって。ガスと可燃性植物というたって不安定なこの混成物は、地上に植物が登場して以来、ずっと燃えつづけてきた。ここ数百年ほど、われらの地球は比較的冷涼で湿潤な環境にある。そのためわたしたちは、街の中心部でも、保護区でも、郊外でも、火事などめったに起きるわけがないと決めこんで、生活の基盤《インフラストラクチャー》を建設してきた。そんな時代は終わりだ。わたしたちは誰もが、火災の風下にいるのだ。

マニトゥ・スプリングスにもどろう。ついに泥濘が煮炊きのにおいを台無しにし、わたしたちは懐かしい家庭の香りを奪われて、湿った灰と泥ばかりにまみれる身となった。黙々と作業にもどり、泥をすくい取ってはバケツを持ち上げる。何時間も繰り返すうちに人間の筋肉は新しい世界のリズムを身につけていくのだった。

噴火と化石セコイア

三四〇〇万年前、コロラドでは連続して火山の噴火が起こり、溶岩と岩塊が流れ出した。今日であれば、谷川の際の地下室どころではなく、都市全体が呑みこまれていたに違いないほどの規模だった。噴火した火山のひとつ、ガフィー山はフロリサント渓谷を見下ろしてそびえていた。いまでは侵食が進み、わずかな尾根が残るだけで、パイクス山と並ぶとすっかり小さく見える。当時は、ガフィーの、そしてその周辺の火山の機嫌がこの地域の生命を支配していた。火山群は定期的に爆発し、煮えたぎる岩塊を周囲に降らせた。そうでなければもの静かに鎮座し、溶岩のげっぷを吐くなり、灰を噴き出すなりしていた。こうした地質学レベルの吐息で、あたりは灰と泥と岩に覆われた。現代の、マニトゥ・スプリングス上流の山も不安定だが、こうして積もった岩塊もまた、折にふれ地面を覆うような勢いで下流にくだり、水と雪にまじり合った。そのような土石流が、下流の谷を泥や石くれで何メートルも埋めつくすこともあった。

ガフィー山に近いとある谷では、深さ五メートルもの土石流がセコイアの森を埋めた。セコイアは背の高い木なので、幹のほとんどは土砂から上へ出ていた。だが木の根は窒息し、地上の幹はほどなく立ったまま腐っていった。根元は、火山性の泥濘で埋葬された。泥が深かったため大気中の酸素が埋没した根元に届かず、枯れたセコイアを本来ならば分解するはずの微生物が呼吸できなくなった。生分解が遅々として進まなかったため、木は途方もない時間をかけて徐々に石化していく。ミネラルを豊富に含んだ水が灰まじりの泥からしみ出し、火山灰に埋まっている部分の細胞すべてに、シリカが行きわたる。少しずつ少しずつ、一〇万年以上の時をかけて、シリカは結晶化し、崩壊していく木質に取って代わった。結晶はかつての植物細胞の形をなぞり、木の面影を残した岩を形作る。ミネラルたっぷりの水を何百万年にもわたって浴びつづけたセコイアは、こうして石になった。

　現在、石化したセコイアの幹は、ポンデロサマツの森や、フロリサント化石層国定公園内の草原のそこかしこに点在している。幹の内部の年輪も、木質繊維の螺旋も、板根の形も手触りも、すべて保持されている。化石は紙のようで頼りなく見える。一見、いまにも崩れそうな古い材木みたいだ。だがビジター・センターに展示されている化石セコイアの標本は意外なほどに堅牢で、鉄のように硬くて重い。石化した樹木の鉱物としての特徴は、その色に顕れている。根の部分にはマンガンの黒っぽい筋が入り、垂直面には酸化鉄がオレンジ色の輝きを見せる。鉄が流れ出してしまった部分は黄色っぽい。化石の表面を覆う地衣類のライムグリーンと茜色が、鉱物の色に重なっている。時間帯や季節によって日射の角度や量が変わるので、化石が放つ色合いや輝きも、太陽がさしのべる手につれて、生き生きと変化する。冬の低い日差しのもとでは、化石樹は熾火《おきび》のごとく煌《きら》めき、夏には白くさらされた大理石のまじる黄色い切り株になる。

　わたしは、ビッグ・スタンプと並んで立つポンデロサマツの根方に腰を下ろした。火山の噴火による土石流が流れこんでくるまでは、このセコイアは七〇メートルもあり、七〇〇年以上の樹齢を数えていた。いまはそれが寸断され、周囲一〇メートル、高さ三メートルの石の柱になっている。この土地の以前の所有者が株の周囲の土や岩を取りのぞいたので、丘の斜面がボ

フロリサント化石層国定公園に点在する化石セコイア「ビッグ・スタンプ」

火山の噴火による深さ5メートルもの土石流がセコイアの森を埋めた。
根元に酸素が届かず生分解が進まなかったため、木は長い時をかけて石化した

ウルを二つ割りしたような形にくり抜かれ、化石はそのなかにぽつねんと立っている。

息絶えてから長い長い時を経ている生き物にしては、化石の切り株のまわりはにぎやかだ。夏には、スミレミドリツバメがむき出しの切り株の周囲をめぐり、飛びから昆虫を待ち伏せしながらさえずりをかわす。切り株や露頭した泥岩に降りて這いずる虫を口に入れたり、土塊《つちくれ》をつついたりする。ルリツグミは切り株に集まり、鳴き喚くヒナに餌をやったり、番の相手に喉を鳴らしたり、恋敵にくちばしをお見舞いしたり。彼らが化石に降り立って歩きまわると、つま先が表面をひっかく。ハチドリは顔をまず切り株に向けて唸り、岩に埋まった花に見えるオレンジ色の筋を確かめる。バッタは切り株の根元の土のなかで音をたて、シマリスは垂直の壁を登って自分の縄張りを点検し、断続的な警戒音を発して、空にタカやらカラスやらがいることを知らせる。

秋には、小鳥が集まって種子を貪る。ポンデロサマツのマツカサも開き、イネ科の草は種のぎっしり詰まった重たい頭を垂れ、草も地面に種子を落とす。この実りの季節、切り株はまたしても恰好の活動基地になる。ルリツグミたちはここを出会いの場にして甘い声をかわし合うし、ゴジュウカラはマツの種子を切り株の裂け目に押しこもうと頑張ってみるけれど、やがて諦めて生きているマツの柔らかな樹皮のほうへ移動する。ムラサキマシコとステラーカケスは輪を描き、呼びかわしてからポンデロサマツのマツカサに群がっていく。地面が太陽に温められていくと、バッタが何十匹となく現れて、歯車のような音をそっけなく軋ませながら、切り株の円形劇場へと飛びこんでいく。

冬の空気を活気づけてくれる生き物の声は、これよりずっと少ない。ポンデロサマツの針葉のむせび泣く音があたりに満ちるなか、時折カラスがコッコッと鳴いて行き過ぎるくらいだ。風が、用なしになった草の茎を地面へと折り曲げ、鋭い草の穂が雪の積もった地面に弧を刻むと、目の粗い紙をペンでひっかいたような音がする。マツの針葉にたまっていた雪が塊になって落ちるとき——はじめはひゅっと甲高い音が出て、次いでどさっとくぐもった音をたてて、雪の塊が地面にパンチを打ちこむ。

思いがけず、人工の音が植物や動物の音にまじることもある。航空機が過《よ》ぎり、空に唸り声を塗りたくる。散策する人の足が地面を踏みつけ、化石樹の欠片を砕く。ビッグ・スタンプの傍らで足を止め、化石になった幹の太さを論評する者もいる。いくつものカメラが切り株に、ポンデロサマツに、次いで草原に向けられて、シャッター音の砲火を浴びせたかと思うと、狙撃手はさっさと現場をあとにする。駐車場では、電動ノコギリが唸りをあげている。公園管理者の土地利用の音だ。薪にするため、レンジャーがマツの丘を刈り取り、幹や大枝を森から運んでくる。砕木機《さいぼくき》のなかで木と金属がぶつかり合い、製材機の唸りに空気の精が悲鳴を上げる。やがて吐き出された木片は積み上げられ、現代のビッグ・スタンプになる。

化石化したセコイアの与える印象は強烈だけれども、この公園で見られるもっとも美しく、また科学的に価値のある化石というわけではない。太古の土石流は樹木を埋めたばかりでなく、フロリサント渓谷をせき止め、小さな湖を拵えた。行動力にあふれたカヌー乗りならば、半日かけて二〇キロに及ぶ縦長の湖を漕ぐのを厭わないだろう。といってもこちらは現代版で、もともとの湖は完全に干上がっているのだが、その湖床から、保存状態が世界でも第一級に美しい化石が発掘された。断続的に活動したガフィー山は、かつての湖に灰や泥を雨あられと降らせた。もともと微小な藻類の骨格の細かな残滓の間にうっすらと、灰の層が入りこんでいる。このように細かい粒になった堆積物の層は、葉や昆虫をはじめとする生物を捕まえ、それはさながら、本の間にはさまれた押し花のように閉じこめられている。湖の底に堆積物が積み重なるにつれ、灰と藻類の骨格は徐々に石化し、ペーパーシェールと呼ばれる岩になる。いま、ハンマーでそっと叩くと薄いシート状の頁岩が開き、古代の本の背が割れて、そのページの間にまぎれこんだ花が石のページに刻みこんだ印影を見せてくれる。

イェール大学ピーボディ自然史博物館は、このような化石をいくつか所蔵している。自分の手にその化石を乗せられるのは夢のようだ。葉や昆虫は、ついさっき水面に落ちたばかりかと思うほど生き生きとして、化石としての古さをまるで感じない。拡大鏡で見ると、シダの葉の、枝分かれした葉脈の一筋一筋まで見ることができる。顕微鏡を使えば、植物の構造のひとつひとつが手に取るようにわかる。花粉の粒の形も、葉の表面にタイルのように並んだ細胞の列も。肉眼でさえ、その細やかさははっとするほどだ。葉に不規則に穴が開いているのは、まるで葉を貪っていたイモムシがふらふらといなくなり、夜になってまたもどってきたのかと思わせる。クモの鋏角にガガンボの触角、アリの目玉——多くの化石では影も形もなくなっている細くてもろい部分が、これらの化石では見事なまでに保存されている。

岩に刻まれた生命の歴史

フロリサントのペーパーシェールは古生物学におけるアレクサンドリア図書館［訳注：プトレマイオス一世によって紀元前三〇〇年ごろにエジプトのアレクサンドリアに建てられた古代期最大の図書館。世界のあらゆる文献を所蔵することを目的とした］だ。それも、火山の炎が作り、守りつづけたものである。シェールという大いなる書物は、地中海の学者たちが用いたパピルスの巻紙より三〇〇〇万年も古く、幾千とない生物の物語をはさみこんでいる。それらの物語を合わせると、わたしたちは、地質年代的にはついこの間になる昔の、フロリサントの生態のありさまを見、聞くことができる。現代という地点から眺めてみると、ガフィー山が咆《ほ》え、ビッグ・スタンプを泥に閉じこめたころには、生命の歴史書のページはすでに、九九パーセントはひも解かれていた。フロリサントの化石に精巧に刻まれた当時の生態からすると、残る一パーセントというごく短い期間が、かなり不安定な時代であったと窺える。

ビッグ・スタンプとその仲間たちはフロリサントの化石のなかでも中核となるメッセージの伝え手だ。すなわち、三四〇〇万年前のこの谷は、いまよりずっと

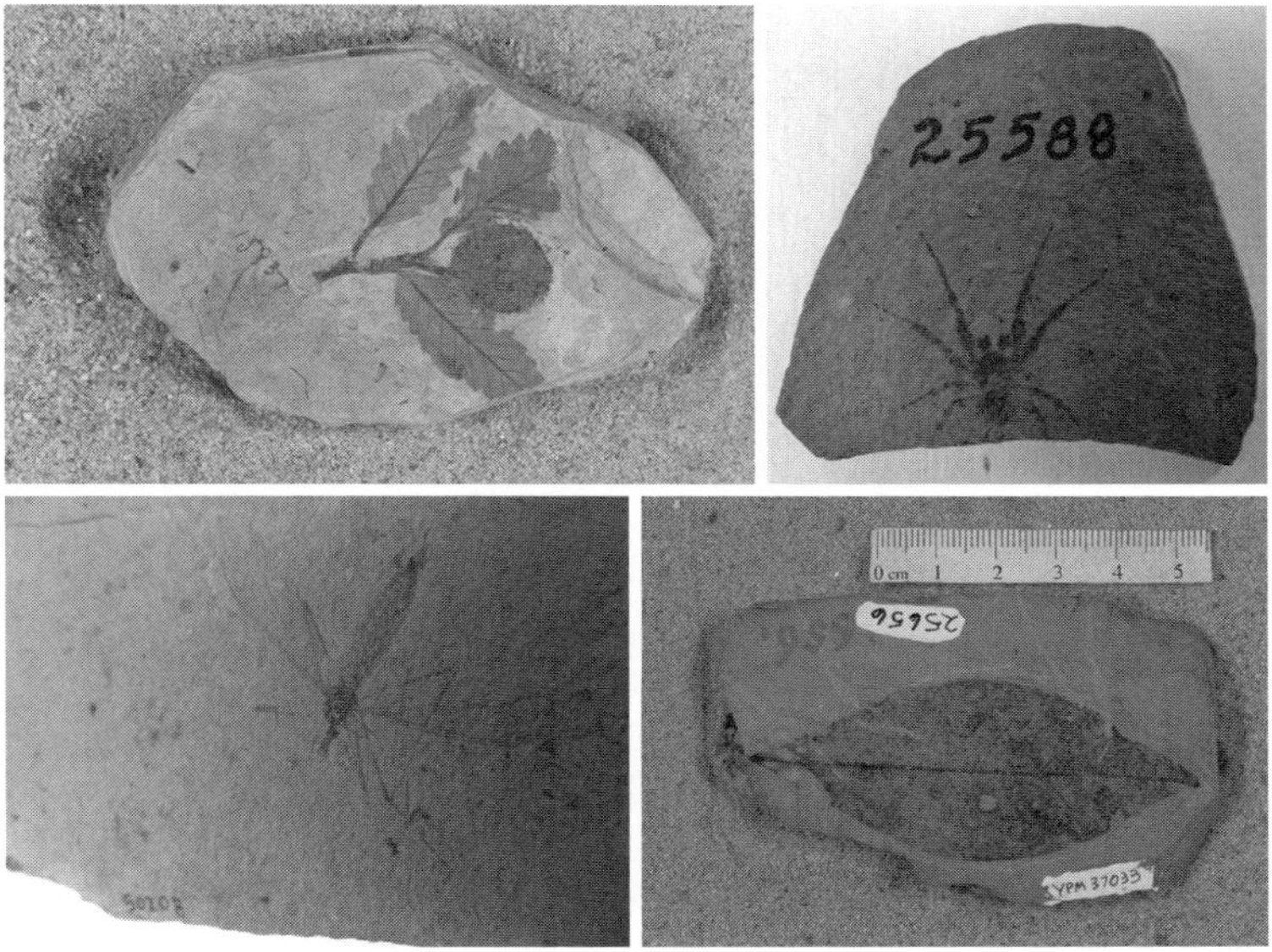

フロリサントの化石

上左：ブナ類の葉と花、上右：クモ、下左：ガガンボ、下右：センダン科植物の葉
フロリサントの化石は保存状態がよく、
生命の横溢した始新世という時代を映し出している
（イェール大学ピーボディ自然史博物館所蔵）

暖かくて湿った場所だったということだ。現代のアメリカでは、セコイアは温暖な太平洋岸沿いにしか生えない。いまのコロラドでは、若木であれ巨木であれ、夏の日照りと冬の寒気で、セコイアは手もなくやられてしまうに違いない。だが古代の湖のほとりやそこから流れ出る川沿いに、セコイアはふんだんに生い茂っていた。化石化した幹の年輪から、とうの昔に枯死したセコイアの成長率を割り出すことができる。化石樹の年輪幅の広さから、彼らが現代の子孫より、ずっと早く成長したことがわかる。フロリサントの気候は、現代のセコイアたちが味わうのよりも、さらに穏やかで潤っていたのだ。

　セコイアとともに、一〇種以上の植物が生えていた。オークにヒッコリー、それにマツの類《たぐい》が標高の高い尾根に生え、一方水辺に近いほうにはポプラやシダが茂っていた。現代の植物とははっきりした類縁関係のない種もあるが、多くはわたしたちがよく知る系統に属している。ブドウに、シオデ、キイチゴや、ニセアカシア、ザイフリボク、それにヤシやニレなどは、すべていまも存在する種である。だが、現在のこの土地の植生には、どの植物も含まれていない。

　シェールに刻みこまれている植物の構成と、その子孫たちがいま好む生息条件とを植物学の見地から比較すると、古代フロリサントの気候が割り出せる。現代で言えば、東南アジアやメキシコ中央部の温帯山岳地帯あたりの気候がもっとも近いのではないだろうか。夏は湿度が高くて蒸し暑く、冬は穏やかで、氷が張ることはめったにない。古代フロリサントの年間平均気温は、現代よりも少なくとも摂氏一〇度は高かった。一〇度というのがどのくらいの数値かというと、目下地球温暖化対策で掲げられている、地球全体の平均気温の上昇を摂氏二度以内に抑えるという目標値が目安になるだろう。この目標をさらに四回上回らないと、古代のフロリサントの気候に届かないのだ。

　動物の化石も、古代のフロリサントは暖かかったという植物の証言を裏づけている。セミやコオロギが、セコイアの木立から鳴き声を張り上げていた。カニグモが花弁に隠れて待ち伏せし、しっとりと地面に積もる落ち葉の間を、何百種もの甲虫がうごめいた。ホタルが照らす森の下生えでは、円く網を紡ぐクモが、絹のような糸を張りわたしていた。湖ではミズカマキリがアミア・カルヴァと並んで泳ぎ、岸辺をチドリが歩いていた。乾いた草原にポンデロサマツばかりが立ち並ぶいまの光景に比べると、古代の森は途方もなく命がひしめき合い、多様な生命を抱えていた。そのあふれんばかりの命を支えていたのが、着実に降り注ぐ暖かな雨だった。ガフィーが折節思い出したように地中奥底の怒りを噴き出して森の一部を根こそぎにしたものの、森はほどなくよみがえり、あとには、生物の痕跡を刻みこんだ岩がさらにぎっしりと遺されるのだった。

　フロリサントの化石は抜きんでて保存状態がよく、加えてこの地は生物も著しく多様だったため、ここのペーパーシェールとセコイアは古生物学者の間では名の通った存在だ。だがこの化石群は単に、コロラドのある特別な場所の古代生命の在り様を映し出しているだけではない。フロリサントの生物群は、生命の横溢した始新世という時代の一部なのだ。

　始新世は、気候は不順だったものの、一貫して今日の地球より暖かかった。空気中の二酸化炭素濃度は少なくとも現代の二倍、高いときには一〇倍もあったものと思われる。海底の噴気孔や裂け目から噴き出されるメタンガスも、さらに空気に蓋をして暖気を閉じこめた。地球は温室どころでなく、サウナだった。始新世の温暖化のピーク時には、地球は北極から南極に至るまでそっくり暑かった。いまでは木の生えない北極に青々と緑が滴り、気温は三〇度は高かった。霜を知らない南極では、ヤシが揺れていた。始新世の大気が孕《はら》んでいた大量の二酸化炭素には、数々の供給源があったようだ。火山活動、炭酸塩を含む岩石の風化、海や湿地からの放出、そして藻類が貯めこんでは吐き出す炭素の変換。

　始新世が一番暑かったのは、ガフィーがフロリサントを埋める数千万年前だ。ガフィーの時代、始新世の最末期には二酸化炭素濃度も落ちてきて、南極は緑豊かな暖かい大地から氷原へと姿を変え、地球に氷枕を乗せていた。地球全体の気温はすでに、最盛期よりずっと下がっていた。つまりフロリサントの化石群は、現在のコロラドよりは暖かい気候のもとで封印されたものだが、彼らの時代は、それ以前に比べればかなり寒かったのだ。フロリサントの年代は、古生物学的には世界が「温室」から「氷室」へと移り変わる、その転換点に位置づけられる。続く時代の化石資料が乏しいため、セコイアの森がいつフロリサントを撤退したのか、正確にはわからない。だがセコイアは、始新世のあと、長くはもたなかったと思われる。

土砂がセコイアを埋めはじめたころから始まった寒冷化は、今日まで続いている。始新世の気候と同様、その間の気温は上がったり下がったりと迷走した。だが遠く引いて見ると、一見よろめいた歩調ながら道は確実に下り坂だ。わたしたち自身の起源はこの冷却傾向に負うところが大きい。とりわけ冷涼で乾燥した気候に見舞われてアフリカの森林が減少すると、人類以前の祖先たちは出現しはじめたサバンナや草地に飛び出していった。ホモ・サピエンスは、開けた土地へと出ていったサルから生じた。そしてわれら人類の歴史は、ほぼ一貫して、比較的冷涼な時期に展開してきたのだ。わたしがビッグ・スタンプの周囲——草原に広がる眺望と、乾燥して冷涼な気候のために低く連なる木々——を眺めて落ち着きを感じるのは、おそらく人間としてのわたしの胸の奥深くに刻みこまれた原風景と引き比べるからなのだろう。始新世のフロリサントの森で、枝々を昆虫を探してまわるオポッサムに似た生き物や、その下で小枝を食む小型のウマだったなら、きっと丈高くからまり合う植物が、雨のスクリーンを通してぼんやりと見えている風景を好むのだろう。

サバンナ様《よう》の風景に対する親和性は、わたしたち人類が世界中に広がる間も持ちつづけた奇癖のひとつだ。奇癖のもうひとつが、珍品の収集趣味で、とりわけ過去の遺物を持ちたがる。人類は物語る生き物だから、こうした人造物はおそらく、わたしたちがお話から真実を見つけようとするときの、拠り所であり、試金石であるのだろう。動機はともあれ、この奇癖のせいで、フロリサントの化石はほとんどすべて失われた。一九世紀後半になると、鉄道が敷かれてセコイアとシェールを見に観光客が運ばれてくるようになった。ものの数年のうちに化石化した丸太や切り株は根こそぎになり、観光客たちが鉄道沿いのシェールを漁っていった。

二〇世紀前半、いくつかのリゾート会社が代わるがわる所有者になり、ビッグ・スタンプの真裏にある丘にロッジを建てた業者もそのひとつだった。ロッジの所有者たちは埋もれた切り株のまわりの泥岩を掘って、切り株がよく見えるようにした。建築業者は化石化した木を割ってモルタルで固め、ロッジの炉床や炉棚にしつらえた。ロッジは人気を博した。ウォルト・ディズニーもやってきて、いたく気に入り、クレーンをよこして巨大な切り株をカリフォルニアに運ばせた。長旅をした切り株はいまも彼ご自慢のテーマパークにあり、銘板に書かれたまことしやかな来歴が、見る人を煙に巻いている。当時の自然科学愛好家はディズニーよりは地質学の造詣があったようで、地面も掘り返した。シャベルとウマに引かせた犂《すき》で大量のシェールを引きずり出したが、そのほとんどが現在は合衆国東部の博物館に分散している。

一九七〇年代になって国立公園局が一帯を手に入れ、化石の採集は、科学的な目的の小規模な採取をのぞいて全面的に禁止された。いまわたしたちがこの貴重な品々を集めるとしたら、カメラやビデオカメラに収めるか、あるいは少し離れたところにある私有の採石場から採ってくるしかない。

化石採集熱は、フロリサントにさまざまな傷跡を残した。ビッグ・スタンプの根元に座って一〇時間以上も過ごしていると、見物客のおしゃべりが耳に入る。もっとも多く彼らの口の端に上るのは、セコイアの見事な木目でもなく、ポンデロサマツの針葉の発する息を呑むようなざわめきでもなく、切り株の上半分からつき出している、錆びた二本のノコギリの刃だ。食べかけのケーキに刺さったまま忘れられたナイフのように、ノコギリは、岩になった切り株に無謀にも切りこんで、縦に裂け目を作ったものの、そこで止まってしまった。刃が折れ、にっちもさっちもいかなくなったのだ。ノコギリは、静かに錆びていった。一八九〇年代、シカゴの万国博覧会に出品すべく切り株を割ろうとして失敗し、放置されてからずっとそのままだ。木材で足場が組まれ、蒸気機関を動力にしたノコギリではあったが、この大きさの石の柱にはとうてい太刀打ちできなかった。そして錆びた刃が残った——過去を所有しようとする人間の欲望が生んだ破壊のあとをとどめた、苦い記念碑となって。

ノコギリの刃ではやりそこねることがあるとしても、拾ってポケットに滑りこませるだけでよければ、セコイア化石の欠片を持ち出すのはいとも簡単だ。ただ、この木のもつ意味を見出し、それを身に帯びていくというのは、ずっと重たい仕事になる。

ふたつの針葉樹の声を聞く

時代物の京都の薬缶《やかん》が、炭火の上でシュウシュウと湯気を吐き、針葉樹林にわたる風の音を思い出させた。わたしたちの耳は、木々の音を二種類聞き分ける。ひとつは近くにある木々の音、もうひとつは、はるか遠くにある木々の音。薬缶の側面は火の上で温まるにつれ規則正しくかちかちと音を発して、それは、針葉樹林のように湯気がシュウシュウいう合間で女の人がたてる足音のようだ。わたしたちは川端康成の『雪国』の世界にいる。風景のなかに窺える、近しさと距離感との間の緊張感が、この作品の中心的な主題を言い表している。これらの音は、小説の最終場面が始まるきっかけでもある。小説の主人公、世をすねた島村は、木々の鳴る音にまじって足音を聞きつけると、人間どうしの関係に背を向け、冷たい夜陰に身をにじませていく。世界から零《こぼ》れ落ち、孤独な空虚へと吸いこまれていくのだ。

コロラドの雪国でも、わたしたちはふたつの針葉樹を聞き分ける。ひとつは身近にあり、現代のこの時を生きているポンデロサマツであり、もうひとつはセコイアだ。はるか遠い過去から歌っている。二者は生態が一致していないだけではなくて、ふたつの木の間には、大きな空虚への道が開けている。

化石化した切り株は、過去の記憶を伝える石できた漂泊物であり、地球のゆるぎない法則を思い出させてくれるものだ。つまり、今日存在するものが明日もまた存在するとはかぎらないということを。気候変動は、諸行無常のひとつの形だ。気候がこれまで常に行ってきたのは、ひたすら変化しつづけることだ。気温と雨とが流れるような音階を繰り返し、時にゆったりと曲がり、時に激しく騒ぎたてる。これが、絶え間ない岩の、空気の、命の、水の営みだ。化石の森に隣り合って、ポンデロサマツは火山から吹きつける風に悲鳴を上げ、キクイムシの襲撃や干ばつの餌食となり、人間が引き起こした変化に翻弄される。川下では、こうした変化のために山のごく一部が流れ出し、割れたガラスや森の泥をバケツですくうはめになる。

地球が生物に引き起こす化学的な変動や進化に抗議して、首都でデモをする者はいないだろうけれども、人間が引き起こす気候変動を少しでも遅らせようとする政策が充分でないことに抗議するデモでなら、わたしも数千人の人々と共に何度も歩いてきた。わたしたちは、世界をこのような形で分断することにもっともらしい理由を持ちうるのだろうか。分断された世界に住みたくないのであれば、わたしたちも、マツやセコイアと同じようにこの地球に属しているのだと信じるのであれば、自分の倫理をどこに根づかせるべきなのだろうか。ダーウィン的進化が哲学にもたらしたもの、そのひとつがここにあげた問いだ。

われわれ人類がそのほかの生物とまったく同じ素材からできているのなら、われわれ人類の肉体が、同じ自然法則に則って出現したのなら、なぜ新たなタイプの気候変動を、人間の行為という自然な過程の筋道にすぎないものによってもたらされた変動を気に病む必要があるのか。人類の行動もまた、始新世を終わらせた地質の力や、建設と破壊によって大気を再生する生物の行為と同じく、地球生まれだ。生命は、石灰岩から酸素、炭素、オゾン、硫酸ガスの絶え間ない循環で、それが時には地球全体の生物多様性に、甚大な異変をもたらすこともある。

神の存在を信じる者もそうでない者も、倫理的な問いにえてして、「わたしたち」に「彼ら」を対置して答えようとする。神はわたしたちに、共に創造された隣人たちを導く特別な責務を授けられた、と見る立場、あるいは神の存在なくしても、わたしたちは言語や芸術、さらには科学技術を通して生物のなかで特異な位置を得ている、とする考えだ。そうした考え方は、世界の生態系丸ごとの豊かさとはそぐわないように思われる。分断ドグマは、生命のコミュニティを切り分ける——人類を、孤立した部屋の壁に閉じこめてしまうのだ。われわれは問わねばならない。わたしたちは、あくまでもこの地表に帰属する者としての倫理を見つけることができるのか、と。

答えは、少なくとも答えの一部は、自分が属している地球をどんな場所であると考えるかによって違ってきそうだ。もし世界を、原子の舞踏場で物理法則にのみ支配されている場であると見なすなら、帰属する者としての倫理はきっと、倫理的虚無主義になるだろう。『雪国』で島村は、つながろうと思えばつながっていられたはずの人間関係や風景に背を向けた。島村は自分自身を地上から引き抜き、空虚の裡《うち》に、遠い星々の物質性に身を投じた。はなはだ異なる気候条件のもとにあったわれらが二種の木の存在は、同様の道筋を示唆している。

わたしたち人間もまた、ほかのあらゆる生物とまったく同じ原子からできているにすぎないと考えるなら、その人間が生み出した気候変動が現代のポンデロサマツに対しては倫理的脅威であると見なし、一方、始新世のセコイアの森を脅かした気候変動は倫理的には中立的な現象であったととらえるのは、不可解でしかない。さらに、わたしたち自身の倫理観の起源に自然科学の目を向けると、その不可解さはいっそう深まる。生物学者の多くが、わたしたちの「倫理と意味」の考えや感覚が、単に神経系統の傾向から発しているにすぎないと主張している。わたしたちの行動も心理も、進化の過程で発達したものだ。動物すべての知性や感情と同じことで、「わたしたち」も「彼ら」もない。進化上の単なる変異だ、と。もしそうなら、倫理も、わたしたちのシナプスから発散した露のしずくで、わたしたちの近くの外に確として存在する真実ではないことになる。

家族や集団への帰属感。傷つき、苦しんでいる人への肩入れ。可愛らしい生き物に愛着を感じ、「価値」を見出すこと。生存本能的に樹木のそばにいたがること。自分と同じ種の保全に心を砕くこと。人権、動物の権利、そして生物が本来もっている価値――いずれも、わたしたち人間に深く根ざした信念だが、人間の神経系統を離れたとき、それらには何か絶対的な真理が、意義があるのだろうか。

もし進化の道筋が違えば、わたしたちには異なる遺伝子が宿り、異なる倫理観が出現していたに違いない。したがって虚無主義は、物理的、生物学的秩序に属する者の答えとしては、非常に魅力的なものになるだろう。人間の倫理感など、所詮は自分を欺く夢、「弱々しくて中身のない論題」でしかない。命短い生物の一種が別の生物の化石を燃し、地球をいくらか温めたところで何を騒ぐことがあろうか。実際、何にしても騒ぐには値しないのだ――わたしたちが幻想をふり捨てたいと願わないかぎりは。


それでもわたしは何か、いくらかでも亀裂のない倫理を模索したい。生物学的にきちんと成り立っていて、それでいながら、島村が迷いこんでいったような、星々のみが冷たく煌めく宇宙、自ら造り上げた頽廃だけに満たされた空虚には陥らなくてすむような倫理を。

そうした倫理の兆《きざ》しは、あのピンクのズボンを穿いた少女、ポンデロサマツの奏でる「ものすごい」音を聞いた少女に見出せるかもしれない。少女とその家族は、フロリサントにいて純粋に喜び、肩の力が抜けていた。少女は木々の声を聞いた。少年は落ちていたポンデロサマツのマツカサを拾い、開いた鱗片の隙間をのぞきこみ、それからまだ木についている熟しきっていないマツカサをつついた。両親は風が草原に波紋を作るのに気がついて、指摘した。子どもたちは誰に言われるともなくビッグ・スタンプの銘板に目をとめ、何の衒《てら》いもなく純然たる好奇心から書かれていることを読んでいた。一家は巨大な石に感心してたたずみ、まだらな色合いを論評し合った。多くの人々が一、二分しか足をとめない切り株の前で、はるかに長い時間を割いていた。

この家族はたしかに存在していた。出会ったばかりの人と友好を深めようとするときのように、一家は石や木々に耳を傾け、相手のことを知りたがった。あれが、フロリサントと人とのつき合いの始まり方であり、もしかしたらそのつき合いは今後も続けられていくかもしれない。感覚と、知性と、そして身体が、フロリサントという場所に向かって開かれていた。かつてこの地に根づいていた人々、ユート族とその祖先は、一九世紀に無理やり移住させられた。人間が、この地の生命のコミュニティと紡いできた一〇〇〇年単位の関係を打ち砕く、暴挙だ。関係のなかに宿っていた記憶も知識も、ほとんどが死んだ。少女とその家族は、忘れられたそれらの知識を再び身に帯びるための、最初の小さな一歩を刻んだのだ。

フロリサントが見せる特別な風貌の数々に一家がきめ細かな関心を寄せたことと、始新世と現代における土砂崩れのもつ倫理的な意味を理解することとには、一見さしたる関連はないように思われる。一家の行動は気候変動に対する倫理的態度という問題に直接的な解答を示すものではない。むしろあの一家は、生命の環《わ》に身を投じるという形で、答えに近づくすべを体現していたのではないか。生命の円環との関係――文明によって裂かれ、記憶からきれいに拭い去られていたその関係性を結びなおそうとするところから、この世界のなかにある得も言われぬ美をいままでよりももっと深く、理解する力が湧いてくる。

生命ネットワークに存する真理

生態の美しさは、刺激的でもなければ、目新しいものでもない。生命の営みを理解すると、そうした表層的な印象はえてしてひっくり返されるものだ。焼け焦げの「痕」は、実際には長い時をかけた再生の標《しるし》かもしれない。わたしたちの足の下にある微生物の社会は、ひょっとしたら、山際に消える落日のような目に見える荘厳さよりももっと豊かな美しさを湛えているのかもしれない。腐敗物や発酵したあぶくのなかにも、ぬらぬらと至高の美が隠れているかもしれない。これが生態の美学だ。生命の円環のそこここに、粘り強く、具体的な形で関係を保っているものに美を読み取る感受性こそが。その円環には、わたしたち人間も、いろいろな様相を見せて含まれている。観察者としての人間、狩人としての、木を刈る者としての、耕す者、食べる人、物語を歌う者、そして、ミクロの殺し屋たちの住まいとして、あるいは共生者としての姿。生態の美学は、人間が存在しない架空の荒野に退却するものではなく、あらゆる方面に属する存在へと向かう歩程だ。

この美学にならい、わたしたちが何に帰属するかの倫理をゆだねることができるかもしれない。もしあらゆる生命の生態系を表象しうる倫理がわたしたちの単なる神経のおしゃべりにとどまらず、客観的な形で存在するとしたら、それは生命の網の目を形成している関係性のうちにある。その関係性に、きちんと目を見開き、耳を澄まして意欲的に加わったならば、つながっているものは何か、断たれているものは何か、美しいものは何か、善なるものは何か、わたしたちの耳も聞き分けはじめることだろう。

この理解は、粘り強く保たれた具体的な関係性から出発して、円熟した生態の美学において明らかな形をとり、そこから倫理的な正しさを見きわめる認識が高められる。その認識は、つまるところ生命のネットワークから生じるのだ。わたしたちは、ある意味で、肉体とか種別といった個別性を超越する。この超越も、生命の営みという地に根ざした現実から発するものであり、そこに神々や女神たちがかかわっているかどうかという問題への答えは、この際おいておく。

英国の哲学者アイリス・マードックはプラトンについての本で、美の経験は「個を脱すること」であると書いている。彼女は最初の例に、飛翔するチョウゲンボウの姿をあげている。人間の命もチョウゲンボウの命もどちらも目的などなく、つまるところは無意味だと主張しつつ、それでもチョウゲンボウのなかに美を感じるわたしたちの体験は「はっきりと善いこと」であり、美徳と道徳の変容の出発点となると論じている。

マードックはこの考えを生態系にまで敷衍《ふえん》してはおらず、また、チョウゲンボウとの関係が深まるほど、わたしたちがこの鳥の美しさを見出す力も深まる可能性についてまでは言及していない。

彼女の自宅からさほど遠くないところでは、英国東部に住む市井《しせい》の人であったJ・A・ベイカーがハヤブサに魅了され、人間としての個を消して鳥の生活に入りこみ、彼女の論を文字通り実践するかのような実験を試みている(彼はその観察記でノンフィクションの賞を受賞している)。

マードックとベイカーは、帰属の倫理において、その意味が広がり、一体となって、美と、奥行きのある具体的な体験に肉づけされた倫理との関係に、さらに細やかな理解をもたらす。わたしたちは個を脱して鳥と、木々と、寄生虫と、そしてやがては土壌ともひとつになる。種や個を超えて、わたしたちの存在を作り出したコミュニティに向けて、開かれていくのだ。

虚無主義者をはじめとして、美を、人間の感覚的偏向からいぶり出された錯覚の最たるものであると主張する向きはあるだろう。英語圏を代表する哲学者ディヴィッド・ヒュームが書いているように、「美は、事物が備えている属性ではない。それはただ、事物について考える知性のうちに存するにすぎない。知性はそれぞれに、異なる美を感じ取る」と。

だが少し立ち止まって考えてみてほしい。数学者という存在についてだ。彼らの実践はまさに、われわれが考えうる客観的真実にもっとも近い何かを探すことだ。わたしたちはその数学を信用して飛行機を空に浮かべるし、新しい素粒子を見つけるし、頭の上に重たい屋根を掲げる。航空学や物理学や大工仕事以前に、数学的美の判断がくる。その審美眼は、数学という特定の学問領域との積年の関係のなかで発達してきたものだ。数学者は美を道案内にする。エレガントであることは正しさの、あるいは正しい方向に向かっているかどうかのひとつの判断基準だ。エレガントであるかどうかを見るには、訓練と経験が必要で、数学的問題との関係に深く浸っている者だけが、その美を識別できる。

ポール・ディラックは量子力学の創設者であり有神論とも神秘主義とも無縁だが、「美しい方程式を得る」ことが、有益な洞察に至る方法だと語っている。彼によると物理学においては、多くの場合、実験結果と厳格に一致するかどうかよりも数学的美のほうが確かな標識になるという。天才物理学者のリチャード・ファインマンは、わたしたちが物理学の未知の領域について予測できるのは、「自然には簡潔さがあり、したがって大いに美しい」からであり、その簡潔さは数学という、世界の「もっとも深遠な美」を探す学問によって明らかにされるのだと書いている。ファインマンはまた、ケプラーをはじめとする多くの偉大な先達の顰《ひそみ》に倣い、重要な方程式を希少金属や宝石に擬《なぞら》えてもいる。

したがって数学は、深い関係から生まれた美的感覚を道しるべに、人知を超えた真実に近づこうとする先例だとも言える。わたしたちはいま、生物のネットワークを形成する関係性のなかで、同じことをやろうとしているのだ。草原に、都市に、あるいは森に、何十年にもわたって耳を傾けてきた人ならば、その場所が結びつきを断たれたとき、リズムを失ったとき、それとわかるはずだ。持続して注意を向けつづけることによって、美と醜は、時には複雑にまじり合いながらも、耳に聞こえるようになるのだ。

生きた経験を何度も繰り返しつつ個を脱することが必要なのは、生物学的真理の多くが、利己を超越した関係性のなかにのみ属しているからだ。束の間の訪問者にはその真理は聞こえない。まして、知性のなかでだけ近づこうとする者、教室でこしらえた抽象的な倫理の枠組みでのみ理解しようとする者の耳には、もっと聞こえまい。ヒュームですら、これにはひょっとしたら同意するのかもしれない。「力強い感覚が、繊細な感情と一体になり、実践によって磨かれ、比較によって習熟し、あらゆる偏見から解放されたとき、唯一、美なる貴重な特質の確かな批評者の資格を得る。そしてこのような共同審判は、どこにあっても、品性と美の真の基準なのである」。生態学では、このような共同審判は多くの生物種の経験を含むものとなるはずで、個を脱することによって感得される。

倫理をこのようにとらえれば、人と、生命のコミュニティのその他すべてとの間にある障壁は破られる。成熟した美の判断が生態系のなかの関係の広がりによって培われるとするならば、人間以外の生物にも、その判断を行う資格は充分にある。さらに言うならば、この森羅万象を構成するどの存在がもたらす変化についても、倫理的観点から物申すことはできよう。ヒトが起こした変化であろうと、火山によってであれ、ツグミであれ、あるいは雨のせいでも。

もし、生物や地質にかかわる大きな混乱に、客観的にみて倫理的な意味があるというなら、それは人間が傍らにいてその倫理的価値をうんぬんしようとしまいと、厳然と存在するものなのだ。大量絶滅はそれ自体、そもそもひどい出来事だが、太陽が膨張していつか地球を呑みこむのも、同じようにひどい出来事だと言えるだろう。だがもし、倫理が人間の神経系統のなかにだけ棲む主観の見せる幻想であってそれ以上のものでないなら、膨張する太陽による地球の滅亡を論評すること自体、無意味だ。

カラスやバクテリアが、そしてポンデロサマツが、彼らの世界で感得している事象は、わたしが受け取っている姿とは驚くほど違うだろう。そして彼らは、彼らなりのそれぞれ違ったやり方で、感じ取ったものを処理している。しかしそのように変化に富むことは、倫理や美を判断する際に必ずしも壁になるものでもない。美は、互いにつながり合った関係性が共有する財産で、独自に発達した、多様な仕様の耳に、それぞれのあり方で聞き取れるものだ。

カラスには、体内に一点に集中した処理系統があり、多少なりともわたしたち人間に似た神経系と脳がある。彼らはまた、思想や知を内在する社会で生きていて、それはちょうど、人間の文明に内包される思想や知と同じだ。だから、カラスの生にふれる美は、わたしたちの経験と無縁ではない。カラスが外見の可愛らしさと内面の美を区別するのかどうか、さらにはそれが、彼らの正邪の観念に影響するものかどうか、わたしたちにはわからない。しかし生物学的には、カラスがそうした判断や関連づけをしたとしても、何ら不思議はない。論理の倹約主義から言えば、同様の神経系からは、同様の結論が出てきてもおかしくはないからだ。

バクテリアは、個々の細胞内ではなく、同胞の混在するスープのなかの相互のやり取りを通じて情報を処理する。ひとつひとつの細胞の表面は化学反応で沸きたっていて、それがひとつの細胞から次の細胞へと情報が伝えられていくときの、集団のおしゃべりなのだ。バクテリアの知は、ほぼ完全に外在されていて、多くの種からなる何千という細胞が形成するバクテリアのコミュニティのなかで、化学や遺伝のつながりによって保たれている。このつながりは、環境が変化すると、むしり取られたり、叩かれたり、打ち砕かれたり、強化されたり、ぷっつりと切られたりする。

バクテリアの集団は、化学反応のおしゃべりで信号を出し、盗み聞きし、情報を操作する。生物学では、そうやって出てくる集団の決定を「集団感知《クオラム・センシング》」と呼ぶ。ただしこれは、一回の投票で反対／賛成を決する議会の多数決とは違う。むしろおしゃべりは豊かに続き、決してつきることなく、結果、コミュニティの化学構成や行動が微妙に移り変わるというようなものだ。

バクテリアのネットワークは、倫理的な判断をつけるための美的感覚を有していると言えるだろうか。人間の脳がたどるような形とは、似ても似つかないだろう。バクテリアの美学や倫理があるとしたら、アメーバのように拡散した奇妙なものかもしれない。だがそれが人間の真実より劣っているとも言えないのではないだろうか？

ポンデロサマツは、外在する知と内包する知とを組み合わせて、世界を感じ取り、統合し、吟味し、評価している。ポンデロサマツは、葉と根を通じて、外のバクテリアや菌類とつながっている。一方、内部には、ホルモンや電気信号、化学信号の系統をもっている。ポンデロサマツのコミュニケーションは動物の神経伝達よりはゆっくりしていて、また情報は、脳に集約されるより、枝や根に広げられていく。バクテリアの場合と同様、彼らの棲む現実も、わたしたちの世界からは計り知れない。だが樹木は環境調和の達人で、個を脱し、土壌へ、空へ、そして幾千もの他の生き物たちへと自らの細胞をさし出し、つながっていく。樹木は移動ができないだけに、放浪する動物などよりはるかにしっかりと、自分が地球のどの位置にいるかを自覚していなければ繁栄できないのだ。樹木は生物界のプラトンだ。対話《ディアロゴス》を通じて、木々こそが、この世の美と善とに、美しさの面から、また倫理の面から審判を下すのに最適の位置にあることを示しているのだ。

プラトンは、人間の、疲弊した政治や社会を超えたところにあるであろうゆるぎない普遍を求めて美を探求したのだったが、彼の場合とは違い、生態の美と倫理は、生命コミュニティ内の関係性から生まれてくる。だから状況に応じて形を変えうるのだが、たまたま、ネットワークを形成する多くが集中して同じような判断を下すと、普遍に近い何かが現れることもあるかもしれない。

松葉をざわつかせる風は、時代と文化をまたがって、メッセージを運びつづけてきた。常緑樹の嘆きや囁《ささや》き、哀悼やため息は、洋の東西を問わず、視覚芸術や劇場、詩歌や物語にと、すばらしい作品に謳われてきた。中国、宋の時代の有名な馬麟《ばりん》の絵には、節くれだったマツの幹に寄りかかる賢者が描かれている。絵の題から察するに、賢者はマツに「耳を澄まして」いるのだ。澄んだ目の少年が見守るなか、賢者は空間に、いぶかしむような、注意深い視線を向けている。この絵の時代から七〇〇年以上がたったいまも、わたしたちはやはり木に寄りかかり、耳に入ってくるものを理解しようと努めている。

『雪国』で、薬缶に針葉樹の鳴る音を聞いた島村の人生は、虚無へと旋回していく。マツと女の足音とが木々を透かして鳴り、島村にこの世から背を向けさせた。わたしたちもまた木々を聞く。近く、遠く。そして葉擦《はず》れにまじる少女の足音を。あの少女とその家族のように、わたしたちは逃げ出す島村の跡をたどることを、拒んでいい。逃げるかわりに音に向き合い、木々に向き合う。網の目になった生態の倫理において、大切な営みも道筋も、繰り返し耳を傾けることなのだ。

ピンクのズボンを穿いた少女は、このまま木々へと関心を寄せつづけるならば、始新世のセコイアと現代のマツという、一見かけ離れた二者をつなぐ意味を解いてくれる存在として、いつかわたしたちが頼りにする人物になることだろう。馬麟の絵のなかの少年が、わきに控えていながらどうやら師よりも多くを感じ取っていたらしいのと同じで、ピンクのズボンの少女の八方へと広がる感覚が、わたしたちを導いてくれるだろう。彼女の言葉は、ひとり彼女という存在だけからでなく、生命の網の目のなかで個を手放した彼女へと流れこんできたすべての存在から発してくるのだから。

カエデ Maple 二本のカエデが紡ぐ歌

［I］——テネシー州、セワニー
北緯35度11分46・0 西経85度55分05・5
［II］——イリノイ州、シカゴ
北緯41度52分46・6 西経87度37分35・7

カエデ［I］——冬、かすかな変化の音を見る

わたしはある家の屋根に立ち、カエデの大きな枝に手を伸ばしていた。カエデはこの家の玄関から二メートルのところに根を張っている。

わたしは片手でカエデの小枝をつかみ、もう片方の手には、掌サイズのアルミのフレームを持っている。足を屋根板にしっかり踏ん張り、小枝を斜めになった金属製の枠の間を通し、まだ皮の薄い小枝をフレームの真ん中に収めた。

アルミの上辺のカプセルからバネのついたシリンダーが下りてきて、小枝に金属の小片《プレート》をセットする。カプセル内にはごく弱いバネが入っており、それが吐息ほどの柔らかさでシリンダーを小枝に押しつける。押しつけるといってもごくかすかな力しか与えていないので、小枝の成長には何ら妨げにならない。小枝がふくらんだり縮んだりすると、たとえほんの髪の毛一筋ほどの変化でも、シリンダーのアームがこの変化をカプセル内のセンサーに伝える仕組みだ。小枝の表皮はいまや、金属の繊細な指先にふれられているのだ。コンピュータのスクリーンに現れるグラフは、金属の指先が感じ取る変化を、一年にわたって一五分ごとに刻んでいく。

季節はいま冬の終わりで、カエデには葉がない。

小枝のなかを走って、葉柄から葉、そして大気へと出ていく水の流れもない。そのため金属プレートの下で、小枝は静かに休んでいる。グラフの線は平らで、時折、よく晴れた日や冷えこんだ夜のかすかな膨張や収縮をとらえ、時には駆け抜けていくリスの足音に乱されたりするばかりだ。

カエデ[II]──ヴァイオリンの音色

「ここにあるふたつのカエデの塊を持ってみてください。どちらがいい音になると思いますか」。彼は厚ぼったい板を二枚、わたしの手に押しつけた。どちらもどっしりした本くらいの重みがある。板は楔形に切ってあり、表面は未加工で、うかつに触れば手に引っかき傷ができそうだ。楽器職人である彼は、これからそれぞれをヴァイオリンの背板に仕立て上げていくのだ。わたしはと言えば、音など出そうもない鈍重な塊を手にして、教わったとおりに指先を木の肌に押しあて、耳をそばだてた。

カエデ[I]──四月、満開の花

四月の第一週。ライム色の小花が、カエデの樹冠に黄色い霞をかけた。干したコショウ粒ほどの大きさの釣鐘が、ほとんど全部の小枝の先の花糸からぶら下がっている。釣鐘は西寄りの微風に揺れ、口から花粉の煙を吐き出す。わたしが観察している小枝は、センサーにつながったまま一二の花糸をつけ、それぞれの釣鐘に花粉をふり出す葯を六個備えている。

この小枝が分かれてきているもとの大枝からは、三〇〇本近い小枝が出ている。カエデの本体にはそんな大枝が五〇本。つまり一本のカエデに一〇〇万かそれ以上の葯があることになり、虫たちはそれをよく知っている。褐色のハチや濃い緑色の甲虫が何千となく葯の上を跳ねまわり、ふわふわぶんぶんいう羽音は、木のてっぺんに登ったときにだけ耳にすることができる。

センサーによると、小枝の直径はほぼ一定している。だが太陽に暖められた朝はグラフの線は微妙に落ち、午後になってまた上がる。小枝の先の花に、水が送られていることが窺える。

カエデ［II］――透明感のある塊

「こっち、左手に持っているほうです」。言ったとたん、分析しようとする根性が判断を迷わせる。違いがあるようにはとても思えないぞ。ふたつの木の塊を、よく見るがいい。まったく同じだ。それでも肌は、いいほうの木の塊を無意識に選別していた。手の動きに合わせてカエデに振動が送られ、返ってきた反応を肌が感じ取る。左手にある塊のほうが、ほんのわずか透明感があった。

カエデ［I］――若葉

四月の第二週。前の週の葯は茶色くなって落ち、もつれて毛羽だった雄蕊《おしべ》が雨どいに詰まっていく。ネズミの耳ほどの大きさの若葉が、ぱちんとはじけた苞葉のなかで開いていく。若葉の一部は小枝の先端で広がる。伸びようとする小枝の最初の動きに押し出されるのだ。それ以外の若葉は、小枝のなかほどにふたつペアになってついた苞葉から開く。

小枝のセンサーは、不規則な波を描く。夜、小枝は時に、二〇マイクロメートルもふくらむ。このページの厚みの一〇分の一の長さだ。日中、小枝の太さはがくんと落ちる。リズムは落ち着きなく不安定で、太陽の出ない日には、冬の静寂がもどる。

日々、若葉は二倍に成長する。

カエデ［II］――指で音を聞く

「ひとつずつ代わるがわる持ち上げて、こつこつと叩いて、耳を澄ませてみてください。いや、そうじゃない。左手でてっぺんの右端を持って、手首の下にぶら下げるようにするんです。下の左側の端を叩いてみて。指の腹で叩くんです。関節には耳がない」。指の上皮に宿る、触覚の受容体が目覚めた。

低周波の振動が皮膚を走ると、振動はマイスナー小体の先端をとくとくと打つ。小体は円錐形に重なった皮膚細胞で、薄い鞘《さや》に収まっている。なかでは、重なった細胞の間を神経が通っている。小体は上皮の層のすぐ下にあり、ごくわずかな接触でも届くくらいの深さだ。振動が到達すると、神経は目覚めて始動する。この振動は、指紋の溝や指の毛嚢《もうのう》にある円盤状のメルケル細胞をも刺激する。わずかでも力がかかって皮膚がずれると、ほんの一〇〇〇分の一ミリ程度のことであっても、メルケル細胞は歌う。

周波数の高い振動がくると、また別の受容体が喚起される。パチニ小体だ。タマネギ形の頭をしていて、皮膚のもっと奥深くに埋めこまれている。タマネギは、同心円状に何十も重なった膜からなる。神経は小体の真ん中に鎮座し、突発的な振動や、深く響いてくる振動がやってくるのを待っている。表皮のすぐ下には、糸紡ぎ形のルフィニ小体が広がり、滑るような動きや断続的な圧迫を感じ取る。球根や円盤や糸紡ぎの形をした感覚器官の間を、遊軍の神経が皮膚をくまなく縫っていて、指の感じる音を拾い漁っていく。

口に含んだ食べ物やワインさながら、はたまた、心に浮かんだ言葉さながら、手がふれる感覚にも、味わってやろうと待ちかまえる受け手が、さまざまな次元にたくさんいる。この受容体の集合体が、拾い上げた音をそっくりくるんで、わたしの神経系統に送ってくると、その贈り物は神経を通じて、内耳から流れ出ている繊維のなかへと分け入ってくる。わたしの頭はなんとか舌を操り、このカエデがわたしの指に、鼓膜に伝えようとした音を名づけようとして、呻吟《しんぎん》する。

ふたつの塊は、手に同じように感じられ、叩くと同じような音がする。少なくとも、手と耳で聞き入っているわたしの意識はそう教える。両者の間に吐息ひとつほどの違いもないのだが、それでも何かが、別の何かが語っていた。ひとつ目の塊は冴えて、おおらかで、引き締まり、きびきびしている。ふたつ目もおおむね同じだが、どこかざらざらと濁った感触があった。

カエデ［I］——太ったり縮んだりする小枝

四月の第三週。ナツフウキンチョウが木のてっぺんの葉の毛虫をついばむ。葉の間を探る合間合間にフウキンチョウは歌って、空気をかき乱す。熟しきっていないカエデの果実はヘリコプターのミニチュア模型のような翼果で、季節が深まるとやがて落ちるのだが、いまは小枝の先で、丸くつやつやとぶら下がっている。カエデの葉は、もうなれるところまで大きくなって、虫たちの口があちこちを裂いて丸めて穴をあけている。

そよ風は、四月のはじめこそ沈黙していたが、どうやらカエデの声を見つけたようだ。それはさらさらと流れる砂に似ている。小枝のまわりには別の音がある。その振動は葉の囁きより一〇〇〇万倍もゆっくりだ。血流で拍動する大動脈さながら、小枝は細胞が水でふくらむ夜の間、膨張するのである。

夜が明けると太陽が葉から蒸気を吸い取り、小枝はしぼむ。まるで貪欲な唇で思いきり吸われたストローだ。この吸い取りは午前中いっぱい続き、小枝は正午には、夜明け前より四〇マイクロメートルも細くなっている。ほぼ毎日、根は正午までに土壌の水分を吸いつくし、貪りつくして、土を干上がらせてしまう。水の上昇はそこで止まる。午後の大気に水が漏れ出ていくのを防ぐため、葉は気孔を閉ざし、縮こまっていた小枝も少しずつ緩んでいく。

夕刻になると、水が根や茎にもどってくる。小枝の胴まわりも広がる。この伸縮のリズムに加え、小枝は日々その胴まわりに木質部を少しずつ足していく。新しい細胞であり、あるいは成長した細胞だ。晴天が続いてさかんに成長が見られた一週間が過ぎてみると、日中へこむグラフの高さも、七日前の日の出時より高くなっている。

カエデ［II］——木の第二の人生

すくい鑿《のみ》に鉋《かんな》、鏨《たがね》が作業台に置かれている。楽器職人は研磨台から二枚の木片を取り上げた。ヴァイオリンの背と胴になる板だ。背板には加工しきっていないカエデの甘いような香気がある。胴になる板のにおいはもっと渋くて埃っぽい、乾いたトウヒの香りだ。さっきのカエデの塊の重さを感じたあとでは、二枚とも羊皮紙かと思うほどに軽く感じられる。だが羊皮紙は音に関しては泥を跳ね散らす泥濘同然で、ヴァイオリンの透明感とは対極だ。

ヴァイオリンの背板と胴板は繊細で、的確に木を組み合わせなければならない。飛ぶ鳥にとっての空気のようなものだ。わたしの親指と人差し指は、そこから出る音の羽ばたきの速さと力強さに慄《おのの》いた。楽器職人は木片に、日本の大工の言う「第二の人生」を与えたのだ。一度目の人生に遜色ないほど長く、豊かな人生を。

カエデ［I］——小枝のなかのリズム

長い夏の間中、森は小枝の心臓が送り出す水という血流の拍動に満ちていた。同じカエデの別の枝に取りつけたセンサーから、こうした拍動が枝によっておのおの違うことが聞き取れた。低い位置で日があたらず、枯れかけた枝についている小枝の拍動は弱く、金属の指先がとらえる一日のリズムもほとんど上下しない。太陽をふんだんに浴びる枝では、収縮も拡張も大波のように寄せては返す、森の音速ハミングだ。

カエデ［II］——息を吹き返す板

「これは父が最後に作ったヴァイオリンです。完成していないんですよ。ここにとってあるんです。持ってごらんなさい」。わたしたちが話している間、背板と胴板は息を吹き返し、あらゆる音節に反応しはじめた。曲線を描く木の肌は、空気の圧迫に撓《たわ》み、身を震わせてそれに応える。

Part 3

The Songs of Trees

ヒロハハコヤナギ　Cottonwood

公園の木と川と風をめぐる生命のネットワーク

コロラド州、デンバー
北緯39度45分16・6　西経105度00分28・8

ふたつの川が合流するコンフルエンス公園

ヒロハハコヤナギの若木が、デンバー市街地を流れる小川の土手に生えている。わたしの胸にやっと届くほどの丈で、親指ほどの太さの茎が一二本、根の節々から伸びている。根は川砂に埋もれかけた石くれの山の隙間にもぐりこんでいる。木に並んでコンクリートの歩道があり、そこに市のゴミ容器が設置されている。反対側は一メートルほどの幅で砂利が敷きつめられ、砂利道は、浅いチェリー・クリークがもっと広くて深いサウスプラット川に流れこむ早瀬へと続いている。

ヒロハハコヤナギは、小川が湾曲して漂流物がたまったくぼみに生えているのだ。コンクリートの歩道と小川の間に細長くのびた緑地をヒロハハコヤナギと分け合っているのは、ヤナギの低木で、春の大水に沈められ、ヒロハハコヤナギ同様下流を指さすように頭を垂れている。ビニール袋の残骸や折れたヤナギの枝が、ヒロハハコヤナギの枝のまたに引っかかっていた。

暖かい午後には、風に叩かれたヒロハハコヤナギの葉の奏でる音のわきを、自転車のチェーンがかちゃかちゃと通り過ぎる。一分ごとに一、二台の自転車が通っていく。ランニングする人たちは、砂まじりのコンクリートをかりかりとひっかいていく。ベビーカーの車輪はじゃりじゃりと砂をつぶす。カゲロウが川面からわき上がり、ツバメやサンショクツバメがさんざめきながらついばんでいく。小鳥たちは一五番街橋の暗がりへひらりと飛びこんでいく。金属の橋げたに泥をなすりつけて巣をこしらえてあるのだ。

川のなかでは、数十人の子どもたちがキャーキャー騒ぎ、くすんくすんとすすりあげ、わいわいと嬌声をあげる。若い男が膝を抱えてサウスプラット川に飛びこみ、皮膚が水面にばしんと痛々しい音をたてる。若者はひょいと頭をもぐらせ、土手に向かって泳ぎ出す。長い黒髪が水のしずくをはじいて光る。子どもたちは、黒人もラテン系も白人もアジア系も、みんな浅瀬に浮かび、ふくらんだビニール浮輪のなかから、足をばたつかせて飛沫をあげている。ヒロハハコヤナギの根元の岩には腕に刺青《いれずみ》を這わせたカップルがいて、コーラを分け合いながら笑っている。ふたりが連れている小犬は、黄色い救命具《ライフジャケット》を着せられているけれども、泳ぐのは断固拒否している。ヒロハハコヤナギの葉は、時折強くなる風に不規則に揺れる。

夏も終わりのよく晴れた平日で、コンフルエンス（合流）公園にはざっと一五〇人ほどがいた。公園の名は、サウスプラット川とチェリー・クリークが合流することからつけられたのだが、ここに集まってきているのは川だけではない。

チェリー・クリークの名は、いまは遊歩道になっている部分にかつて生えていた、アラパホー語で「ビイイノ・ニ」と呼ぶ植物の英語名チョークチェリーから来ている。プラット川に名前を与えたのはフランス系の罠猟師や商人で、プラットはフランス語で「平らかな」という意味だ［訳注：サウスプラット川の下流域、プラット川の流れるネブラスカ州の名称は、「平らな」「静かな」を意味する現地語を語源とすると言われている］。活発に流れるここらあたりの川音や景観を表現するなら、子音の間につっかえそうなほど母音がはさまったアラパホー語の名前「ニイイネニイニイチイイヘーヘ」のほうがふさわしい。

コンフルエンス（合流）公園

チェリー・クリークとサウスプラット川が合流することから名づけられた。
川では多くの人々が水遊びを楽しんでいる

アラパホー族のインディアン・トレイルはここに集結し、川べりは何千ものアラパホーの人々を迎え入れる露営地だった。白人の暴力と白人由来の疾病に出会う以前、彼らのコミュニティがどれほどの規模だったのか、正確なところはわからない。アラパホーは植民者によって手もなく追い払われ、一八六四年のサンド・クリークの虐殺とオクラホマへの強制移住のあとは、ここにインディアンが生きていた証は抹消された。今日、アラパホーの痕跡は、通りの名前や史跡、壁画などに窺えるだけで、土地の返還も権利の回復も行われていない。ただ、露営だけは続いている。ヤナギの林のなか、ホームレスの人たちが何十人か、段ボールハウスで眠っている。

公園を見下ろす場所にアウトドア用品の店があって、店内には「戸外へ出て活動することを愛するわたしたちは、道具の質のよさがいかに大切かを身をもって知っている」と書かれたうたい文句が掲げてある。

一九世紀、デンバーにやってきた植民者は川を伝い、あるいはサウスプラット川に沿って歩いてきた。植民者たちも、アラパホーと同じように、合流点付近に家を建てた。まさに合流点の、川べりの砂州に建てられた家屋や事務所もあった。こうした無知を、鉄砲水がたびたび襲った。上流を雷雨が見舞ったり、雪解け水が急に増えたりすると、ちゃぷちゃぷとのどかだった小川のせせらぎが突如として轟きに変貌し、何十年かの間には、市役所庁舎や初期に架けられた橋のいくつか、ロッキー・マウンテン・ニューズ社の一三〇〇キロあまりもある印刷機まで下流に押し流すほどの急流になった。洪水では何十人もの死者が出た。何十年もの間、東側の入植者は川筋に建物を再建しつづけたが、やがて二〇世紀の初めから半ばにかけて上流にダムができ、洪水の勢いがそがれる一方、建築基準が厳しくなり、建造物は川べりから追いやられていく。現在のコンフルエンス公園は、周辺の集合住宅や商店より低く作られ、めったにはないが、ダムが水を湛えきれない場合に二メートルまでの増水に耐えられるY字形の集水区域になっている。

普段、川の水は低く流れていて、そんな日には、公園の設計に、思いがけない音響効果のあることがわかる。州間高速道路二五号線が歩いて一〇分も行かないあたりを通っているうえ、街でもっとも交通量の多い通りで公園が南と北に二分されているのに、タイヤのきしりもピストンの運動音も大方窪地の上を通り過ぎていき、市街地のまんなかに、小川のせせらぎと子どもたちの歓声、ヒロハハコヤナギの葉擦《はず》れや小鳥のさえずりに満ちた空間を作り出している。

ここにいると街は、緊急自動車のサイレンやバイクのマフラーの騒音が時折さしはさまれるほかは、低く単調なつぶやきでしかない。川は、けたたましいリズムや騒音、音調と、穏やかなテンポや音色の狭間を過ぎていく。せき止められた水は優雅な音色をちりばめながら連打されるバスドラムで、そのゆるぎない轟きが、動物や植物の声の反復楽句《リフ》を、ひとつにまとめ上げる。

ヒロハハコヤナギは、気まぐれな流れに依拠している。大水が土手の上のほうを洗うと、種子にとっては具合のいい、湿った砂まじりの苗床ができる。種子を包んでいる「綿(ヒロハハコヤナギの英語名はcottonwood＝綿の木)」が、風や水に乗って種子を運ぶ。種子は何もない地面でだけ発芽し、成長する。ヒロハハコヤナギの種子は芥子《けし》粒のようで、ほかの植物の生い茂るなかでは、とうてい競争に勝てないのだ。川の水位が下がると、苗木は沈んでいく水を追いかけて、まっさらな砂地にくねくねと根を伸ばしていく。

木は上へ向かっても伸びるが、若いうちは水を追い求めるほうにエネルギーを注ぐ。発芽から数週間、新芽は大きくなっていてもせいぜい指の長さほどだが、根は腕を伸ばしたほどの深さに達している。もしも砂地を下へ下へと逃げる湿り気に追いつけなくなったら、若木は乾いた土手で干からびていくしかない。川の水位が低いときに発芽した若木は、たいていは最初の大水で下流へと流される。土手の上方で、洪水が引いたあとに芽を出したものだけが、成木になれるのだ。

デンバーに初期のころに造られたダムは、まず治水が目的だった。ダムは川の鼓動を変える。不規則に脈打ち、思いもかけない間隔で——時には何年もの間をおいて——大洪水が起きていた川から、規則正しく脈をうち、放水によって定期的に水かさの増す川へと。ダムの下流では、ヒロハハコヤナギが川岸から姿を消し、川の流れの新しいリズムによく順応するギョリュウに取って代わられることが多い。

コンフルエンス公園の周辺に、ヒロハハコヤナギの若木はあまり見られない。流れの際まで、人が手をかけた芝生とコンクリートの舗道に囲まれているのだ。この地の大水はいま、あとにほとんど種子を残していかない。だが手入れされていない叢《くさむら》の隙間や川べりに捨てられた石くれの間では、古い秩序が生き延びていた。種子は、発芽するのに充分な水分があり、なおかつ根を浚《さら》われない程度には川面から離れている隙間を見つける。公園管理者も手を貸して、芝を張った散策エリアの際に若木を植え、人間の配慮で、川の脅威を取りのぞいてやる。

閉園時間ぎりぎりまで公園にとどまってみる。キャンプや夜間の徘徊は許されていないのだが、ホームレスの人々は、規則をかいくぐるすべを心得ている。美しい青年がちりんちりんと音を立てて、ワイングラスとワインのボトル、それに本を革の肩かけカバンに詰めこみ、チタンのロードバイクにまたがった。メキシコ国旗を染めたTシャツ姿で水と格闘していた三人の少年たちは、体をふって水を弾き飛ばし、我先に土手にとりついて、ゴムサンダルをぺたぺた鳴らし、コンクリートの坂道を橋へと上がっていく。母親が、チェリー・クリークの飛び石の上ではしゃぐスリップ姿の幼児に、もう一枚だけ写真を撮らせて、とせがんでいる。老人が唸り声をあげながらめくりあげていたズボンの裾を下ろした。白いシャツを肩にかけて立ち上がる。ベンチにかけて日よけにしていたのだ。芝の上でのたくっていたボアが入ると、ネコ用キャリーの扉がカチャンと閉まった。ヤギ髭を蓄えた筋肉質な男性が、ヘビを入れたキャリーをそっと持ち上げ、バス停に向かっていった。

橋の保安灯は無機質な光を落とし、思い出したように、昆虫を思わせる音をジージーとたてている。砂州から人けがなくなって、ヒロハハコヤナギの下、マガモが喉声をあげながら羽繕いする。やがて、海岸の沼沢地でよく耳にする鳴き声がルウォンク、と一声、ゴイサギだ。チェリー・クリークの上を滑空し、サウスプラット川の真ん中の岩場に舞い降りた。ゴイサギは岩場の縁ににじり寄り、長いつま先で水べりを踏みつける。そこでゴイサギは、銀色の羽毛を照り輝かせ、街路灯の揺れる水中をのぞきこんでいた。わたしはヒロハハコヤナギの陰にしゃがんだ。サギを脅《おど》かさずに見守るには、そのほうがいいと思ったのだ。

その後の二年ほどで、サギの前では身を潜める必要などないことを学んでいく。ゴイサギは興奮する人間にも彼らのおしゃべりにも無頓着だ。魚を刺し貫かんばかりに真っ赤な丸い目を光らせているゴイサギは、クリーク沿いを唸りをあげて走り過ぎる通勤自転車の音にも、サウスプラット川の岩場の傍らではしゃぐ子どもの声にも、気をそらされるということがないのだ。

ここは、デンバー市内のガラパゴスだ。鳥の内なる恐怖の声は、沈黙してしまっている。ピュリッツァー賞を受賞したネイチャー・ライターのアニー・ディラードは、近寄り放題のガラパゴスの生き物を「原始の無知」と呼び、愛想よく彼女を検分するところは、「天地創造後最初の生き物たちだったら、きっとこんなふうにアダムにあいさつした」ことだろうと言っている。ガラパゴス諸島は、それまで、堕落した人間の手によって汚されたことのなかった世界だった。デンバーのゴイサギは、ガラパゴスの寓意も一蹴する。ガラパゴスと同じエデンが、人間が手を出していないどころか、人間の手で築いた都市の真ん中に、現出しているのだから。

道路に撒かれる塩と川の生き物たち

冬、あのヒロハハコヤナギを再訪すると、都会のにおいが集まって、ドーム状に垂れこめていた。寒くてよく晴れた日、何万となく回転する車のタイヤが香炉となり、路面の塩化ナトリウムを削り取り、粉末をまき散らす。大気中で塩化ナトリウムは排気ガスやオゾンとまじり合い、都市を覆う汚染の雲となる。遠くから見るとデンバーは、清澄なロッキー山脈の足元にさし出された煙った供物を前に、首を垂れているかのように見える。とりどりの色も鮮やかな車も一様に、塵の灰茶色に塗り上げられる。木々の幹になすりつけられた泥錆びた煤《すす》は、モグラか露天掘りされたあとの土を思わせる暗い灰色だ。

凍結防止のためにデンバーの道路に撒かれる塩はユタ州からやってくる。古い海底が永い眠りから掘り出され、家の高さほどの長いトンネルを通ってくる。平年なら、ひと冬を通じてデンバーの道路一マイルあたり、ユタ州の岩塩を砕いた塩が一〇米トン、およそ九〇〇〇キログラム散布される。市街地では塵芥《じんかい》の発生を抑えるために、塩水を吹きつけた塩化マグネシウムが撒かれる。二〇年前、スモッグはずっと厚かった。当時はいまの三倍の砂と塩が撒かれていたのだ。息を吸えば大気中に漂う岩石の層を肺の粘膜に堆積させ、呼吸ひとつが地質形成ばりの動作になっていたものだ。

現在、道路管理者ははるかに効率的に塩を用いる。とはいえいまでも、塩が積もって電線がショートすることがある。一九世紀のコロラドの宣伝文句にあった「絶え間なく光り輝く」太陽だの、「さわやかで体にいい」空気だのは、どんな天候でもタイヤのゴムとアスファルトが安全かつ高速にふれ合えるようにしたい、という人間集団の欲望の前に、かすんでしまったのだった。

雪解け水と雨が、街路と大気の両方を浄化する。だが地上が透明になるには、水系が濁るという代償を払う。サウスプラット川とチェリー・クリークが塩や砂、泥のほとんどを受け止める。雪解け水や地面が吸い取りきれない雨水にあふれたふたつの流れは、いわば都会が放つ痰まじりの咳だ。ヒロハハコヤナギの前の流れも、普段は水道水のようにまっさらだが、冬の雪が解けはじめるとどんよりと濁ってくる。デンバーの水系は束の間、鉱山のぬかるみ道と化す。

平原に生息するヒロハハコヤナギの分布図は、どの海岸線からも数百キロ内陸に入った北アメリカ大陸の中央部で、いびつな楕円形を描く。それなのに乾燥土壌によって、この木は周期的な塩水害に適応させられてきた。わずかな雨と乾燥の繰り返しは、地中の深い層にある塩分を引き上げるのだ。雨が降るたびに土中の塩分を溶かし出し、次いで太陽がその溶液を上昇させるからだ。水分は、蒸発するのと、土の分子の毛細管現象で、上へと吸い上げられるのである。どっぷりと水に浸かれば塩分は漉《こ》されるが、ヒロハハコヤナギの分布域で、大量の雨が降ることは稀だ。だから西部のヒロハハコヤナギの祖先は、かつて塩分を濃く含んだ土壌で生きていた時期があったに違いない。その生き残りが現在の世代に、当時の知識を伝えたのだろう。

　ヒロハハコヤナギの耐性はサバルヤシには及ばないが、その細胞は塩分が細胞質に入るのを封鎖することができるし、水を引き寄せようとする塩の力を和らげるような防御物質を生成できる。そしてヒロハハコヤナギは、根を塩分の濃い表土よりも深くもぐらせる。ヒロハハコヤナギの根はさらに、自らを塩分耐性の強い菌のネットワークに埋め、相手の水分や養分、防御物質を掠《かす》めとる。ポンデロサマツ同様、地上に出ているヒロハハコヤナギの若枝は、この木の部位としてはもっとも小さく、地下にある豊かなコミュニティからちょっぴり顔を出した旗竿でしかない。

　川や小川の生物たちも、同じようにその祖先たちからなにがしかの耐性を受け継いでいる。だが限界はある。もし道路に撒かれた塩に由来する塩化マグネシウムや塩化ナトリウムが集中しすぎると、魚も水棲昆虫も体調を崩し、死に至ることもある。砂や泥の波が、水に落ちた枯れ葉や藻類の塊を沈めたり覆いつくしたりすれば、水中のコミュニティを生かしている食料も埋められてしまう。このあたりの水系で目を引く生き物といえばまずニジマスだが、その命を支えているのは、藻類や葉を食べる昆虫だ。

　路面処理のせいでこんな下流効果が生じていることもひとつの引き金になって、デンバーの道路管理者は塩撒きトラックに積みこむ中身を見直す運びになった。かつて撒かれていた塩と砂の混合物は、ユタ州の鉱山からとった塩と塩水処理した塩化マグネシウムを混合した新しい散布薬に比べ、はるかに大量の粒子や塩分を水系にばらまいていたのである。デンバーは市内の全河川を、魚が生息できる状態に復元することを目標にしている。道路管理に配慮したことで、デンバーの河川沿いでは釣り師たちがしまいこんでいた釣り竿の埃を払うようになってきている。チェリー・クリーク以外の小川でも、さらなる環境改善が期待できそうだ。いまではナマズの仲間や小型の淡水魚、コイの仲間、サンフィッシュ、デイス、サッカー、それにニジマスまでもが、チェリー・クリークとサウスプラット川の合流部あたりにもどってきている。数十年前とはうって変わり、そここの流れの際で、釣り糸を放る釣り師たちをしょっちゅう見かけるようになってきた。

　きれいな河川は、都会の樹木に新たな危機を運んでくる。ヒロハハコヤナギと共に過ごしはじめて最初の冬を迎えるころ、サウスプラット川へ行ってみると、市が設置したゴミ容器だけがぽつねんと残されていた。幹の部分がすっかりなくなっている。わたしはヤナギの茂みに分け入って、踝ほどの高さの切り株をいくつか見つけた。それぞれに鉛筆ほどの太さの溝が斜めに走り、切り株のまわりにはヒロハハコヤナギの砕けた欠片が散っている。齧り取られた茎もあった。木はビーバーに倒されて、サウスプラット川の下流にある彼らの棲み処へと引きずられていったのだ。市の雇った作業員が齧歯類たちのやりかけた仕事を引き継ぎ、切れ味のいい刈りこみ鋏で、ビーバーが目もくれなかった細い切り株も刈りこんでいた。

　次の夏、ヒロハハコヤナギは前年よりも伸びて、四方に枝を茂らせ、二メートルほどの高さになっていた。一〇月になるとビーバーが冬の準備のためにもどってくる。彼らは再び木を齧り倒す。次の春、ヒロハハコヤナギは新たに芽吹く。齧歯類の歯の鑿は、粗削りながらヤナギの剪定職人だ。人間の植木屋だったらこれほど厳しく切りつめ、短い周期で萌芽林を造るのにいい顔はしないだろう。ところがヒロハハコヤナギは、この追いかけっこで相手より一歩先んじているらしく、年を追うごとに前の年より少しばかり背が高くなっているる。もしビーバーが手を出さなければ、ヒロハハコ

ビーバーに齧り倒されたヒロハハコヤナギ

齧り倒された木は翌年新たに芽吹き、葉を茂らせる。
もしビーバーが剪定しなければ、ヒロハハコヤナギは根を張り、
舗道を割るくらいの大きさになり、ともすると公園管理者が引っこ抜いてしまいかねない。
ビーバーは剪定職人だ

ヤナギは舗道の下まで根を伸ばして割ってしまうくらい大きくなるだろう。そう野放図に出られると、今度は公園管理者が木を引っこ抜いてしまいかねない。精力的なビーバーのおかげで、ヒロハハコヤナギの個体が一本、命を永らえているのだと言えなくもない。

遊歩道の雪かきをしてクズ籠のゴミを集め、公園に来る人たちが捨てていく屑を拾い集めている係員と話してみたところ、デンバー市内の河川沿いには、たしかにビーバーがたくさん暮らしているそうだ。二〇年以上も市に雇われているテッド・ロイは作業の手を止めて、自分が巡回する区域で見かける野生動物を、喜んで数え上げてくれた。ビーバーにコヨーテ、マスクラット、キツネ、タカ、ヘビ、クマ、そして「ペンギンに似た鳥」というのはおそらくゴイサギだろう。とりわけ嬉しいのは、働きはじめてからの間に大きな変化が起こったのを目の当たりにしたことだという。デンバーの河川はいまでは多くの野生動物の棲み処となり、いい施設もできて大勢の人が訪れるようになってきた。ゴミ袋を満載した市の軽トラックを駆るロイ氏は、川の記憶と知性の一部だ。トラックのなかでの軽妙な会話もバカ笑いも、水が奏でる知恵の音、都会生活に引き写されたJ・A・ベイカーの『*The Peregrine*（ハヤブサ）』を見るようだ。

排他的な自然

デンバーのヒロハハコヤナギをもっとよく理解するために、わたしはサウスプラット川を上流へとおよそ一〇〇キロたどり、山中にあるイレヴン・マイル渓谷に入った。夏の終わりの午後、川の源流にある大きな御影石の上に、稚《おさな》いメキシコカワガラスが立ち、小刻みに甲高い声を上げている。幼鳥の親鳥は川面の渦から跳ね上がり、水銀の粒のような水滴を羽から散らす。そしてカゲロウの幼虫の塊を丸めて、金切り声をあげているヒナ鳥のくちばしに押しこんでいく。親鳥が羽を翻《ひるがえ》してもぐりにかかる前からもうヒナのおねだりは再開していて、親鳥は足先を握りしめ、川底の狩りへと向かう。カワガラスには、アイゼンなみの足とヒレのような翼が必要なのだ。ここではサウスプラットは、一〇億年もの昔からある御影石に穿たれた水路を駆け下る、若々しい川だ。衝突し、ぶつかり合い、騒々しく音を立てながら、年老いた親のもとを離れていく。その騒ぎには、ポンデロサマツの音もヤナギの音も呑みこまれてしまう。ひとり羽が生えそろったばかりのカワガラスのヒナの呼び声だけが、川の咆哮《ほうこう》にも負けず、甲高く響いている。

夏も終わろうとするいま、旺盛に子孫を残そうとする貪欲さがそこらじゅうに見てとれる。なだらかに水辺へと続く草原では、ミュールジカが、子鹿時代の斑点も消えてたくましくなった若鹿たちと入りまじって草を食んでいる。カワアイサは、岩の間の早瀬の下手で、さざ波だつ川べりにヒナたちとうずくまっている。草は種でふくらんだ頭を小道沿いに並べ、渓谷の岩肌には球果が重たく垂れさがる。マツと川のにおいに満ちた大気を震わせるのは鳥の声と水音と風の音だけだ。ああ、山よ。ジョン・ミューアはいみじくも教えてくれる。「澄んだ川に浸かり、草原をそぞろ歩き、天空と語らい、マツと戯れて」はじめて、わたしたちの心と体から「都会の靄が残らず」ふり落とされるのであろう、と。

ほかに人影と言えば、流れのやや穏やかなあたりでフライフィッシングをしている人たちだけだ。国立公園内の水辺に立つ人もいるが、多くは光を反射する金属製の看板に守られている。「私有釣り場」「立ち入り禁止」「駐車禁止」。釣り糸を投げる腕は、紫外線カット機能のついた通気性のいい素材を使った高機能シャツに包まれている。ベストについたたくさんのポケットには、毛鉤《けばり》を携帯する箱、ニッパー、鋏をベルトにとめるジンガー、鉗子、針金を曲げる道具、フライフロータント、テーパーリーダー、それにティペットのスプールなどが納められている。帽子は鍔《つば》が広く、丈夫なのに折りたたみでき、足を固めているサンダルやウェーディング・ブーツは不安定な水底でも水鳥なみに足元を安定させてくれるものだ。

思うにニジマスを狙いに来た釣り人は、一人あたり道具に一〇〇〇ドルはつぎこんでいるだろう。わたしの装備は、衣類は彼らの足元にも及ばないが、バックパックに忍ばせた音を拾い光を集める装置は、釣り人たちの道具と同じくらい値が張る。釣り人たちもわたしも、一日、仕事や家族から離れて過ごす余裕があり、入園料とガソリン代、それに平原から山間の渓谷に楽々と登ってこられる車を贖《あがな》う財力がある。ひとり残らず男性で、おそらくは数十年くらいは働いて貯めた預金が銀行にありそうだ。

そして何より、二一世紀初頭のアメリカ合衆国における人種なるものを要約して骨のある論を展開してみせた作家タナハシ・コーツの分類を借りるなら、わたしたち全員が、自分を白人と見なしている。かつて、一見均質だったわれらが白人の世界も階層化されていた——「カトリック、コルシカ出身、ウェールズ人、メノー派、ユダヤ系」という具合に。しかしいまわたしたち白人貴族は生まれながらに特権を譲り受け、森や小川のある場所へ出かけて、シェークスピアの公爵さながら、「大衆の烏合から離れて／木々に詞を見出し、せせらぎに本を見る／石に説話を、そして万物に善を知る」。

同じ木々に、石に、別の詞があり、別の本があり、別の説話がある。

作家であり活動家でもあるジュディ・ベルクは、一家でアメリカ西部の開けた土地を旅したことを記すなかで、旅の計画を聞いた息子の最初の反応をこう書いている。「オークランドの黒人が四人もつるんで」モンタナの裏道を歩くなんて、オレに言わせれば「いかれてる」としか思えない、と彼は言ったのだそうだ。この言葉は、文化地理学者カロライン・フィニーの言う「恐怖の地理学」を体現している。アメリカの歴史は、いまも続く人種の不公正と手を携え、アウトドアで心ゆくまでくつろぐという感覚を、アメリカに生息する人数のごく一部の層だけしか享受できないものにしている。

同じように森や川に入り、制服を着ておそらくは武器を携行しているレンジャーたちに行きあうにしても、壮年の白人男性たるわたしと、一〇代の黒人少年たちとでは、動機も心境もまるで異なるのだ。「フードつ

夏の終わりのイレヴン・マイル渓谷

サウスプラット川を上流へおよそ 100 キロたどったところにある。

ここではサウスプラット川は 10 億年もの昔からある御影石に穿たれた水路を下る。

鳥の声と水音と風の音だけが大気を震わせる

き パーカーを着て鳥を見に行っちゃいけない、絶対に」とは、J・ドリュー・ラナムの『黒人バードウォッチャーのための九つの約束』の一項である。

彼らにとって森は、小川は、山は、多くの同朋が姿を消した場所だ。これもまた、森の、見られていない部分、聞かれていない側面だ。ひっそり流れる小川には、白人たちが命を奪った黒人の遺体をいくつも沈めた。木々には、ビリー・ホリデイの「奇妙な果実」［訳注：白人によるリンチにあって木に吊された黒人の死体のことを歌ったジャズの曲名］がぶら下げられた。「アウトドア」には——平原にも、森にも、緑地にも、暴力の記憶が——現実の脅威が満ちている。国立公園局のビル・グアルトニーがレンジャーになりたいと家族に打ち明けたとき、父親は友人を首吊りで失っていたこともあって、息子に「森には木がいくらでもある。それに縄なんて誰にでも買えるんだぞ」と警告したという。ジャーナリストであり登山家でもあるジェイムズ・エドワード・ミルズは、伝えられる過去と、現存する危険について「社会の記憶が造り上げた文化的障壁」と呼んでいる。その結果、戸外での余暇活動をテーマとした会合や研修会では、えてして彼が出席者のなかで唯一の黒人であるという。

恐怖の地理学を生み出すのは人種間の不公正や暴力ばかりではない。近年科学者を対象に行った調査によると、屋外の調査現場は、女性研究者の二六パーセント、男性研究者の六パーセントが性的暴行を被ったという、「害意に満ちた」フィールドなのだ。赤ずきんちゃんの寓話はある意味、暴力と恐怖の地理学を地で行く絵解きだ。加えてこのおとぎ話は、家父長的価値観を強化する。女の子は安全でいたければ森になんか入ってはいけない。さもないと誰か（男）が別の誰か（これも男）から、おまえを助け出さなければならないんだから、と。

映画にもなった『わたしに会うまでの1600キロ』の著者シェリル・ストレイドがパシフィック・クレスト・トレイルを歩き通せたのは、ひとつには、「女たちがずっと吹きこまれてきたのとは違う物語を絶えず自分に」言い聞かせ、「なんとしても力を得るんだと決意していた」からだろう。

ネイチャー・ライターのテリー・テンペスト・ウィリアムスは、山中で味わった人間の悪意を思い起こし、「自分自身の思いこみ」をいかに「克服」していったかを詳述している。ウィリアムスによれば、「森のなかで乙女が遭遇する危難」という恐怖の地理学に対抗し、これを書き換えるのは王子の唇ではなく、「わたしたち自身の唇が声を上げること」なのだ。

サウスプラット川の水は、一筋の流れとなってイレヴン・マイル渓谷を通っていく。だがここには複数の川筋がある。

アメリカ合衆国の国有林と国立公園では、文化の階層、つまり公園の魅力や恐怖の地理学を生成してきた来歴は、そもそもの始まりから排他的だった。こうした施設が作られた背景にある自然哲学は、肌の白さと男っぽさの優位を想定したものだった。国立公園運動の先頭に立っていたジョン・ミューアは、山男の「勇敢さと男らしさと清潔さ」を称《たた》え、彼らを「病気と犯罪で委縮し、カビの生えたような都会にひしめく」人間よりも上等な人々だとした。強い意志をもった白人男性ならば、「一握りの黒人男女がやっと摘む量の綿花を、ひとりで楽々と摘める」と信じこんでいた。ミューアの見るインディアン像は、「暗い目に黒い髪をし、幸福もまともに味わえない獰猛な輩」で、「これほど美しい自然のなかにあって……不思議なほど不潔で無秩序に暮らしている」。

国有林管理制度の創設者ギフォード・ピンショーは熱心な優生学思想の運動家だった。彼は「人種」を「マツやツガ、オークやカエデといった」樹種に擬《なぞら》え、それぞれの「人種」は「その種固有の習俗という……種全体に間違いなくはびこる習性にしたがって、それにふさわしい土地に」住む、と唱えた。

アルド・レオポルドはホメロス時代のギリシャの奴隷制を、人類の倫理が克服した例にあげるが、自分自身が生きた時代における人種差別には、沈黙するかどっちつかずな態度をとっている。人種隔離が堂々とまかり通っていた一九二五年、彼は手つかずの景観《ウィルダネス》［訳注：ウィルダネスは、必ずしも豊かな自然を意味しないが、人間の手が加わらない純粋性を強調した自然のあり方を指す」から「特定の人種を締め出し、保全されるべき」だと論じた。政府が政策として、同時代のアメリカ先住民を白人文化に無理やり融和させようとしていたときには、アメリカ建国の祖ピルグリムが上陸した折には「ウィルダネスは」無限に享受できたものだと書いている。

このような姿勢は、ニューヨークにあるアメリカ自然史博物館の入り口に奉られている。博物館に入るとき、わたしたちは必ず、馬上にあるセオドア・ルーズベルトの、等身大の二倍の大きさに作られた銅像の横を通る。銅像のメッセージはまぎれもない。白人の優位性を謳い上げているのだ。騎馬像の後ろにはふたりの人物像があるが、どちらも立派な衣装をまとってはるか鞍上にいる大統領とは裏腹に、半裸だ。黒人男性の頭も、先住民の頭も、ルーズベルトの尻にやっと届くか届かないかくらいだ。

だからおそらく、「黒人ドライバーのためのグリーンブック」なる、人種隔離時代のアメリカで休暇を過ごそうとする黒人旅行者が「面倒」を避けられるようにと発行されたガイドブックに、公園や森林の記述がほとんどなく、街中の民間宿泊所やホテル、レストランばかりが列記されていたのも、無理からぬ事情があったのだろう。「グリーン」とあるのは発行者の名前であって、グリーン・ツーリズムで言うような自然にあふれたおすすめの見どころを指しているのではない。このガイドブックの一九四九年版で安全な宿泊施設としてあげられているもののうち、自然愛好家垂涎《すいぜん》のヨセミテ国立公園周辺のホテルは、もっとも近いもので六〇マイル（九六キロ）も離れた場所にある。西部の大自然が国立公園に統合されていき、白人の支配下に移るまでは、ヨセミテをはじめ、威容を誇る西部の土地を守り、維持してきたのは黒人の騎馬部隊「バッファロー・ソルジャー」だったというのに。

一世紀も前のコロラド・ミッドランド鉄道の写真を見ると、コロラド・スプリングスからイレヴン・マイル渓谷を経て観光客を運ぶ登山鉄道につめかけている乗客の顔はみんな白い。黒い顔は鉄道で働く作業員のなかにわずかに散見されるだけだ。サウスプラット川は比較的若い川だが、その道筋は古くから変わることのない、文化の御影石を貫いて流れている。

自然と非自然

その年の終わり、デンバーにもどったわたしは、霜の降りた一二月の朝、サウスプラット川の川べりを歩いた。ブーツの底が胡椒挽きさながら、砂粒と砂粒とを凍てつかせている氷の柱を踏みしだき、ばらばらにしていく。水際では、さざ波の上を覆うように氷の板が張り出していて、同心円状に乳白色が広がっているのは、一晩のうちに氷が厚みを増した部分だ。うかつにも近づきすぎて氷の板の一部を割ってしまい、窓ガラスが割れるような音でマガモやオカヨシガモ、それにオウギアイサたちを脅かしてしまった。みんな川の合流点をのんびり泳いでいたのに。これに続いて、怯《おび》えた鳥たちのたてる音がまた起こった。乱れた拍手のようなその音は、一〇〇羽ものハトが、橋の下のねぐらからいっせいに飛び立つ羽音の甲高い唸りだった。

ハゲワシの成鳥がその黒い翼をゆったりとはためかしていく。ぐるぐると旋回するハトたちにはまったく気を引かれるそぶりもなく、頭をめぐらして凪《な》いだ下流の水面に目をやった。だが、驚いて固まっている魚は見あたらなかったのか、川の曲線部をひとつひとつ確かめながら、そのまま飛びつづけていく。橋の、高くつき出した支柱を越えるために、ハゲワシが翼に少しばかり力をこめたとき、ウォフというような唸りをわたしは確かに聞いた。

カモメとカナダガンたちも、サウスプラット川に沿ってハゲワシと同じ空路をたどっていく。カモメはハゲワシと同様、多くの魚をはらんだ眼下の水に鋭い一瞥をくれる。ガンはもう少し先の目標へと狙いを定めつづける。灌漑用水の散水機から出る水はガンにとっては先達者《モーセ》だ。山で生まれた水は、貯水池を経、道管を通って街へ送られ、ガンたちに約束の地をもたらす。デンバーの水の半分は、観賞用の植物を育てるのに使われる。太陽に灼かれた西部の平原地帯のさなかにあって、デンバーの芝生や郊外に緑地をふんだんにとって設けられた商業地域は、草を食むガンには天国なのだ。蓄えられた水、何千ヘクタールもの、肥料と水をふんだんに与えられた草地、そして巣を隠しておける低木林。空に飛びかうガンの群れを見かけない日は、特に冬にはほとんどない。一年をここで過ごす群れと、冬だけやってくる群れとが川や小川を目印にして餌場を探す。

人もまた、再び川をたどるようになっている。市内に一三〇キロ以上に及ぶ遊歩道と自転車道が設けられ、そのほとんどが水辺近くにあることで、デンバーは、人間の動きを街に棲むほかの動物たちの動きと同調させることになった。こうして通り道が集まってくると、人が仕事に通ったり遊んだり、くつろいだりするのに都合がいいとか楽しめるという以上の効果が生まれた。川の近くにやってくるようになった人々は、川の代弁者となっていったのだ。

人の動線が、ワシやカゲロウ、ガンやマスクラットといったほかの動物たちの動線と重なりはじめると、わたしたちの意識も、生命たちのコミュニティに再び重ねあわされていく――わたしたちが生まれた場所でありながら、自分たちで築いた環境のせいで見えづらくなっていた生命コミュニティに。水の流れと人体の動きが統合されてくると、コミュニティへの帰属感は単に頭で理解されるだけのものではなく、生きた体の動きとして、明示されるものになる。だが動きをふりつける振付師は個別の存在ではない。無数の生き物の間にある関係性だ。川は生命のない水の分子がただ集まった通り道ではなく、生命体である。アマゾンのサラヤクの活動家の声が耳にこだまする――「川は生きて、歌っている。それがわたしたちの政治だ」と。

人間は、その無数の生き物の一部である。サウスプラット川とチェリー・クリークは上流にあるいくつもの溜め池や分水路から流れてくる。デンバー水系の流量計算や管理計画は、川の水の最後の一滴にまで及ぶものだが、そうやって人間が操作することで、川は手なずけられ、原初の自然から引き離されてしまうだろうか。無理だ。水資源管理計画を定める手も、計画の文言が現れるページやスクリーンも、ダムを考案する技師も、市街を流れるサウスプラット川もすべて、国立公園という名のもとに連邦によって「保護された」上流地帯の源流が原初の自然にあって、そこを祖としているのと同じように、この世界を祖とする原初の自然なのである。わたしたちもまた自然だ。分かちがたく。

そうでないと言いつのるのは、この世界に二元論を押しつけることになる。サウスプラット川がいま流れる土地は、そんな背反する想像力が拵《こしら》えあげたものだ。この川の源は、国立公園の山々や森林、自然環境から湧いて出る。ある人々にとって、そこは壮麗なる避難所であり、聖なる森であり、「自然」を尋ねて行く場所、存在を脅かされた生態系が逃げこめる最後の隠れ家である。先住民やそのほか、連邦政府が「保護」を法制化する前に追い出され、もどることを禁じられた人々にとっては、その同じ場所が黙示録後の世界にも匹敵する。そこを通る道はあたかもコーマック・マッカーシーの終末小説『ザ・ロード』の世界にも似て、伝来の地を追われた先住民がたどる「涙の旅路」さながら人けの絶えた土地を後に残していく。

一九六四年の「原生自然法」は、「大地と生態系が人間によって侵害されて」おらず、「自然」で「原初」な状態を保っている土地の保護を定めている。世界各地の先住民コミュニティは、「人」を「自然な」生命コミュニティから分離しようとする法のこの精神がもたらした結果を目の当たりにしてきている。サラヤクの人々はエクアドルの自然公園には反対だ。そうした考えの行きつくところをよく承知しているからだ。サラヤクの人々は「生きた森」という言葉を好んで用いる。そこで言う生命には、人間や人とその他の生物との関係から生じるさまざまな智慧とが含まれるものと理解されている。

サウスプラット川の源流は、人っ子ひとり住む者のない山奥に発する。それが都会へと流れてきて、そこで川は、わたしたちが自然に対して抱く思いの、もうひとつの側面に遭遇する。奔流を流すパイプだ。仮に人間が都会を自然でないものと考えるなら、都会を流れる河川も、自然状態から堕することになる。その時点ですでに「侵害された」ものとして、川の水は単なるゴミ流し樋と化す。ということは、人けがなく、守られた「自然」環境の帰結が、産業廃棄物処理場になるということだ。一九六〇年代には、国立公園の山々の下流にあたるデンバーのサウスプラット川は、工場から出た芥《あくた》や廃車などなど、急速に発展していく都市から出る屑で埋まっていた。さらに工場は、汚水をそのまま、河川に排水していた。

一度そうとなると、自然と非自然の二項対立はどんどん独り歩きする。原野と容赦のない開発との対比がはっきり脅威と感じられるようになるにつれ、「原野」を求める欲求もつのっていく一方、原野以外の風景がいっそう非自然的に見えるようになっていく。そのような世界では、環境保全派は都会を一段下に見、人の住まない国立公園や保護林、自然保護区などが称《しょう》揚《よう》される。自然界がそのようにふたつに割れていくと、人類がその世界に属していると見ることが難しくなっていく。

都市を敵視する思想は、環境保護や農業、科学の分野に深く長く根づいている。トマス・ジェファーソンは、「高潔なる政府にとって大都会の群集に望めるのは、傷が人の体を強くする程度の支えである」と書いている。徳を有するのは、白人で、田舎にいる「農民」なのだ。ミューアは、「都会のくだらない石段や死んだ舗道との接触」から逃れたとき、「大自然」と出会った。アルド・レオポルドの言う「陸地」には、「土壌、水、植物、そして動物」が存するが、人間の棲み処は含まれない。実際のところレオポルドにとって「人の手による変化は自然界の進化による変化とは異なる秩序にもとづいており」、病的な混乱をもたらすのだという。生態学の領域では少なくとも二〇年ほど前までは、都会の生態学などさして関心を呼ぶ分野ではなかった。

もっともこの領域に冠される ökologie《オイコロジー》 というドイツ語は、一九世紀にドイツの生物学者エルンスト・ヘッケルが oikos-logia《オイコス・ロギア》 というギリシャ語から作った造語で、もとのギリシャ語は、わたしたちの住まう場所の研究を意味する言葉だったのであるが。やっと一九九七年になって、全米科学財団が看板研究の長期的生態調査プログラムの対象区域に都市部を加えるようになった。現在でも生物学のフィールドワークの中心は、都市や市街地から遠く離れた場所に置かれることが多い。

　自然が「他者」であり、人間がつける非自然のしるしによって侵されうる孤立した世界だと信じることは、わたしたち自身の野生を否定することだ。コンクリートの舗道も塗料工場から噴き出す液体も、デンバーの開発計画を記した行政文書も、進化した類人猿の知的能力が自分の周囲の環境を操作しようとして生み出したものであって、ヒロハハコヤナギの葉擦れや同胞に呼びかけるカワガラスのヒナのさえずりやサンショクツバメの巣と何ら変わるところのない、自然の産物だ。

　こうした自然現象がすべからく賢明で美しく公正で善なるものであるかどうかは、また別の問題だ。そのような難題は、自らをまた自然の存在であると認識している者にこそ解き明かせるものだろう。ミューアは、自分が「自然と並んで」、自然を伴侶として歩いていると語った。今日の環境保護派の多くがミューアを彷彿させる言説を用い、自然をわれわれの外においている。

「自然に対する投資への見返りは何か？」――世界的な自然保護団体のザ・ネイチャー・コンサーバンシーは問いかけ、答える。「優良な投資のご多分にもれず、自然からも配当が返ってくる」と。ヨーロッパ最大の自然保護団体、英国王立鳥類保護協会は、ウェブサイトのヘッダーで、組織として「自然に居場所《ホーム》を提供する」と約束している。教育者たちは、自然と非自然とを隔てる境界線の間違った側であまり長い時間を過ごしすぎると病気になると警告している。自然不足という病だ。

　だがダーウィン以後の、関係性がネットワークを作るこの世界では、わたしたちはミューアの思想を拡張し、自然と「並んで」いるのではなく、その「中を」歩んでいると理解すべきなのだ。自然は配当をもたらさない。自然には、あらゆる生物種の経済のすべてが含まれているからだ。自然には居場所はいらない。自然こそが居場所だ。わたしたちに自然が不足するということもあり得ない。わたしたち自身が自然だ。たとえその自然が、わたしたちの視界に入っていないとしても。人類がこの世界に属しているという理解があれば、美と善の認識は生命のネットワークとつながった人間の心に芽生えるだろう——外側からのぞきこんでいる人間の理屈のなかにではなく。

人々と生き物が集う場所

八月の昼日中、公園の木々が木陰を作っているが、ほとんどの人は日向で座ったり寝転んだりしている。西部人のたくましさを持ち合わせていないわたしは、すぐ赤くなる肌をヒロハハコヤナギの下に預けた。この木はビーバーに強剪定されてまた芽吹くという一年ひとめぐりの、二年目に入ったところだ。コブになった根方から一四本の茎が伸びていて、そのうちの五本は二メートル以上の高さになっているから、人間に日陰を作ってやるには充分な高さだ。

土手に腰を下ろし、わたしはヒロハハコヤナギの薄緑色の葉を仰ぎ見た。一枚一枚の葉は、ストラップ状の葉柄でぶら下がっている。葉の面とストラップは直角をなしているので、葉が動くときは左から右へと横へ揺れる。イヌの頭をぽんぽんと優しくはたいてやるように動くほかの広葉と違って、ヒロハハコヤナギの葉は窓を拭いている手のように見える。近縁のヤマナラシもおおむね同じ動きをするが、こちらのほうが拭き方にさらに熱がこもっている。風が吹き抜けるとヒロハハコヤナギの葉は、堅い縁がはじけ合って、こつこつ言いはじめる。風が強くなると、蠟引きしたような葉がきらきらしながらぶつかり合い、まるで平手で打っているような音になる。

これは成長の速いヒロハハコヤナギの音だ。高温と乾燥にもかかわらず、葉が平手打ちの音をたてるのは、充分な水分を含んでいる証拠だ。わたしは喉が渇いて体のなかがしなびそうだったけれど、ヒロハハコヤナギの葉はたっぷり水を保っているおかげで、空気に語りかける声には湿った情熱がみなぎっていた。

いまやおそらく一〇メートルかそれ以上にもなっていようかという根は、さまざまな層の土壌に入りこみ、供給源を分散して絶え間なく豊富に水が流れこむルートを確保している。このヒロハハコヤナギの育ち方は、温室の外で見られるものとしては限りなく水栽培に近い。雲にさえぎられることのない日光が連日木を照らし、水は始終根のまわりにしみ出して常に湿度を保っている。川の水に溶けこんだ栄養や土の上層から滲み出した栄養分、ことに肥料をたっぷり与えられた芝生を流れてくる雨水に含まれた養分が、ゆっくりと滴ってくる。何もかもがこんなにあふれんばかりに用意されては、木も光を隅々《すみずみ》まで行きわたらせ、細胞に最大限のエネルギーを送りこまずにはいられない。ヒロハハコヤナギの葉ははたはたとはためいて、この目的を完遂する。上のほうの枝がざわめくと、てっぺんの葉は容赦なく照りつける太陽の力から束の間逃れることができるし、また、光の粒子を下のほうの葉に届ける隙間ができる。そうやって、木全体が養分を受け取るのだ。

コンフルエンス公園のヒロハハコヤナギが毎年、ビーバーの襲撃から素早く立ち直ることができるのは、生命力の証左だ。それだけにヒロハハコヤナギやその近縁種は成長の速い植物として、バイオ燃料用に遺伝学者御用達だ。川沿いのヒロハハコヤナギは、葉を食べる昆虫や巣作りする鳥、木陰を求める動物たちからも御用達である。ヒロハハコヤナギのない川辺はコミュニティをまとめる要石を失うようなものだ。上流のダムが若いヒロハハコヤナギに栄養を与える流れの代わりになれなければ、多くの種が数を減らし、やがて消えていくだろう。幸いなことに、いまこの新手の水利計画がいたってゆっくりながら、人間の利害だけを関心の的にしていた従来の考え方にかわって採用されつつある。

午後の太陽が公園に熱を降り注ぎ、わたしの背後にある金属製のゴミ容器の中身が熟成して特有のにおいを放ちはじめる。食べ物や土や森のにおいはところ変われば変わるのに、公共の場所に置かれた金属製ゴミ容器のにおいだけはなぜかひとつに集約される。人間の感覚の公分母といったところか。腐ったリンゴの強烈なにおいがまずあり、糞便がそこはかとなく感じられるのは、潔癖で愛犬のそれを家に持ち帰りたくないコロラドならではは、袋に入れておいていくからだろう。金属容器の底を覆う微生物の層は都会産のストロマトライトで、ぴりぴりと鼻につく腐臭を発している。

ヒロハハコヤナギはこれらがみんなないまぜになった空気を、葉では気孔から、青々した幹では柔らかな木肌に空いた白い割れ目から吸いこんでいる。ヤナギがこのにおいをどう感じるのかは、誰にもわからない。だが悪臭を放つ分子のいくつかは間違いなくヤナギの細胞にくっつき、人には見当もつかない植物の思考を呼び覚ますことだろう。わたしがこのにおいに何を思うかはもっと単純明快だ。そろそろこの場を離れて、暑いことだしひと泳ぎしようか。

泳いでみて最初にわかったのは、水が合流するには時間がかかるということだ。チェリー・クリークの水は心地よくぬくもっていた。サウスプラット川に達すると、冷たさにパンチをくらって息が止まる。下流に向かって五、六分も泳いだところで、両者の水はようやくひとつになった。わたしはコロラドの陸水学を肌で学んでいた。地図は見ていたが、体ごとどっぷり浸かることで知識が生きたものになる。サウスプラット川は山からくるので身が引き締まるほど冷たい。ダムは水を蓄えて温めるが、冷たい水は底に沈むので、水面より下のほうから放出された貯水池の水は、冷たさが保たれているのだ。温度の低い水には酸素が豊富に含まれ、鰓《えら》も喜ぶ川では、昆虫や魚が元気だ。

チェリー・クリークはその源流がキャッスルウッド渓谷にある。ここは全体的に乾燥した地形のなかのわずかな湿地だ。そこからクリークは、浅い水路をとってデンバーとその郊外を流れてくる。クリークは源も流路も、熱せられた岩やコンクリートの上なのだ。コンフルエンス公園では、子どもたちはいつもチェリー・クリークを選んで水遊びに興じる。足を浸すのは、クリークの生暖かい水だ。

膝や肘を擦り剝いて、本日の授業第二課となる。サウスプラット川の水底は水で砥がれた岩がゴロゴロし

チェリー・クリークとサウスプラット川が合流する

浅い水路を通ってやってくるチェリー・クリークの水は
心地よくぬくもっていて、山からくるサウスプラット川の流れは冷たい。
下流に向かって5、6分も泳いだところで、両者の水はようやくひとつになる。
手前の木がヒロハハコヤナギ

ている。すると流れに抗して水を蹴ったりかいたりしたときに、水があると思ったところが岩で、手足を打ちつけて痛い目にあうことがある。向こう見ずな一〇代の若者たちは、流れの急な上流をラフティングボートもカヤックもなしで下り、大いに楽しむが、最後にたどり着いた岩場で岸まで泳いでいくのは苦行だろう。若者たちに悪態をつかせるのは、川がその威力を失っていないしるしだ。護岸された川では、流れに取り残された泥が水に削られた岩を覆ってしまうが、サウスプラット川ではそんなことはない。どうりで、コンフルエンス公園内の川面にカゲロウがわくはずだ。カゲロウの幼虫が好む岩場が、少なくともこのあたりにはありあまるほどあるのだ。

　チェリー・クリークの水底は砂で、その一部は野や渓谷を流れてきた支流が長い時間をかけ侵食してきたものだが、大半は都市の建築にともなって流出した表土や底土だ。ひと泳ぎしてヒロハハコヤナギに向かって歩いているときも、道路の修復工事から出た瓦礫、ショッピングモール造成で掘り返された土、いくつかの住宅造成地から少しずつ集まってきた残土の寄せ集めと思しい山にぶつかった。

　昨日はチェリー・クリークに足を踏み入れようとは思いもしなかっただろう。東のほうであった雷雨のせいで、クリークは泥水が泡立つ早瀬になっていた。今日のクリークの川底には波が残した半円状の溝が刻まれ、水中に流れの方向に逆らう形でさしわたし一メートルほどの砂丘ができていた。上流から押し流されてきたのは泥や砂だけではない。生きた細胞も大挙して集まっていた。街の雨水管からクリークへ流れこむもののなかに、大腸菌——恒温動物の腸に棲む細菌——がまじっているのは間違いない。デンバー市の公衆衛生局は大腸菌など糞便に含まれる菌が川に溶けこんでいる濃度を監視していて、結果をマッピングしている。大腸菌そのものが害を及ぼすことはめったにないが、この種は監視が容易なので、雨によって街路やあふれた下水から運ばれた病原菌を見張る指標になっている。ＳＮＳにアクセスすれば、今日この汚水に飛びこむのが賢明かどうかすぐわかる。

街中を洗い流した雨のあと、わたしのパソコン上で

チェリー・クリークは赤いピンでタグづけされていて、

これはクリークの菌の濃度が水遊びに安全な基準に達

していないことを示している。雷雨で増水した水が引

くと、赤いピンも消える。サウスプラット川も、都市

部の支流や雨水管の流量によっては基準点を超えるこ

とがある。だがどちらの川も遊泳可能で、しかも水着

が着たくなるような季節のほとんどで泳げるレベルに

あるというのは、昔を思えば革命的な進歩だ。

人間や人間以外の生き物に優しい川になると、大腸

菌の新たな供給源が集まってくる。コンフルエンス公

園の上流でくつろぐ一〇〇羽のカナダガンは、旺盛な

総排出腔から一日一〇キロ以上もの落とし物をひり出

す。手あたりしだいに草を引き裂いて体形を保ってい

る太っちょの鳥の腸の出口は、たいそうしまりがない。

群れの数が一〇〇ではきかない日も少なくない。しか

も、ロイ氏が数え上げた野生動物たちはそれぞれが、

自分たちの落とし物を流れに投じているのである。

ガンに並ぶ供給源が、家を持たない人間たちだ。サ

ウスプラット川沿いに密生したヤナギは、下水道とつ

ながっていない暮らしを始めている人々には恰好の寝

場所になる。一部はホームレスだ。ほかは家庭という

ものを屋根ではなくコミュニティと理解して、都市の

隙間に寝泊まりする人たちの多くにとって、デンバー市の人口

のうちそうした暮らしを送る人たちの多くにとって、

川と親水公園はとても魅力的な場所で、定宿になって

いる。市営の下水処理施設に直結したトイレに行けな

いときは、川沿いの茂みがその役目を充分に果たして

くれるのに違いない。人間がどんなに気をつけたつも

りでも、雨の後、水質はどうしても悪影響を受ける。

アラパホーやその後東部から入植してきた人々にと

ってそうだったように、川は人々が集う場所であり、

キャンプを張る場所になっている。日が暮れると、ヒ

ロハハコヤナギのすぐ北側の小高くなったところに若

い旅行者たちが集まってきて、自己紹介し、情報交換

をし、夜の計画を立てる。朝には一五番街橋の下で、

「何年もストリート暮らし」という白髪まじりの髭を

生やした男性が、毎朝川で体を洗い、洗濯をして一日

を始めるのだと語る。川辺でわたしが話しかけた旅行者のご多分にもれず、この男性も自分の来し方は喜んで話すが、たどってきた経路や寝場所のこととなると口が重くなる。自己防衛には慎重さが不可欠だ。腰パンで決めた若いカップルは、一見どこにでもいる一七歳だが、わたしのヒロハハコヤナギより土手の高いところに生えたヒロハハコヤナギの根方に張ったキャンプから出てきて、この川はすごい、街のどこよりもずっと安全だ、と話す。だが一カ所にあまり長くとどまると、人間の捕食者に見つかる。恐怖の地理学は川をたどって山を降り、都市で新たな形を得た。

冬には、戸外で寝起きしている人間の数がはっきりする。ヒロハハコヤナギが葉を落とし、サウスプラット川沿いを埋める踏みしだかれた朽葉や段ボールハウスが丸見えになるからだ。キャンプは禁止が建前だから、警察は野宿の人々がいれば追い立てる。だが、デンバー市の方針は首尾一貫していない。川に隣接して簡易トイレを設置したのは水質保全には役立ったが、公園に野宿者を引き寄せる結果を招いた。そこで、野宿場所としての公園の魅力を減らすべくトイレが撤去された。二〇一二年には、「衣服以外のあらゆる素材による覆い、ないし防護を用いての」戸外での就寝が市内全域で禁止され、野宿は犯罪になったが、均一に適用されているとは言い難い。

デンバーの野宿者調査によると、シェルターを利用した野宿者の四分の三は、空間を求めて出てしまう。ベッド数そのものは増やされているのだが。冬期間、調査に応じた野宿者の三分の一が、市の禁止令をかいくぐるために、衣類だけで寝て何も被らないようにしていると答えた。デンバーの冬で生身を晒すのは堪《こた》えるはずだが、法律の文言にはかなっている。ビーバーをはじめとしたデンバーの齧歯類のほうが、いまや川辺の野宿者よりよほどいいねぐらに棲んでいると言えるだろう。野宿者は、とても楽園とは言えない都会に登場した新参者たちだ。

川が人々の一部になる

一九七〇年代初頭、ジョー・シューメイカーは、自然は街を出て見つけるものだという考えになじめずにいた。彼は友人たちと小舟をサウスプラット川に浮かべ、デンバー市内の水路をめぐることを思いつく。小舟の船体を川の水にゆだねていると、市のゴミ収集トラックが川に投棄にきた。ジョーは収集車が集めたゴミを川に捨てるのを阻止し、その後の四〇年間のほとんどを費やして、川を「人々に取りもどす」ことにいそしんだ。川に夢を描く仲間たちとともに、ジョーは美学を導《しるべ》としたが、きれいな場所を保全することにではなく、いまコンフルエンス公園になっているあたりをはじめ、川のもっとも見苦しい場所に、もう一度生命のコミュニティを紡ぎなおすことに重点をおいた。

デンバーのグリーンウェイ財団がその活動を引き継いでいる。財団の裏信条は「ＭＳＨ」というやつで、オフィスの機材やスタッフの一部の肌に刻まれているが、「クソでも何でもやらかそう（Make Shit Happen）」だ。クソといっても大腸菌を念頭においているわけではない。財団の働きによって川の水の細菌数が大幅に減少したのは確かだけれども。何かはいやおうなく起こるのである——行政と折衝するなかで、州政府と協働することで、河畔の活動のために基金を集めていると、若い世代への啓発活動やインターンシップを運営するうちに、下流の治水権者や上流のダムの所有者と会うとき、そして、一般向けのイベントやメディアを通じて川の良さをアピールしようとするときに。活動全体を根底から支えている理念がある。それは、人と川は切り離された存在ではないということだ。もし人がその事実を認め、それに沿って行動するなら、善意が生まれてくる。この運動では、美と醜とが、共に先導者なのだ。

ジョー・シューメイカーは共和党の州上院議員で、両院予算委員会と上院予算委員会の委員長だった。彼はことを起こす名人だったが、といってもひとりで英雄ぶるのではなく、川とその周辺の土地をよくしようとする人と人とのつながりを通じて、事を成し遂げてきた。彼は、公園が街のなかでまださほど行ってみたくなる場所ではなかったころから、誰もが入れるようにしなくてはならないと主張していた。それは社会的公正の視点だった。そして人間社会での公正にとどまらず、彼は生態における相互力学をも理解していた。人々が川に出かけ、満足して終わりではなく、川が徐々に人々の一部になっていく。政治の言葉で言えば、川のために熱心に活動する後援者集団を築き上げたのだ。生態学の面から見れば、人間の政治が川を変える原動力であり、一方、川は人間存在の一部である。

関係を強化することが両者のサバイバルを確かなものにするし、将来にわたってネットワークを勢いづかせる。たとえ個々の人間や、公園や、ダムまでもが消えてしまったあとも。ジョー・シューメイカーの生涯と業績をたたえる式典が二〇一二年、コンフルエンス公園で行われた。州の高官やジョーの仲間たちが、ビーバーの齧ったヒロハハコヤナギの前の歩道に並び、川という物語の流れに、自分たちの声をつけ加えた。

川を守る活動をしているのは、シューメイカーやグリーンウェイ財団だけではない。それ以外のボランティア団体や地元自治体、デンバーの商工会などが、いまや川の擁護者という生態系を成している。川を代弁する声は、政治を動かそうとするものばかりではない。古くなった下水管や雨水桝を直すのに、どうやるのが一番いいか頭を悩ませる技術者も、水を浄化する貯水池を考案する地質学者も、汚水処理場で活躍する微生物を管理する生物学者も、若者を水辺に親しませようとする教師たちも、物静かな彼らの行動のすべてが網の目となって川を支え、生気を与えつづける。

人間社会が自然の外側にあるという信念が誤謬《ごびゅう》であると、まざまざと示されているのがコンフルエンス公園だ。霊長類の頭から生まれた政策が、ありとあらゆる生命体——人間、バクテリア、ビーバー、そしてヒロハハコヤナギ——の動きに影響を与え、チェリー・クリークとサウスプラット川で出会う。一九世紀、市庁舎は川の増水で流された。いま、水をかぶらない高台にあっても、市役所はさまざまな関係性の結節点のひとつであり、川もまた、その関係性によって作られたのだ。

コンフルエンス公園の八月の午後、体に障害のある子どもたちが六人のカヤックのインストラクターと一緒にバスでやってきた。みんなは、公園の設計者がサウスプラット川に設けた流れの急な放水路とその先のプールを目指した。ひとり、またひとり、子どもたちはインストラクターと組んでカヤックで漕ぎ出していく。七歳になるアフリカ系アメリカ人の子どもが、人工の肢でカヤックに飛び乗った。カヤックのへさきが水しぶきを上げると、少年は前へと身を乗り出す。不安げにゆがんでいた口元がびっくりして大きくあんぐりと開けられ、しだいに嬉しそうな笑みが広がっていく。別のインストラクターに抱き上げられてカヤックから降ろしてもらった少年は、カヤックの相棒とハイタッチした。船旅が終わると、少年の関心はチェリー・クリークの砂に移った。岩の合間をすり抜け、貝殻を探して砂をつつく。子どもたちが大好きな遊びだ。ジョン・ミューアでさえこれを見たら足を止めて微笑むかもしれない。ジョー・シューメイカーが見たように、「真っ白な山々が見下ろすもとで、……労苦を宿命づけられた都会の翳《かげ》」のその先にあるものを垣間見て。

その午後、日がもう少し傾いたころ、ラテン系の一家がヒロハハコヤナギの根元にシートを広げ、お弁当を並べた。采配をふっているのは母親で、おじいちゃんおばあちゃん、孫たちの座る位置を定め、庇護すべき者たちに食べ物を分配した。娘ふたりはサンドイッチを飲みこむと団欒から離れ、川に引き寄せられていく。少女たちは我を忘れ、チェリー・クリークの岸辺に砂の城を築く作業に没頭した。耳うちをしあったふたりは、城の塔のてっぺんに、ヒロハハコヤナギの小枝と、ヤナギの林で摘んできた小さなひまわりの花をあしらった。

マメナシ

Callery Pear　街路樹はコミュニティへの入り口

マンハッタン
北緯40度47分18・6　西経73度58分35・7

マンハッタンの住人たちが纏《まと》っている匿名性という金属の鎧によそ者が罅《ひび》を入れるには、木と交信するといい。

それは空が澄みわたり、冷えきった四月の朝で、わたしは八六丁目とブロードウェイの角に立ち、あとではがせる蠟を少しばかり使って、マメナシの樹皮にそっとセンサーを取りつけていた。センサーは電子の耳で、色も形も黒豆だ。青いワイヤが書籍大のプロセッサを通り、わたしのノートパソコンにつながっている。木から人への音の通り道の終点はヘッドフォンだ。ワイヤの一方の端にはわたしの耳、もう一方の端には街路樹がある。舗石を取りのぞいて木を植えた四角い土の部分は、木の根元がかろうじて収まるほどの広さしかない。幹は体格のいい人間の上半身くらいの厚みがあり、高い枝は道路沿いのアパートの三階にまで届いている。樹冠は四方に広がって、歩道とブロードウェイの一番端の車線にまで、木陰をさしかけていた。

ワイヤを取りつけた木のまわりでは、人々がぽつぽつと集まってかたまっていく。目が合うと、肩を並べ、言葉がかわされる。みんなの興味は、最初は装置に向けられるが、一分もしないうちに木そのものに移っていく。まずは準備体操で木の種名などを尋ねたのち、

マンハッタン、86 丁目とブロードウェイの角に立つマメナシ

幹は体格のいい人の上半身くらいの厚みがあり、
枝は道路沿いのアパートの 3 階にまで届いている。
4 月のある朝、わたしは樹皮にそっとセンサーを取りつけた。
木という存在を貫いて流れる音を聞くために

お互い見知らぬどうしが喜びや不安を口にしはじめる。春、花が咲くとこの木はそれは見事だ。ここの塩気はひどい。夏には枝がまたとない日よけになってくれる。市はこれからもどんどん木を植えていくそうよ、ちょうどいいタイミングね。

そのうちに身内意識が会話に滑りこんでくる。この木は俺たちみたいだ——男性が言い出す。生まれてきた場所が場所だから、刺激が必要なんだよ、ひどい騒音でもさ。ついに髪をポニーテールに結わえた白人男性が、九・一一陰謀説の証拠とやらを唱えはじめる。人の塊がほどける。嘘も方便で、わたしはポニーテールの男性にネットのリポートを読みますよ、と伝える。気づくとわたしは、マメナシとワイヤとともにブロードウェイにひとり取り残されていて、人々は再び、用心深く目を背《そむ》けて行きかっていく。

木の一部となる街の音

樹皮に押しつけられたセンサーは、空気の振動には無頓着に、木のしっかりした部分を伝わる音の波を記録する。人間の声も樹皮のもっとも上層の部分をくすぐり、記録にうっすら溝を刻む。わたしたちの言葉は震え、樹皮の合間に呑みこまれていく。木の振動の領域——木という存在を貫いて流れる音——を司《つかさど》るものは、もっと力強い。

地下鉄の七番街線急行が、この木から東へ一〇歩ほどのところで、地下トンネルを轟かせて走っている。地下鉄は街路面から階段をふた続き降りた深さで、車輪が金属の線路を叩く、通勤客の耳にはあまりにもなじんだ響きが根を伝って木に届き、側溝から通過音が上がってくるよりコンマ何秒ほどか早く、樹体を震わせる。圧力波はコンクリートや木を、空気中の一〇倍の速さで伝わるのだ。一秒の間に、バンとかキーとかガタガタは空気を通って一ブロックのもう少し先まで届く。これが道路のような硬い素材のなかだと、一秒で三キロ以上も先まで伝わる。ほぼセントラルパークの長さだ。花崗岩の縁石だと、音の速度はさらに二倍になる。音は硬質素材で速く伝わるだけでなく、エネルギーの損失も少ない。マメナシの下の低い防護柵に腰かけていると、地下鉄はわたしの尻から背中にかけてを激しく揺さぶるが、空気を通ってくる音波は、わたしの内耳のほんの微細な毛だけを震わすにすぎない。

こうした運動が、マメナシの一部になっている。街がマメナシのなかに住みついているのだ。植物は揺さぶられると根を増やす。揺れが大きくなればなるだけ、根を定着させることに多くの資源を注ぎこむのだ。根は丈夫になり、揺れや曲げに強くなる。長さの面でも強化され、セルロースやリグニンが余分に投入される。つまり街の木は田舎の木より、ずっとしっかり地面にしがみついているわけだ。幹は、振動に対してお腹まわりを太くして対抗する。木の内部では、木を構成する細胞が密になり、がっちりした壁になる。

ニーチェの金言「戦争という命の学校から学べるのは、わたしを殺さなかったものがわたしを強くするということ」から個人主義の色を抜いてひとひねり。関係性という命の学校から学べるのは、わたしを殺さないものがわたしの一部になり、またひとつ境界を拭い消す、ということだ。木は屈曲しつつ、外側にあるものを内に取りこむ。木質は植物と地面の揺れ、風のぶれとの対話を形にしたものなのだ。

ビールの配達トラックが木の前に停まり、ディーゼルエンジンの拍動が、脈打つ腸かゴロゴロと鳴る喉のように感じられた。掌を当てると、幹はあるかなきかそっと震えている。運転手が金属製のシャッターを勢いよく上げると、その音がわたしの頭蓋骨を洗濯板に見立ててこすっていった。わたしは目をしばたたいた。波打つ残響に叩かれて、束の間視界が泳ぐ。

トラックのエンジンの低い周波数の音は、木の葉の間をじゃまされることなく通り過ぎていく。ちょうど海の波の大きなうねりが、海藻の茎を越えて通り過ぎていくように。高周波の音、例えばストリートミュージシャンのサックスの細かいリフや赤信号で急停止したバイク便のブレーキ、耳に携帯を押しつけた女性の嬉しそうな笑い声や危険を察知したツバメの甲高い鳴き声などは、一センチの長さの圧力波になって広がる。こちらはマメナシの葉よりも小さい。何千枚というその葉は、あたかも蠟引きした反射板よろしく歩道を覆うドームとなり、街の音は、高い音域は閉じこめられて残り、低い音域は去っていく。音色の変化は微々たるものだが、それでもコンクリートの歩道を歩いていくと、木々の下の音は軽やかで、ほんのわずか明るかった。植物と植物の間の空間では、音の表層から細かい粉飾は失われ、音は、広大な音楽堂に解き放たれたかのように飛んでいく。マンハッタンを少し歩けば、わたしたちは音の木立や渓谷を歩くことになる。耳よりは、どちらかと言えば肌でわたしはそれを感じた。ゆらゆらとゆらめく音のそよ風を。

マメナシと同様、わたしたちの体も音化する。聞くというのは、耳だけの感覚ではない。蝸牛管《かぎゅう》という水路には、海水のしずくに閉じこめられて毛の束が浮かんでいる。細胞の表面に根を張った毛の束は、空気の圧力を感じたら、それぞれが高いゆらめき、低いゆらめきを神経の信号に変える。つまり毛の束が、揺れる液体を電荷に変えて、脳に送っているのだ。

振動はさまざまな経路をたどって届く。鼓膜を叩く中耳の耳小骨《じしょうこつ》。内耳を包み、内からの音と外からの音との両方に震える側頭骨。頭蓋は皿であり、ドラムであり、口は湿ったホルンだ。喉と背骨は、下半身からの振動を通す。半分は実の詰まった腸で、半分はひょうたんのように空洞になった肺が占める胴体は、カボチャのような音をたて、顔の皮膚をたどった振動は、耳から内耳へと伝っていく。イヤリングはアンテナで、消えていった周波数を探してつき出している。

意識が及ぶ前に、神経はまじり合い、しゃべって、何に意識を喚起すべきか決定する。聞き取る力は、舌に感じた味、感情、足の裏の感触、体毛の震えなどに調整される。わたしたちが感じ取っているものは、全身が、ネコのように喉を鳴らし、コオロギのように翅を震わしている世界と語らった末の結論なのだ。

都会の極端な音が、こうした真相をはっきりと認識させてくれるのは、感覚というものが単一の軸にそった刺激と反応の一対なのではなく、さまざまな刺激と反応が関与し合い、総体として意識に表されるものであることを教えられるからだ。

マメナシから北へ三〇歩のところで、食べ物の屋台が肉を焼き、じゅーじゅー音をたてる鉄板に盛りつけている。当然ながら塩気と香辛料たっぷりだ。都会の喧騒のなかでは、舌にがつんとくる刺激がないと、何も味わった気がしない。静かで落ち着いた環境にきてはじめて、控えめで繊細な味つけが生きてくる。騒音の入り乱れるマンハッタンのレストランでは、味覚が一番大きく巻きぞえを被る。工場の生産ラインなみにうるさい食卓では、甘みもスパイスも、塩味もよくわかるまい。ましてフルーツや葉物野菜のそこはかとない持ち味を舌に感じるのはたいそう難しいことだ。

人間の皮膚も、耳で得る感覚の一部を織り上げる。トラックが通りかかり、木の枝をたわませるほどに空気を揺るがせていくと、わたしたちの聴覚は幻惑される可能性がある。実験によると、わたしたちが頭で「聞いた」と思っている感覚の一部は耳からくるが、ほかは耳以外の部分、特に皮膚をなぞる空気の動きからくるという。音もなく肌を撫でていく空気が、脳が知覚したものを修正するのだ。皮膚にある触覚の受容体が空気を吹きつけられると、話している相手が唇を閉じていなくても、こちらには帯気音が発せられたように聞こえてしまう。例えば、「ダダ」が「パパ」に、「タール」が「バール」に、「ダイン」が「パイン」に、といった具合だ。言葉が耳元で囁かれたものだとしたら、触覚が混同するのも無理はないような気がする。だが空気の流れを感知したのが顔の皮膚ではなくて手の皮膚であったとしても、音は変わって聞こえるのだ。

だから通りがかりの車が歩道の空気をかきまぜたり、建物で下降気流が歩行者めがけて進路を変えたりすることのある都市の、その物理的在り様が、わたしたち人間どうしの交わりにかかわってくる知覚に入りこんでくることになる。わたしたちを「取り巻く」環境なる外の世界と、わたしたちのもっとも内なる意識の世界とに、明確な境界はないのだ。

感情や思考、判断といった内なる感覚が、一見外部からの刺激らしきものに紡がれていく場合もある。音楽の音調やジャンルで食事やワインの味わいが変わる。音低い音域の音には苦みが現れ、弾むような節まわしには元気が出る。チャイコフスキーのワルツを聞けば、口のなかも敏感になるが、シンセサイザーのロックだと味に鈍くなる。都市の騒音も、予期しない状況では――例えば大通りではなく公園のなかで遭遇するなど――実際より大きく聞こえる。たとえ音の振幅そのものは両方の場所でまったく一緒だったとしても。「騒音」はトラックのエンジンから出るものでありながら、同時に、わたしたちの内心が、何がここにあるべきで何が場違いであると想定しているかによっても、生じてきたりこなかったりするのである。

交通や機械の騒音のなかで、人間の声はしだいに大きく、高くなり、母音が長くなる。肺をふくらませ、顔の筋肉を表情豊かに躍らせて、より大きなエネルギーを叩きこむ。こうなるのは、わたしたち人間ばかりではない。鳥は交通騒音のあるところではさえずる歌の音域を上げ、歌を街のざわめきの上に漂わせる。鳥の声も、大きくならねば聞いてもらえないのだ。音域の操作を駆使できない種は音で構成される社会の関係性を失い、社会から切り離されて消えていく。マメナシのまわりで聞こえる声のうち、人間以外の出す物音でもっとも多いのは、ホシムクドリのおしゃべりだ。ホシムクドリの声はキーキーと甲高く、道路の粘りつくような音の沼の上で軽やかにダンスをして、まだ何物も入りこんでいない音の領域に逃げていく。

都会の音は、発達した感知機器と結びついて多くの生物を惑わしている。電線やトランスミッターだらけの都会では、いままで聞いたこともないような電磁波の波が田園地帯より強く漂い、これが鳥の磁覚《コンパス》を惑乱する。電波の靄のなかでは、鳥はどこをどう曲がっていいかがわからない。ディーゼルの煙は花の芳香物質を束ねて縒《よ》り合わせ、ミツバチを酔わせる。都会に氾濫するにおいのなかでは、ガは臭跡《しゅうせき》を追えない。木の葉に棲む微生物はお互いを見つけられず、言葉もかわせなくなり、都会では多様性が低くなる。この新奇の世界で自分なりの道すじを見出せるのは、ほんの数種の生き物だけだ。マメナシはそのひとつで、人間の愛情をうまく勝ち取って成功している。

午後一〇時、満月がマメナシを銀色に染める。花の表面が光を反射しているのだ。光が届く経路は単純ではない。花びらは、ビルでできた街路の谷間を囲う、窓ガラスの崖に跳ね返る月の光を受け取っている。一方月も、そもそもが太陽の光の照り返す鏡《ガラス》だ。月光は花から花へと零《こぼ》れ落ち、降りていく。地面からは、店先を灯すライトが、ニューススタンドの赤くもやった光とまじり合って琥珀色に立ち昇り、月光を出迎える。石炭を燃やし、電球を、花弁を、照らしている元は太陽。ブロードウェイにかかるアーチは、軌道をゆるゆると進む太陽の光だ。南東に少し行った区画では、歩道全体がちらちらと花びらがほの揺れるマメナシのトンネルになっている。花鳥画を得意とした清朝の画家惲寿平《うんじゅへい》が月の光で筆を染め、マンハッタンに花を描いたかのようだ。

　朝になると、一七世紀の中国を思わせる幻想はすっかり消え失せる。ビール配達のトラックが駐まっている。マメナシは、あちこちのボイラーでさかんに上下するピストンのジャブを受け、一万枚もの花びらを震わせる。

都市と田舎の生物多様性

　マメナシがマンハッタンの街路樹としての生を謳歌しているのは、火傷病菌《エルウィニア・アミロボーラ》という細菌のおかげだ。エルウィニアは動物につくサルモネラの縁戚で、植物につく。北アメリカに土着する菌で、リンゴやブラックベリー、サンザシ、ナシといったバラ科植物を好む。

　植民者たちの手でヨーロッパ原産のナシが北アメリカに持ちこまれると、エルウィニアは早速無防備な新参者にとりついた。巣にいるミツバチよろしく、エルウィニアの細胞も絶えず互いに情報をやり取りしていて、集積した情報を使って、宿主植物を攻撃する物質をいつ作るか、競争相手の細菌から身を守る行動をいつ起こすかを決めている。二〇世紀の初頭、この細菌情報戦争がアメリカの果樹園で蔓延し、焼きつくした。葉や茎が真っ黒に煤けて枝から垂れ下がり、エルウィニアは「火傷病菌」の名を頂戴したのだ。被害は九〇パーセント近くに迫り、一九一六年、アメリカ合衆国農務省植物産業局の局長がオランダ生まれの植物研究者でプラントハンターだったフランク・ニコラス・マイヤーに、中国から「可能なかぎり多種多様な」中国産のナシを集めてくるよう依頼した。耕種学者たちは、ヨーロッパのナシにアジア原産種を交配することで、アメリカの果樹園もいくらかは立ち枯れへの耐性を帯びてくれるかもしれないと願ったのだ。

マイヤーはアメリカ合衆国に、袋いっぱい種子を送ってきた。一九世紀初めの中国学者キャレリーの名を冠したマメナシ(英名:callery pear、学名:*Pyrus calleryana*)については、中国のどんな荒地、どんな土壌でも旺盛に生育できる能力が「並外れている」と付言している。ただマイヤーは自分の目でマメナシがアメリカ大陸の土壌に根づくところを見ることはなかった。採集に向かう船から落ち、長江で命を落としたのだ。それでもマイヤーの遺産は、樹木の形で北アメリカの多くの地に育っている。

育種家たちが願ったように、マメナシの変種のいくつかはたしかに火傷病《かしょうびょう》に耐性があり、この種はいま、いろいろなナシの種を育てる台木になっている。意欲的に交配に取り組んだ果樹園で、とりわけ春に、目立つ木が現れた。まるで白いトーチを灯したような花びらが一九五〇年代に園芸家の目を引いた。当時は住宅地が郊外へとどんどん広がっていて、育ちの速い愛らしい樹木が求められていたのだ。南京原産で、メリーランドの種苗家の名をとって「ブラッドフォード」と呼ばれた品種がその他大勢からより分けられて、接ぎ木で増やされた。この一本の木をもとにして、いま何百万という街路、住宅街、産業地帯が緑に覆われている。植物学者にとって一九六〇年代から七〇年代は、手染めの装束で愛を語り合ったヒッピーの色彩豊かな夏ではなく、単性生殖で増えつづけたブラッドフォードのモノクロームの季節として、記憶に刻まれている。

先住民レナペ族の言葉で「丘の多い島」を意味するマナハッタには、現在八六丁目とブロードウェイの交差点になっているあたりにも、かつてはオークやヒッコリー、マツなどが生えていた。数十歩東へ行くと、レナペが野焼きして維持していた草原を、小川がくね

春、満開のマメナシ

20世紀初頭、火傷病対策として中国から持ちこまれ、
交配のなかで現れた白いトーチを灯したような花びらが園芸家の目を引き、
街路樹や住宅街に広がった。だが、いまでは成長の速い侵入種とされている。
人間の都合で評価が変わったのだ

くねと流れていた。こうした島の生態史は、この地域の古地図や文献を渉猟したエリック・サンダーソンの研究から教えられた。

サンダーソンは、一六三〇年代のオランダ人、ヨーハン・ドゥ・ラート、ダーフィット・ピーテルスゾーン・ドゥ・フリース、ニコラス・ファン・ヴァッセナーの三人の記述を紹介している。それによると当時のこの島は、「見事な大木に覆われ」、「大量の雄鹿、雌鹿」に恵まれ、「……キツネも豊富ならオオカミは数えきれず、……有り余るほどのビーバー」が生息しており、「鳥が森に満ち、鳥たちのさえずりや喧しく鳴きかわす声を耳にすることなく森を歩くことはまずなかった。

それから四〇〇年近くのち、もうひとりのオランダ人、フランク・マイヤーが遺したマメナシを何十時間も観察したが、花を訪れるミツバチの一匹たりと確認できなかった。樹木を観察する際にはたいてい御供してくれる蚊の類もいなかった。鳥は五種見かけた。ホシムクドリ、イエスズメ、カワラバト、ビルの谷間のてっぺんあたりを滑るように過《よ》ぎっていくアカオノスリ、そして色鮮やかなアメリカムシクイの一種が、木々の合間に美しい羽根を見せたかと思うと、次の瞬間には八六丁目の通りをリバーサイドパークめがけて飛んで行ってしまった。

人間以外の生命の多様性は、この中洲の島がマナハッタからニュー・アムステルダム、そしてニューヨークへと変遷するにつれて減じていく。都市化とともに生物多様性が縮小していく現象は、世界中で繰り返されている。都市部には平均して、周辺地域に固有の鳥類のうち八パーセントしか生息していない。植物はいくらかましで、固有の多様性の四分の一は保たれている。固有の生物多様性が失われるのと同時に、均一化が進む。世界の都市の九六パーセントに、スズメノカタビラというイネ科植物が生えている。ヨーロッパ原産であまり大きくは伸びない草だ。スズメノカタビラは多くのイネ科植物と交配して進化してきた。親系がまじり合い、多彩な祖先をもったことで、遺伝子記憶が豊富になり、スズメノカタビラは都会に適応することができるようになったうえに、人間が都会から都会へ、世界中をさまよう後をちゃっかりとついてまわることもできた。鳥の世界もまた、限られた種の国際派に牛耳られている。マメナシの周辺で見かけたハト、ホシムクドリ、イエスズメの三種は、世界中の都市の少なくとも八割で見ることができる。

こうした趨勢を見ると、多くの環境保護論者が唱える都市悪玉論に軍配を上げたくなる。だが都会は全地上のわずか三パーセントを占有しているにすぎず、一方で人口の半分を抱えている。こういう一極集中は効率的だ。平均的なニューヨーク市民は、アメリカ合衆国全体で均《なら》した一人あたり排出量の三分の一しか二酸化炭素を大気に放出していない。アトランタやフェニックスのように市街地が拡大しつづけている都市とは異なり、ニューヨークの交通機関が出す二酸化炭素量は、この三〇年というもの増えていない。

デンバーは、底なしに水を欲しがる芝生がいっぱい植えられているにもかかわらず、コロラド州全体の四分の一の人口を擁しながら、水の供給は州全体のわずか二パーセントですませている。つまり、周辺田園地帯の生物多様性は、都市のおかげで保たれていると言える。

もしも世界中の都市生活者が田舎に住みはじめたら、土地固有の鳥や植物は安住していられなくなるだろう。森林は倒され、川は泥に埋まり、二酸化炭素濃度は跳ね上がる。これはただの思考実験ではない。過去数十年にわたって都市生活者が郊外や準郊外に逃げ出した結果、森がなくなり、二酸化炭素の排出が増えた事実に明らかだ。世界中の都市部で生物多様性が減じていることをいたずらに嘆くより、鳥類や植物の多様性を示す統計をしっかりと見て、コンパクト化した都市のおかげで地方の生物多様性が増加している徴候に目を転じたほうがいいかもしれない。

人の都合に左右される植物たち

都会のど真ん中、ビルや舗装道路が地面の八〇パーセントを占める場所でも生き延び、生を謳歌してさえいる生き物がいる。ニューヨーク市の旗には、オランダの毛皮交易の象徴であるビーバーが二匹、いまも居座っているけれども、二〇〇年もの間この二匹は、仲間たちのいない川の上で翻《ひるがえ》っていた。現在はデンバー同様、きれいになったブロンクス川の生き生きした植物に惹きつけられて、ビーバーが街にもどってきている。

マメナシから数区画東に行ったセントラルパークが渡り鳥で大いににぎわう春、わたしは三〇分ほどの間に分数とほぼ同じ数の三一種の鳥を数えた。ほとんどの鳥が固有種の植物の植えこみのなかにいた。一部はここに永住する鳥だが、海岸線をたどるルートを渡る途中、公園の緑を利用して羽を休め、さらに北へ、モミの木の森を目指していく渡り鳥もいる。「さえずりや喧しく鳴きかわす」鳥たちの声は、マナハッタの森から完全になくなったわけではなかったのだ。

前の時代の都市計画者の先見の明のおかげで、ニューヨークの地面の二割を木々が覆っている。ほぼすべてが、人の手によって植えられたものだ。

一九〇四年、ブロードウェイが掘り起こされ、埋めもどされて地下鉄の八六丁目駅が作られた。市内に最初に作られた二八駅のひとつだった。工事の際に切り倒されずにすんだ木はたったの一本だけで、いまマメナシが植わっている場所のすぐそばに生えていたようだ。一九二〇年代の市街地を撮ったアーサー・ホスキングの写真はぼんやりしていて、生き残りの一本の位置を特定するのは難しいが、中央分離帯にちっぽけな若木がわずかに見られるのと、ところどころ一本、二本と木が生えているほかは雑草も見あたらない歩道が、白と黒の画像からよくわかる。

その後数十年にわたって広範囲で植樹が実施され、緑は増えていったが、この三〇年、再び緑地は減少してきた。ビルが緑地に取って代わり、植樹の数も以前に比べて減った。ニューヨーク市一〇〇万本の木プロジェクトが始まったのは二〇〇七年で、音頭をとったのは市と非営利団体のニューヨーク再生計画だ。最低でも一〇〇万本の木を植え、苗を育てることで、緑地の減少を反転させようとしたのだ。二〇一五年の冬には、一〇〇万本を植えるという目標は達成されたが、緑地の全体的な減少に歯止めをかけるという長期目標の成果のほどはまだはっきりしていない。

ブラッドフォード種のナシは、この一〇〇万本計画には入っていない。少なくとも園芸の専門家の間ではかつてほど重用されなくなっているのだ。この種全部の祖となった木の変わった遺伝特性のために、子孫はみんな枝のつきが弱いからだ。氷や雪の重みだけで折れるし、それは地下鉄の振動で鍛えられた個体も例外ではない。そんなわけでブラッドフォードはほかの多くの樹種より手がかかり、折れたところを修復したり、健康な枝も、弱々しく張りついた小枝をできるだけとり払って、より強くしてやらなければならないのだ。一九六〇年代には街路樹のスターだった木だが、その後の世代にとっては、維持に手間暇のかかる困り者になった。

異国の出という出自も、現代の生態学的価値観からすると分が悪い。在来樹木のコミュニティは豊かで、葉を食べる虫や蜜を吸う虫がほかよりずっと多く棲んでいる。クモや肉食のハチ、鳥などそれを狙う捕食者が集まって、多様性がいっそう高まる。マメナシは化学防御の盾に守られており、在来生物たちはいまだにこれを打ち破れないでいる。だからマメナシの葉は毛虫やハモグリムシに齧られた孔ひとつなくきれいで、かつてわたしたちは、そこが美しくていいと考えていたものだが、いまではそれが、生態としては欠点と見なされる。

都会を離れたブラッドフォードの振る舞いが、悪評に拍車をかける。マメナシは自家受粉しないが、花粉や胚種が近縁種のマメナシと結合するやいなや、小石ほどの果実に恐ろしく繁殖力旺盛な種子を宿すのだ。フランク・マイヤーが中国から種《たね》を送ってきてから一〇〇年の後、彼を採集に送り出したその同じ政府が、マメナシを成長の速い侵入種と認定したのだった。

人間目線の評価表で、順位が変わったのはマメナシばかりではない。生垣によく植えられるセイヨウウイボタノキとアジア産のイボタノキは、一八世紀から一九世紀にかけて、アメリカ中の庭に植えられた。政府の植物学者や民間の園芸家たちが推奨したためだ。移入種のセイヨウイボタノキは現在、アメリカの林地にはびこり、数百万ヘクタールを覆っている。近年の生態学者や園芸家はほとんどが、セイヨウイボタノキを有害な雑草と見ている。ホソバウンランは可愛らしい黄色の花をつけるハーブで、アメリカには薬草として、あるいは観賞用にヨーロッパから持ちこまれた。この種は大陸中で、川べりへ、牧草地へ、野原へとずんずん進出し、何千ヘクタールもの区画を埋めつくすことさえある。

この手の植物は何百種となくある。一度は何かしら役に立つと祭り上げられて移入され、いまでは悪者の烙印を押されている。わたしたちは、先人が軽視していた、この地方ならではの土着の生き物をいまはありがたがる。移入者を、わたしたちが土地のものではないと断定した生き物を抑圧する。だが断定する根拠は実利第一で、しかも変わりやすい。わたしたちはもはや、火傷病耐性のあるナシを必要としていないし、生垣用のセイヨウイボタノキも、そのほか何百という移入植物の薬用成分も必要としていない。もし火傷病が再びアメリカ中の果樹園を襲い、金属柵が希少になり、薬局が軒並みつぶれたら、ここにあるべきとされる植物種もまた、間違いなく入れ替わるだろう。

人間の知性なるものは、わがままで変わりやすい代物だ。生命のネットワークのうちに自らの居場所を確保しつつ、自分の要求が変わるにつれて、平気でネットワークを修正しようとする。

毒を無害化する

夜が更《ふ》けると、交通量は減ってくる。道を歩く人影も少なくなり、人々はアッパー・ウェスト・サイドの通りを囲む高級アパートの扉にしっかりと鍵をかける。マメナシのまわりにいま集まってくるのは、眠りたくても眠れない者たちか、眠りたいけれどベッドがなくて徘徊しつづけなくてはならない者たちだ。

木の下のガードレールに座った女性は頭を前に傾け、泥のしみついたコートを体に巻きつけて咳をした。咳といっても、昼間、子どもが地下鉄の送風孔から上がってきた埃にむせて笑うときの、明るくて軽い咳ではない。女性の咳はしわだらけの顔の、ひび割れた唇から漏れる。ちびた葉巻の吸いさしを喫《す》う合間に、丸まった肩が震え、弱りきった肺のなかで水が揺れている気配がする。その音がわたしの神経のどこかにとりつき、怯《おび》えが波となって広がっていく。人間の耳と脳は、どうかして肺の病の意味するところを察知するようだ。

葉巻から出る青い煙は、都会の空気がしみこんですでに損なわれている肺に届く。ひと口吸いこむたびに、ニューヨークの二〇〇万台あまりの車両の排気管と、毎冬四〇億リットルもの灯油を燃やした煙を吐き出す無数の煙突から出た空気の末端を取りこんでいるのだ。

アッパー・ウエスト・サイドをはじめ古くからある超高級アパート群では、タール分の多い質の低い燃料油を燃やして住民を暖めている。こちらの火床《ひどこ》から出る煙突は、一九世紀のエディンバラの煙突なみだ。過去一〇年で不純物がもっとも多い燃料油は姿を消し、煤は四分の一、酸を生成する二酸化硫黄に至っては、四分の三近くが削減された。とはいえ、ニューヨークの空気がこの半世紀でもっともきれいになったと言われる現在でも、アッパー・ウエスト・サイドは大気汚染のホットスポットだ。

咳をしていた女性もやがていなくなり、雨が降り出した。木の下にいると降り出して数分間は雨を感じない。水は葉に吸いつけられ、枝から幹へと伝って下りていく。アマゾンの雨と違って、葉はほんの時折、ぴちぴち鳴るだけだ。ほかの音はみんな、回転するゴムに踏みしだかれまき散らされる雨水の悲鳴に圧殺される。雨にともなう雷の音でさえ、タイヤの音にかき消され、真上にくるまで聞こえてこない。耳がふさがれているので、またしても皮膚が雨の感知器になった。梢が十二分に水を含んではじめて、雨のしずくはマメナシの葉を伝い、顔を冷たく刺してくるようになる。三歩も行けばマメナシの天蓋がはずれ、歩道はわたしよりもずっとたくさんの水を浴びている。

表面で水を受けた葉は、その流れを変えさせる。水の一部は木の表面に着いて地面までたどり着かない。

木に捕まった雨のほとんどは樹皮を通ってマメナシの根元の地面に降りていく。そこから水は、あなぼこだらけの土にしみこんでいき、水を通さない材質の道路を走って溝に流れこむ雨水は多くはない。

木が雨水の行く手を阻み、流れを変えていることが、先々で思わぬ効果をもたらしている。ニューヨークで、地面にしみこまずに道路を流れた雨は、半分以上が下水管に流れこむが、この下水管は汚水管でもある。大雨になると汚水処理場があふれ、処理されていない汚水が河川に吐き出される。大雨で激しく地面にあふれ出す雨水の流れを和らげることで、木は結果として、川を汚す「合流式下水道越流水」を減らしているのだ。

木々やその周辺の土、そして新たに作られた貯水池のおかげで、大雨が汚水処理場から未処理水があふれ出させるほどになる割合は、一九八〇年の七〇パーセントから現在では二〇パーセントにまで減った。ハドソン川の魚が生きながらえていられるのも、ひとつにはブロードウェイの土と木のおかげだ。

樹皮に掌をあずけると、かすかな手ごたえが、冷たく滲み出てくるのを感じる。しわのよった樹皮の裂け目はささやかな水路であり、ここを水が滴っていく。まるで、小さくして縦にした網の目状の川だ。泡が流れに乗っていく。手を引っこめて見ると、掌が雨に溶けこんだ煙で汚れていたのには仰天した。木にもたれて、掌を灰の汚れに押しあてていたのだ。わたしは雨に手をかざし、数分間そのままにしていた。やがて雨水が汚れを流していく。木の根元では、ぬかるんだ塩の沼さながらに黒ずんだ水たまりに、あぶくがふくらんでいく。側溝もどす黒く流れて、雨でそぎ落とされた都会のさまざまな汚れに濁っていた。木がせき止めていたのは雨水だけではなかった。雨が続くと、樹皮のところどころがエメラルド色に輝きはじめる。樹皮の表面が洗われて、煤に覆われていたコケの群落が、改めて表舞台に出てきたのだ。

微粒子の汚染物質——細かな屑や燃料の燃えカスが、樹皮や葉にとりつく。雨がくると、そのかさぶたが水とともに地面に落ちる。乾燥して風の強い日、かさぶたの山は再び大気中に舞い上げられる。まるで掃除機

マメナシの樹皮

しわのよった樹皮の裂け目はささやかな水路のようで、
ここを水が滴っていく。まるで、小さくして縦にした網の目状の川だ。
雨が続くと樹皮の表面が洗われて、煤に覆われていたコケの群落が現れて、
エメラルド色に輝きはじめる

のゴミパックを振り払ったようなものだ。だが全体としては、浄化効果のほうが優る。ことに夏の間、木は煤や汚染微粒子を気孔に集めるので、浄化の作用がいっそう高まる。水分が多い葉の内部では、化学物質は溶解し、木の細胞に取りこまれる。

毒を呑みこむような荒業にどんな樹木でも耐えられるわけではないが、ここよりもさらに苛酷だった中国の大地で生きてきたことが、マメナシには都会生活への備えになった。マメナシの細胞のなかでは、化学物質がカドミウムや銅、ナトリウム、水銀といった金属どうしを結びつけ、無害化する。例えば遺伝学者がこの化学物質を生み出しているDNAをバクテリアに埋めこむと、埋めこまれた細胞は有害金属を解毒するようになるのだ。もしこの技術が実験室レベルを飛び出せば、マメナシは細胞に秘められた遺伝子を使って産業廃棄物を浄化する働きを担えるかもしれない。

木のなかで起こる化学作用は、本体が都市の汚れた空気でも生き延びるのを支えているが、そればかりでなく、冬には根にしみこむ凍結防止剤の防御にもなる。近隣アパートのドアマンやトラックがブロードウェイに凍結防止剤を撒いても、マメナシはもっとたおやかな木々、例えばカエデなどにはできないやり方で切り抜けるのだ。西部のヒロハハコヤナギのように、中国の土壌で何世代にもわたって鍛えられてきた経験のおかげで、マメナシは人間が道路の氷を解かそうとする傍らでも悠然と生き延びる。

五〇〇万本からのニューヨークの樹木は、全体として年間四万トンの二酸化炭素を吸収しているうえ、推定二〇〇〇トンの大気汚染物質を除去している。緑の多い地区では、夏のもっとも条件のいいときなら、木々は毎時汚染物質の一〇パーセントを取りのぞくことができる。だがそのような最適条件がそろう日はめったにないし、汚染物質も新顔に事欠かない。まるまる一年間で、樹木は市全体の大気汚染物質のおよそ〇・五パーセントを片付けている。だが平均値は地域間格差を見えにくくする。

緑の多い地区に住む人たちは、木がほとんどあるいはまったく植えられていない地区の人たちより、断然楽に呼吸できる。くだんの咳をしていた女性も、喉にからんだ湿った咳の原因はタバコなのかもしれないが、排気ガスかもしれないし、一九六〇年代ごろの少女期を近所に街路樹がない土地で過ごしたせいなのかもしれない。

　人間の肺の肺房と、木の葉の内部とはどちらも生きた煤取り器で、互いに、そしてそれぞれが都市とも密につながっている。中心地から離れたゴミ埋め立て地は、大型ゴミを一手に集めて街から隔離しているが、わたしたちは例外なくゴミの雲に浸っている。空には廃棄物の細かい欠片がそれこそ何十億となく漂っているのである。

　市が計画している大がかりな植樹でも、木と、人の肺と、街の環境との間のこのつながりを生かそうと試みられている。喘息で入院する人の多い地点と木のない地点に重なる部分があれば、市の公園余暇局はこの地区全体を重点的に再緑化する。これは、住民の要請にもとづいて木を植えていたいままでの緑化計画とはまったく趣《おもむき》を異にする。これまでのやり方だと、緑の多い地区はさらに緑陰が濃くなり、樹木が目につかないせいで住民がそもそも木を植えようと思いつけなくなっている地区は野放しにされてしまいがちだった。現在は両方のやり方を採用しているものの、最近では、もっとも樹木の足りない地区に区画全体で植樹して緑の屋根を作ろうとするほうに傾いている。

　亜硫酸ガスの測定器などなくても、成果は肌で感じられる。交通騒音も木の下を歩いているときと木の下から出たときで変わるし、空気の味まで違っている。惜しみなく木を植えられている区画では、サラダと土の味がそこはかとなく舌を刺す。木の葉の気孔や根のまわりの土から、分子が立ち昇ってくるのだ。息をすると、鼻と舌で森を味わえる。

　緑の多い区画と区画の狭間で木々から離れると、空気は、かすかに酸っぱく、エンジンのにおい、側溝のヘドロ、そしてアスファルトが入りまじった味がする。違いがもっともはっきりするのは、バスでごった返す大通りから公園に入ったときだ。林の木陰や広々した芝生から、草葉のエキスが口元に運ばれてくる。

街路樹との心の絆

植樹は、都会に森を作る第一歩だが、苗木を植える地面をどんなにたんねんに鋤《す》き返してやっても、それだけですくすく育つのを保証できるわけではない。幼い木は、車がぶつかってきたり、心ない人間にいたずらされたり、日照りが続いたり、水や空気の汚染やら、イヌにやたらに糞をされて土が汚れたり、歩道の洗浄で土が流されたり、そのほか都会ならではの数えきれないほどの災厄に襲われて、命つきる。工場のそばや空き地の近くでは、植樹一〇周年を迎える前に枯れてしまう木が四〇パーセントにのぼる。逆境に耐え抜く力は樹種によりけりで、マメナシはニューヨークに植えられている街路樹のなかでもっとも耐性が高く、もっともひ弱なモミジバスズカケノキに比べ、生存率は三〇パーセントも高い。

だが、木の種類が何であれ、人間社会とのつき合い方によって生存率はぐっと上がる。人と人とのつながりがある環境に植えられると、苗木の生存確率は高まるのである。住民自身の手で植えられた木のほうが、見ず知らずの園芸業者に植えられたものよりも長生きする。木に、名前や注意書きを記した名札がついていて、水やマルチ、柔らかい土は歓迎、ゴミをまわりに捨てないで、などと書いてあると、大きく成長する可能性は一〇〇パーセント近くにまで跳ね上がる。街路樹とはいえ、自分たちの木としてほかと区別されていて、愛され、来歴が理解されていると、行政がある日突然なんの断りもなく植えていき、近所に世話してくれる人のいない木よりも長く成長しつづける。

都会では、木々との心の絆が過剰になるケースもめずらしくない。人々と木について話していると、ニューヨーク市民たちの話しぶりがアマゾンのワオラニを彷彿させることがままあった。木々との関係は、ひとりひとりそれぞれに、深い。木が考えなしに傷つけられたことに話が及ぶと、その木がマンハッタンの建設工事で伐採された街路樹であろうと、石油のパイプライン建設のじゃまになるからと切り倒されたアマゾンのセイボであろうと関係なく、激しく怒りだす人もいる。樹木の被るそうした痛みは、木とともに生きる人、木が暮らしの中心にあるような人には、わがことのように感じられるのだ。

ニューヨークの街中でも地方でも、樹木の未来を語りだすと、人々は熱くなり、知らない人どうしでも結束する。木々、特に人間の住まいと接して生きている樹木は、人が個を脱した世界への入り口になる。ニューヨークの高級アパートの前に立ち、森という古い記憶を呼び起こしてくれる「他者」だ――その葉擦《はず》れと、春に萌え立つ緑で。そうした入り口は少ないほど価値が高まる。森や果樹園で暮らし、人間が豊かに生きていくために、樹木がどれほど中心的な役割を果たしてきたかを日々体感している人々だからこそ得られる知識へと、街の住人を導いてくれる存在だからだ。

樹木が開いてくれる美への入り口を、万人が気にかけているとは言えない。木と人間の関係が多種多様であることは、街路樹の根元の土の部分を見れば一目瞭然だ。マメナシのまわりには、膝丈ほどの金属の柵がある。街路樹の保護材はたいてい、歩道のその部分に面した建物の持ち主が提供している。年によっては、コリウスやベゴニアが植えられて、木の根方を縁どり、春、歩道にのぞく土を華やがせる。コリウスもベゴニアも東アジア原産で、中国生まれのマメナシに、里帰り気分を味わわせてやれるおまけがつく。だがおおむね土は手をかけられることなく、都会の落とし物を点描する抽象画のキャンバスになっている。真夏のある日、数えてみるとタバコの吸い殻六本、ガム九つ（樹皮の割れ目にあとふたつ押しこんであった）、洒落たストローをさしたグレープジュースの空き缶、ちぎれた輪ゴム、しわくちゃの新聞紙、青いペットボトルの蓋がひとつ落ちていた。

マメナシの南側の区画のアパートには、木の世話をしてくれる管理人がいない。それどころか、コンビニの店員が毎日噴射機で歩道に勢いよく水をかけてコンクリートを洗い流し、街路樹のイチョウの根から土をそぎ落とす始末だ。北東側では、誰かが壊れた牛乳ケースの金網で木に保護柵を設けている。「ここでイヌに糞をさせないで」に三重のアンダーラインを引いた手書きの札が下げてあって、イヌの飼い主に用足しは別の場所へ行くように強く促している。別の住人は金をかけて鉄柵を建て、大理石の砕片を敷きつめていた。マメナシから数えて北に五本目の木には保護柵もなく、屋台が店を出しているため、腹を空かせた人々に踏みしだかれて、土がアスファルトなみに硬くなっている。八六丁目では、アパート改修工事の足場が二年にわたって木々に光と水が届くのを妨げていた。

一二月ともなると、木々はただでさえ弱っているところに電飾が施され、歩道の下を通した電線で点る豆電球の光に縛られる。東へ数区画、博物館やセントラルパークの近辺では、土は手ずからふくらませてもらい、季節ごとに、定規を当てたみたいにまっすぐ伸びた紫色のチューリップやメインモミのくるくる渦巻く枝に縁どられる。木が人を超えたコミュニティへの入り口だとしたら、保護柵や草花を植えつける穴はそちらから社会の多様な人間模様をのぞき返す窓だ。

保護柵は根や幹を車や歩行者から守るためのものだ。だが人間のほうも時として、木から自分を守らねばならない。手入れを怠ると、木は自分でいらない枝をふり落とし、下にいる者が悲惨な目に遭うこともある。

マメナシを訪れはじめて二年目、春の開花期が終わった枝のいくつかが枯れたまま成長の止まった葉をつけているのが目についた。葉も枝も堅く、茶色くなっていた。このマメナシは、火傷病に完全な免疫があったのではなかったようだ。バクテリアが花から侵入し、小枝と葉を襲ったのだ。ドアマンとアパートの管理人が入り口のあたりにたたずんで、とても心配だとわたしに打ち明けた。この区画の街路樹がなくなると寂しくなる、という。それに枯れた枝が通行人にけがをさせるかもしれない。その後、剪定の職人がやってきて枝を刈りこんでいった。幹との接合部のあたりで切断するのだが、これが熟練の技で、木が回復するのにちょうどいい位置と角度で刈り取られていた。

枝の落ちる危険があるにもかかわらず、ニューヨークでは枯れた枝、枯れそうな枝の伐採は何年もの間行きあたりばったりだった。二〇一〇年には、市の剪定予算自体が、文字通りカットされてしまう。翌年、街路樹でけがをしたという訴訟が激増し、和解に一〇〇万ドル単位の示談金が払われるケースが相次いだ。ある訴訟では、ベンチで休んでいたところ大枝が落ちてきて重傷を負った原告に、市は前年の剪定予算の倍額を賠償する羽目になった。ニューヨークで大きな枝が落ちるとき、その音は必ず人々の耳に届くものだし、いい法律顧問がついている人は、いそいそと枝の下に駆けつけかねない。二〇一三年、街路樹の剪定予算は見直された。

八六丁目とブロードウェイの角に立つマメナシの下を通る歩行者は、回復した予算の恩恵に浴した。病気に侵された枝はみんな取り払われたのだ。都会ではことに、すべての枝によく目を配って、木の姿をしたわたしたちの遠い親戚が与えてくれる恩恵に応えていかなければならない。

木の根の空間が人々の居場所に

朝の通勤ラッシュになり、歩道は足や傘、肩の流れる川に転じる。靴底が地面を打つ音がこの川のせせらぎだ。男性のビジネスシューズの革底は鞭で打つような音をたて、おしゃれなハイヒールはコツコツ、走る人はシュッシュッとシューズを鳴らし、イヌはカチカチ爪を鳴らす。そしてくたびれた足音がゆっくりと地面をこすっていく。

八六丁目の地下鉄駅入り口の穴が、川底の排水口よろしくわたしたちをそっくり呑みこみ、また別の一群を噴き出してくる。市内を縦横に走るバスが轟音とともに停留所を出発し、降り立った大勢の乗客の波を残していくが、その波も四方に広がる歩道へと、瞬く間に散っていく。

八六丁目とブロードウェイの交差点でふたつの大きな流れが交わり、赤と緑の信号機という水門にせき止められては流されて、騒々しくぶつかり合う。マメナシは、この動きの真ん中に立っていて、人の流れという川の土手近く、しっかりと根を張っている。そのゆるぎなさが、歩行者の流れやさざ波の傍らに、貯留池を作る。舵をほんのちょっぴり動かすようにして、人は急流から抜け出し一息つく。木そのものと金属の保護柵という障害物が生み出す静謐のなかに、漂いこんでくるのだ。

冬ならば、地面を一目見ただけでそのパターンがわかる。マメナシの下だけ、てんでんばらばらな方向を向いた足跡が花びらを描いているからだ。そのすぐわきの歩道の上では、踏みしだかれた雪が一直線に解けかかり、足跡がどれもみな、一本の軸をなぞっている。デンバーのヒロハハコヤナギは川沿いに生態系を作り出していたが、このマメナシは周辺にいる人々に新たな居場所を提供したようだ。

マメナシのまわりの静かな場所は、どうやらジェンダーと人種のバイアスがかかっているらしい。わき目もふらずに歩道を進む人々の列からはずれた一〇人あまりの人のうち、わたしが見たかぎり四分の三は女性で、人種も階層もまちまちだった。男性に関しては、自分自身を数に入れなければ白人は一人もいなかった。マメナシの前を通る人の急流に、白人男性はいくらでもいる。マメナシの傍らの静かな淵に入った人は、携帯電話で話したり、タバコに火を点けて味わったり、カバンをかきまわしたり傘を持ちなおしたり、瞑目するようにただたたずんでいたり、あるいは保護柵に尻を乗せて新聞を開いていたりする。

ニューヨークでは、「合法的な目的」なしに歩行者の通行を妨害することも、あるいははっきり「公衆に不都合を及ぼす意図で」妨害することも、州刑法の治安紊乱《びんらん》行為にあたる。最悪ライカーズ島にある州刑務所で一五日間の禁錮刑を科されることもありうるが、たいていは罰金と奉仕活動を申しわたされるだけですむ。都会では当然ながら、歩道を歩いていてもそこで立ち止まってもほかの人のじゃまになる場合は出てくるので、この法律は警察に、いつ何時、誰であっても拘束できる理由を与える法の網の目のひとつを成していると言えるだろう。

高い建物がマメナシに陰を落とす

86丁目とブロードウェイの角の、人の流れの近くに根を張るマメナシは、
人々に居場所を提供する。マメナシの傍らの静かな淵に入り、
携帯電話で話したり、タバコを味わったり、ただたたずんだり……

街路樹は通行妨害の常習者だ。意図や目的について組織的妨害者はみな、詩人ハワード・ネメロフが見るように「全き沈黙」を守る。樹木同様、静かな思いに耽《ふけ》る人間も、常習犯罪者になりかねない。目的なく通るのは風紀紊乱、動きを止めるのは法律違反。市の植えた街路樹の下で立ち止まるのは小さな破壊行為だ。おそらく、仕立てのよさそうなスーツを着て、木陰で立ち止まることなどめったになさそうな男たちなら、そう理解するだろう。都会の掟を身の内に取りこむのは、木だけではない。

マメナシの根方の空間から出たとき、わたしの肉体はうかつにも、小さな破壊行為から小さな攻撃をする存在に転じる。歩道にたたずむ白人男性は、それだけでジェンダーバイアスのある空間を形成する。店の入り口に背中を向け、ノートを手にしたわたしは、川の縁に打ちこまれた杭で、歩道の幅の一〇パーセントあまりをおそらく塞いでいる。この位置に立ってみると、その都度ものの数分のうちに、一人から五人の男性がわたしのあとに続いていた。一メートルほどの間をあけて立ち、食べたり電話したりしている。並んで立つなかに女性はひとりもいなかった。また男性たちの大方が白人ではなかった。

三回この実験をしてみた。二度は自分の気づきのために、一度は実験を意図して行ったのだが、わたしは自分が一〇パーセントを優に超えるスペースを占有する鼻もちならない「人間あぶく」と化し、公衆の通り道で人々に迷惑をかけていることを思い知った。動こうとせずに歩道にはみ出したわたしは、静止版「そこのけ男」だ。「そこのけ男」というのは、歩道で反対方向から歩いてくる女性に道をあけようとしない男のことで、そのせいで体がぶつかっても意に介さない。労働組合指導者のベス・ブレスローが男と同じように歩く実験をしたところ、歩くたびニューヨークの道路がアイスホッケー場になったという。歩いていく彼女に、ほとんどすべての男が「自分の」スペースを一ミリたりと譲ろうとしなかった。

壁に背を預けて立っていた経験を反省し、わたしはノートをとる姿勢を店の入り口と地下鉄出口との隙間の引っこんだ場所に移した。手にノートを持っているかぎり、人から注意を受けることはなかった。だがぼんやりした顔でつっ立っていると、またしてもあぶくになってしまう。人の流れからははずれているにもかかわらず、である。

マメナシの下にいたときは、座っていても立っていても、わたしの存在はほかの人のスペースを侵害せずにすんでいた。木の下の淵は、歩道における通常の掟から一時的に逃れる避難所を提供してくれるのかもしれない。富裕層の住むこのあたりでは少なくともそう言えそうだ。違う格好をして別の場所に立ったとしたら、流れのわきの淵も、きっとここほどに安全な場所ではないだろう。

街路樹は人間の動きの選択肢を増やしてくれる。「一〇〇万脚のベンチ設置プロジェクト」もなく、可能な動きがほぼ前進に限られるような都会では特にそうだ。ニューヨークでは、木々のおかげで本来まっしぐらな放水路でしかない道に、湾曲部や入り江ができている。多様な人間がひしめき、権力格差があって空間を奪い合っているような都会では、「意図」の有無はともあれ、街路樹は社会の文化を決定づける参与者の一員なのだ。作家のジェイン・ボーデンは、ニューヨークの街を生き抜く人々の暗黙のしきたりをかきわけて進むすべを身につけることについて、「ニューヨークの暮らしはまるで前置詞しかないみたいだ。どんな動きにも、必ず限定語がついてまわる」と評した。樹木は通りの文法を変え、それまで黙殺されていた文をよみがえらせた。

木々が都会を癒やす

木々はまた、天候を左右することで人々の生活に潤いと変化を提供する。狭い範囲では歩道での出来事に影響し、広くは街全体に変化をもたらす。七月後半のある午後、わたしはマメナシの下の舗道に温度計を置いた。華氏八〇度、摂氏で言えば二七度だった。数歩離れ、木の葉が木陰を作っていないところで路面温度を測ると、華氏九六度、つまり摂氏三六度あった。障害物としてのマメナシの力で、人間の動きという平面だけでなく、光の方向という垂直軸にも新たな空間が生み出されたわけだ。

屋台の店主はこのことをよく知っている。マメナシは、四角い新聞売り台と、テーブルに児童書を並べた本の屋台とに木陰をさしのべている。歩いて一分以内の歩道上には、炎天下に屋台がほかに三軒出ていて、パラソルを立ててはいるものの、マメナシの梢が作る日陰には遠く及ばない。新聞売りの位置取りは、温度計の数値を実証している。マンハッタンの夏には、木陰は大歓迎されるのだ。

スタンリー・ベシアはテーブルに本を並べて売っている屋台の主で、真夏の熱波の時期は郊外のサマーキャンプ地に逃げ出すそうだが、それ以外は屋根のない歩道で一日八時間店を広げても、木の葉が暑さを和らげてくれるという。だが隣接する新聞売りたちと違って、ベシア氏には木陰より花の美しさのほうが大切らしい。彼にとってはマメナシの花が咲きはじめやがて散っていくのが喜びであり、悲しみだ。葉はたしかに熱い日差しをさえぎってはくれるけれども、四月、葉が出るということは花の終わりを意味する。大切なものを奪っていくマメナシの葉を怨《うら》まずにいられない、とベシア氏は語る。

都会の花咲く季節を愛するあまり、彼は植物の開花で季節を知る。何区画でも足を運び、満開の木を探すのだ。ブロードウェイ・モールの広々した中央分離帯にある遊歩道のどこにいつ行けば、開きはじめた花に出会えるかを彼は知っていて、名刺に印刷した写真では、遊歩道の花の傍らに立つベシア氏が微笑んでいる。

公園余暇局と、非営利で遊歩道周辺に花を植え、手入れをしている市民団体のブロードウェイ・モール・アソシエーションとが、街全体に美の糸を張りめぐらし、育てている。緑のライフライン沿いでは、音もにおいも動きも人に優しくなり、焼けつく舗道も冷まされ、季節の区切りごとに時間が流れていく。

七月のその日、夜になってわたしはマメナシにもどり、真珠色に光を反射する葉裏の明るさを頼りに温度計を読んだ。木の下の舗道の温度はわずかに下がった

緑陰をつくるマメナシの葉

7月のある午後、木陰ではない舗道の路面は摂氏36度もあったが、
マメナシの下は摂氏27度。
木陰には新聞売りや本の屋台が並ぶ

だけで、華氏七七度、摂氏二五度だった。木に覆われていない場所は、木陰よりやや高く、華氏で八〇度、摂氏二七度だったが、午後の最高時に比べればずいぶん涼しくなっていた。コンクリートとアスファルトが、電気のエネルギーを熱にして室内に放出する電熱器よろしく、貯めていた熱を吐き出したのだ。

だが、七月のニューヨークにラジエーターはいらない。日向の道路や建物は、表面が岩と同じに温められ、その熱ですでに汗をかいている都市をさらに熱くする。結果が「ヒートアイランド現象」だ。都心部の気温は周辺部より数度単位で高くなる。ニューヨークの気温は夏、平均して華氏にして七度、摂氏で四度、周囲より高い。樹木があれば熱は地面に届く前にさえぎられ、さらには気孔から蒸発する水分が空気を冷やすことで、この現象は和らげられる。火照ったおでこに乗せた濡れタオルのように、木々が都会を癒やすのだ。

しかし樹木の密度に不均衡がある場合、木々の空気力学的粗度、つまり葉が重なり合って茂る林冠部の空気抵抗が都市を熱するのに一役買ってしまうことになる。もし周辺が森に囲まれ、都心部に木が少ないと、粗度は周囲で高くなり、都心部で低くなる。そうした状態では空気の渦が熱をうまく上空に運べない。空気の流れが停滞し、熱は都市の上空にとどまってしまうのだ。北アメリカ東部の都市、例えばボストンやフィラデルフィア、アトランタなどは夏の間中ほとんどの時期、この熱源の下に晒される。とすれば、街のなかに樹木がたくさんあると、多くの面で熱が和らげられるのだ。ニューヨークでは、毎夏樹木のおかげで冷却費用を一一〇〇万ドルも節約できている。

梢の下に生まれる社会

わたしのようにちっぽけな田舎の町から訪れた者には、最初のうちマンハッタンは人々が恐ろしいほどに孤独に暮らす場所に見えた。視線をとらえて会釈したり、通りすがりに「おはよう」と声をかけると、相手はまず足を速めてしまう。ほかの場所でなら、そして歴史上ほとんどの時代に通用するはずの形式ばらない人づきあいの形が、ここでは断ち切られていた。その賜物《たまもの》でわたしたちは、呪縛から解放されて個を満喫する。あるいは絆を断ち切られて個であることを余儀なくされる。どう受け取るかは、それぞれの性分しだいだ。田舎者にとっては、それが都会の魅力であり、寂しさである。

木々もまた、生物としてのコミュニティから切り離され、最小の単位にまでばらばらになった都会人の孤独を身をもって象徴しているかのようだ。だが三年以上マメナシに通ってみて、この最初の印象は束の間の訪問者が抱くもので、もちろん住人でもなかにはそう感じている者もいるかもしれないが、この街全体としては、必ずしもあたっていないと思うようになってきた。

わたしは木をイヤフォンで聞いてみたら、という無邪気な好奇心を実行に移したのだったが、それは成り行きを考えないまま、沈黙の壁をつき抜けて社会に耳を傾ける実験になっていた。集団が小さければ、熱心で、話し好きで、話題も意見も自由自在だった。あたかも創造の神が歩道に宿ったかのように、真剣な意見交換の場が無から創られた。ただし神々が働くには、手足となる実体が必要だ。社交的な言葉のやり取りは、もともと、沈黙のまま通り過ぎる人々のなかに隠れていたものだ。ところがある人がいきなり怒鳴りだす、あるいは熱狂的な説教を繰り出す。そのとたん人々の絆は、生まれたときと同じくらいたちどころに消えてしまう。

梢の下で生まれる社会は力強く誰をも受け入れるけれども、同時に繊細な免疫機構をもっていて、正しいチャンネルが開かれたときだけ結びつき、そうでなければ引いていく。これは、木の根とバクテリア、菌類の間でかわされる対話を統制している規則と同じだ。土中にある生物集団では、選択された結合だけが適法なのだ。だが一度絆が形成されると、それは強力なものになる。

路傍の余興は人々を引き寄せるけれども、そこで生まれた関係は永続するものではない。ところが数週間、あるいは年単位の間をおいてもどってみると、それとは違う、長く続く関係を見聞きすることがあった。歩道のマメナシの周辺で、あいさつを受けるようになったのだ。数は少ないが、握手してくる人もいたし、多くは「どう、元気?」と声をかけてくる。こうした関係には細やかな空間感覚がある。

交差点の北西側、マメナシのあるところではわたしは知られるようになったが、南東側ではよそ者だ。ハトがたったの五回羽を羽ばたかせるくらいの距離なのに。わたしはスケジュールが不規則で、何カ月も離れていることもあれば、もどるなり夜中寝ずの番をしてみたり、日中断続的に何時間も立ちつくすこともあった。こんなふうにまだらにしか顔を見せないのでは、人々とのつき合いも緩やかなものにしかならない。

ひとつの場所でも、時間や曜日、季節や月によって別々のコミュニティが併存する。午前七時三〇分には通勤者のコミュニティ、午後二時半にはベビーカーを押す人たち。真夜中、咳をする人、タバコをたかる人。土曜日、朝はシナゴーグに通うユダヤ人、夜は酔っ払い、夏の朝はジョガーたち、冬の午後はイヌを散歩させる人たち、と。

人々は、この社会的地層のそれぞれの層に入りまじっていて、単に本来の社会階層や経済的地位だけにとどまっていない。田舎のわたしの地元で市《いち》の立つ日にみんながしているのと変わりなく、ここでも人々は誰かに出くわしてはあいさつをかわし、噂を交換し、目を合わせ、真剣な話をするには木の下に引っこんで声を潜め、笑い、泣き、抱きしめ、またそれぞれの道を行く。ただ何千人もの通行人のただなかでは、人々のつながりを示すしぐさは田舎よりずっとわかりにくいだけだ。周囲の動きにまぎれてしまうからだ。

当初わたしは、みんなが匿名性の鎧をまとっていると見ていたが、その実ここでは、何千ものコミュニティが共存しているのだった。通りの騒音を、わたしはあてどない原子たちのたてる雑音と取り違えていた。わたしが聞いていたのは、張りつめた関係性の糸が幾千も同時にかき鳴らされる音だったのだ。市が立つ日の村はにぎやかだが、限られたネットワークからは「あぶく」が生じてくる。一から参加するとしたら、ハードルは高い。市には、障害のある人や、未舗装の道を何マイルも行った先で、ひとり闇のなかのツグミだけを伴侶に壊れた車で寝起きしなければならないような貧しい人の声が入る余地はない。田舎は都会ではありえない形で、貧困や傷を見えなくするのだ。

世界中で、人間居住地の大きさが増すにつれ、社会のネットワークの豊かさは、数学者の言う「スーパー線形」で増大している。都会では人口が倍増すると、人々の関係性の数は二倍以上になる。関係性の数が増えるばかりでなく、他者とのコミュニケーションに費やす時間もうなぎのぼりだ。こうしたつき合いはさらに増えつづけるだろう。

保存されているフィルムで一九八〇年といまとを比べて見ると、ニューヨークやフィラデルフィア、ボストンといった都会の人々は、いまのほうが公共の場所に集まって長い時間を過ごし、そういう場に出てくる女性の数も明らかに多くなっている。携帯電話は集まりそのものにはあまり影響しない。使われるのは主として人がひとりでいるときで、それもまた人とのつながりを高めていく。したがって都会は、わたしたちをさらなる関係性に引きこんでいくわけだ。

人と人との結びつきが強まり、その結果として生じる相互作用を測る指標はほかにもあるが、例えば創造性や行動は、こちらもやはり人口にともなって増えていく。ひとりあたり指標はさまざまな分野に広がっていく。賃金、研究や創造的分野の働き口、特許の数、暴力事件数、そして感染症の率もすべて、都会の規模が大きくなるにつれて上がっていく。場が熱帯雨林であれ複雑な都市であれ、力を合わせようとする熱意も、対立の強さも、同じように増大していくのだ。

こうした社会の変わり様は、物質的な成長のパターンとは対照をなしている。インフラの規模は、人口の増大と一緒に加速して大きくなるのではなく、むしろ減速するのだ。都市の物的資源に関しては、そうした効率化が随所に見える。例えば道路の長さや、上下水道管の距離、雨のしみこまない土地の面積など。物質的な傾向と社会の傾向とは別の方向に向かい、社会のつながりが加速する一方、物質的な必要性は都市の規模が拡大するにつれて減速するのだが、これはじつは同じ事象の表裏だ。圧縮されて互いにからみ合った環境では、人々がつながる機会が増えるのだ。マメナシの内部で揺さぶられていた木質部やわたしたちの肺の健康のことを思い起こしてほしい。わたしたちの暮らしを取り巻く社会という織物は、わたしたちの住まいの構造そのものから直接生み出されるのだ。

　都市の思惑は、わたしたちを巧みに自然へと近づける。わたしたちは自分が作り上げたもののまわりに集まって、互いの歌に耳を傾けながらつながり合っている生き物だ。ほかの種族もまた都市に生き、人間との関係を通して命を与え、受け取っている。

　いまのところ、わたしたちの社会的つながりの統計調査に、人間以外の生き物が含まれることはない。だがマメナシの花びらを照らす月の光も、中央分離帯の緑地の花がいつ開花するかを知ることも、公園に渡ってくる鳴鳥も、ありあまるほどの人間どうしの関係と同じくらい、都市の社会生活を形作っている要素だ。街路樹に強く執着するニューヨーカーたちの思いは、人と樹木の関係性の奥深さを物語っている。このエネルギーは、都市のもつ、つながろうとする力、集おうとする力から生まれた。このエネルギーは、決して、ミューアの言う「白カビが生え、ひねこびてこみ合った街」なのに生じたのではなく、そうした都市だからこそ、存在するのだ。

オリーブ

Olive 切り離せない木と人間の運命

エルサレム
北緯31度46分54・6 東経35度13分49・0

三匹のネコがオリーブの木の下の居場所を取りもどした。サビネコと、茶トラと、大きなオスの黒ネコだ。三匹は甲高い声で鳴き喚《わめ》きながら互いにパンチを繰り出し、踏み固められた地面を転げまわる。エルサレム旧市街にあるアル・アクサー・モスクの金曜日の祈りは数時間前に終わっていて、旧市街を囲む城門のひとつ、ダマスカス門を出てくる人の数は、一〇〇〇人単位から一〇人単位へと小さくなっていた。

オリーブの木は低い壁で取り囲まれていて、その下の広場から露天商の声が上がってくる。靴やキュウリ、クワの実、ベルト、プラムにコーヒーメーカーと、商品を詰めこんだ箱が歩道を取り巻く敷石の上に、所狭しと置かれている。人通りが少なくて、音を吸いこむ衣服の布地も、露天商を言い負かす客もなく、呼び声は石造りの城門の高いファサードにこだまする。「アシャラ、アシャラ、たったの一〇《アシャラ》シェケル！」。広場の周辺には兵士が立って気だるげに銃身に手をあずけているけれども、午後警備についていた黒ずくめの治安部隊は装甲車もろとも引き揚げていて、面頬《めんぼお》をつけた馬たちも厩舎にもどっていた。

太陽が地平線に近づくとともに起こってきた西風で、熱と埃は収まりつつある。オリーブの枝は藁箒《わらぼうき》を思わせるようにシュッシュッと鳴って、西風に応えている。そちこちの節くれだったオリーブの幹は地面から二メートルほど立ち上がり、そこで四本の大枝に分かれる。枝がさらにまた二メートルから三メートルのびていく。ドーム状の樹冠はもじゃもじゃと葉が生い茂り、さしわたし八メートルもの傘を広げる。

このオリーブの木は、道路から広場へ通じる幅広い石段の曲がり目の内側に立っていて、日が高い時分には、このあたりで唯一の日陰を提供してくれる。三匹のネコは仰向けに転がり、香草売りがばらまいて踏みしだかれたセージとミントの破片に、背中の毛をしきりになすりつけている。

黒いネコがはじかれたように動いた。ひととびでうつぶせにもどり、腹ばいのまま木から離れるなり囲いの低い壁を乗り越えた。わたしには、目にも耳にも異変は感じられず、多分のんきなツバメでも見つけたのだろうと思っていた。すると男の子がふたり、バスのひしめく大通りから石段を駆け下りてきて、警察が拵えた防護柵を乗り越え、まっしぐらにサビネコと茶トラめがけて突進してくる。滑らかな石壁に爪を滑らせながら、二匹は慌てて目ざとかった仲間を追いかけ、下の広場へとすっ飛んで逃げていく。黒ネコは多分、少年たちが見えていたか気づいていたのだろう。男の子たちは雄たけびをあげてそのまま走りつづけた。大人たちの買い物袋や杖の間をすり抜け、城門へ駆けこんでいく。

門を入った少年たちは小石や板石を敷きつめた道を蹴って坂を下り、旧市街のイスラム教徒地区に向かっていった。ネコたちは別の、もっと地面に近い道をとり、都市の地下にあるローマ時代の記憶へと降りていく。いまは見えない道や川が走り、現代人が踏んでいるエルサレムより、一階以上も地下にある。入り口には鉄格子がはめてあるが、ネコ族には足止めにならない。古い石壁の割れ目でさえ、れっきとした入り口なのだ。ネコたちは、都市が抱える石の記憶に逃げこんだ。

ダマスカス門はいまも古びて見えるけれども——狭間胸壁《まきょうへき》のできたのが一五三七年で、オスマン帝国の

エルサレム、ダマスカス門の傍らに立つオリーブ

このオリーブは、ローマ時代の遺構が発見された門の前に、1970 年代末から 1984 年にかけて
広場が整備された際に植えられたオリーブの木のうちの 1 本。
移植された時に樹齢 30 年ほどで、いまでは 60 年を超えているスレイマン一世の時代——、この場所は一千年紀のはじめごろから、円蓋に覆われていた。一九三〇年代までは、古い遺構はただ、六世紀の地図でだけ知られる存在だった。英国人が門の前の広場を発掘し、埋もれていたローマ時代のファサードを発見したのだった。

イスラエルでは一九七〇年代の終わりに広場の改修に着手したのだが、手はじめに調査のため、考古学者を現場に派遣した。調査チームの手によって、ローマ時代の門、物見塔、そして道路など、現代の都市の下に埋もれていたものが日の目を見た。新たに発見された部屋のひとつには、七世紀のオリーブ油の圧搾機があった。アラブかビザンチンの商人が作ったと思われる石の圧搾機には、一部ローマ時代の柱の破片が再利用されていた。考古学者による発掘作業が終わると、一九八四年までかけて門の前に広場が整備され、工事完成と同時に、上部の入り口の一部を低い壁で仕切り、オリーブの成木が植えられたのだった。三匹のネコが遊んでいたオリーブはそのうちの一本で、移植された当時で樹齢三〇年ほど、いまでは六〇年を超えている。

現在、保存状態のいいローマ遺構の一部は公開されている。公開されていなくても、ゆるんだ鉄の門をすり抜けてたどり着ける遺構もあるが、大半は崩壊の度合いがひどく、近づける道が掘られていないか壁で覆われてしまっていて、人間は近づけない。だがどんな場所でも、ネコはトンネルへと踏みこんでいく。地下を探ってわたしが行くところどころでも、ネコたちの糞のにおいと争い合う唸り声がついてまわった。

エルサレムの歴史とオリーブ

エルサレムの地下は、一年を通して湿気っている。夏にはそれが信じられないくらいだ。わたしは門の外のオリーブの木の下に座り、太陽になぶられ、水気を奪われていた。ここ何週間というもの、オリーブの木が味わうことのできた水分は、早起きな露天商の立小便だけだ。マンハッタンではおびただしい数のイヌが気前よく糞尿を浴びせて街路樹の根を傷めていたけれども、エルサレムでは物売りの小便くらいでは、塩分過剰で萎れるには量が乏しすぎるようだ。夏が過ぎてやがて雨が来ると、尿に含まれる窒素と市場の残菜かららできた堆肥がオリーブを肥やすことになる。だがいまは、土の表面は乾いて固まっているばかりだ。

オリーブは、地中海性気候のそうした苛酷さによく適応している。もっとも暑くなる時期、オリーブは分厚く蠟を帯びた葉の気孔を固く閉ざし、仮眠状態に陥って生き延びる。夏の日が続いていくと、オリーブの葉は形を変える。水分を奪う太陽を避けて、真ん中の中肋《ちゅうろく》に沿って管状に丸まり、葉柄のほうに身を寄せるのだ。こうすることで、気孔の多い銀白色をした葉裏が太陽から守られる。葉裏の銀色は、葉の表面に浮き出た葉脈に並ぶ幾千もの透明な細胞が煌《きら》めいたものだ。この細胞はまるで微小なパラソルで、葉の表面に近い水分を気孔のまわりにとどめ、湿った空気の薄い膜を作って気孔がむき出しの表面にあるよりも少しでも長く開いていられるようにしている。

オリーブの根はたいてい地表に近い土のなかを扇状に広がり、降る端からたちどころに蒸発していく雨水をすかさず吸いこめるよう身がまえている。だが土や水分の状態が異なると、根の組み立てもそれに合わせて変わっていく。灌漑設備の整った果樹園では、根は配水管のまわりに集まり、一メートル以上深くなることはめったにない。粗くて乾いた土地では、五、六本もの太い根が水分を求めて四方八方に広がり、六メートルの深さまでもぐることもある。木の根はどの種も適応力が高いが、オリーブはなかでも頭抜けている。

根の変幻自在さは幹に顕れる。古い木の幹は縦にくっきりと溝が入り、盛り上がった峰が束ねられたように見える。ひとつひとつの峰が太い根の延長なのだ。ある根が水を見つけたら、その根に連なる幹や枝は何十年にもわたって伸び、広がりつづける。根が枯れるか、水の配分が変わるかすると、その部分に連なる地上部も枯れる。数十年以上生き延びてきたオリーブの古木はすべて、このように根から枝へと続くパーツの集合体だ。

ダマスカス門のすぐ外のオリーブの木には、ふたつの大きく太い木脈が君臨し、それより細い峰が二本、縒り合わさりながら伸びている。とてつもなく古い、何世紀も、あるいはひょっとしたら一〇〇〇年も生き抜いてきた木だと、もともとの幹はすでに失われていて、内部が空洞になっていることが多い。こうした超古木の場合、いま見えているのはもとの幹に癒着した部分と、もとの根からひこばえが伸びたものだ。新たなパーツが古い部分に取って代わったのだ。オリーブが長寿なのは、その地の環境の変化に応じて再生する能力があるからだ。この柔軟性はもちろん高くつく。オリーブの木は太陽がふんだんに照るところでしか育たない。日陰や曇りがちな気候では、エネルギーが足りなくて木はしぼんでしまう。

わたしは地下まで三匹のネコを追っていった。オリーブの木の下数十メートルになる。木の根も届かない深さにローマ兵士がゲーム盤にしたと言われる刻み目のある石が敷きつめられ、そこでわたしは、石に穿った溝をさやさやと水が流れるのを聞いた。水を流す道管のなかには粗雑なくぼみにすぎないものもあるが、多くは鑿《のみ》できれいに彫り上げた樋だ。水は城壁の外から引かれ、中心部の市場や寺院のそばに埋めた貯水甕《がめ》に導かれる。かのオリーブは、神殿の丘のまわりの水道や池を潤す道管のほぼ真上で育っている。

この地中の水路は、数多くある道管や貯水池のほんの一部だ。というのも数十キロに及ぶエルサレムの周辺から、集水地と道管がいくつも市街に向かっているのだ。ローマ時代のもの、ローマ期に建設された水路を基礎に作られたものが多いが、ローマ時代以前に遡るものもある。その後に続いた為政者たちはみな、過去の水路をそのまま、あるいは改修して利用した。後年つけ加えられた設備も若干はある。ここでは水が、あらゆる時代、あらゆる統治者の頭をいっぱいにしてきたのだ。エルサレムの歴史はオリーブの成長に似ている。目に見える町は美しく年経りて、秘められた水甕に常に支えられてきた。水甕は時には途方もない代償を払いながら、町を永らえさせるために、更新を繰り返してきたに違いない。

一世紀、ローマ帝政期のユダヤ人学者フラヴィウス・ヨセフスによると、当時のユダヤ総督ポンティウス・ピラトは、「水源からエルサレムに水を引くための水道建設」に公衆の金を使った。ピラトは水の政治力学を見誤ったようで、「何万という人々が集まって抗議の声を上げ、そのような目論見を捨て去るよう迫った」という。それが暴動に発展すると、ピラトの兵士たちは「総督が命じたよりも激しく人々を打ち据え、暴徒もそうでない者もひとしなみに痛めつけた」。ピラト以来——記録には残されていないけれども、おそらくはピラト以前もそうであったかもしれないが——、エルサレムを統治することはすなわち、滴りたまる泉の政治に、この上なく注意を払うことと同義になった。

エルサレムの野良猫は、時代によって、統治者が、ビザンチン、カリフ、十字軍、マムルーク朝、オスマン、ヨルダン、英国、イスラエル、そのほかにも片手にあまるほど、目まぐるしく変わる都市で暮らしてきた。その間数千年にわたって、ネコたちは数々の政争、宗教戦争、暴動、虐殺の乱闘や叫び声に追い立てられ、地下に逃げこんできた。舗石の下に守られて、ネコは、エルサレムの歴史上常に変わらず政治の主人公でありつづけた水に足先を濡らしてきた。

大災厄《ナクバ》の日

わたしがネコを追って都市の地下へもぐることになる日の前日、オリーブの木には医療器具と蛍光色の安全ベストがぶら下がっていた。パレスチナの医療チームがイスラエルの独立記念日にあたる五月一五日、ナクバ（アラブ系住民はこの日を「大災厄《ナクバ》」と呼ぶ）の日の抗議行動に備えて、オリーブの木を出動控室に仕立てていたのだ。

抗議行動自体は例年行われるが、時として暴力的な衝突に発展することがあり、この年、二〇一四年はイスラエルの入植地が拡大するなか各方面から散発的に暴力が行使される一方、イスラエル政府、ヨルダン川西岸地区、ガザ地区の自治政府間の関係も行きづまっていて、緊張が高まっていた。そのため、混乱を念頭においたジャーナリストたちは、ヘルメットやガスマスクを撮影機材にストラップでぶら下げて、木の下にたむろしていた。

　ダマスカス門のなかや広場の西の端では、暴徒鎮圧用の装備に身を固めた六〇人が待機していて、ほとんどが銃を携行し、弾薬帯にガス弾やゴム装を施した鋼鉄弾を詰めこんで肩から下げている者も見られた。この日は焼けつくように暑く、彼らの軍服は風を通さない。水を入れたペットボトルが山になって、後ろのほうに積まれていた。

　抗議行動の先頭は子どもたちだ。鍵と、手書きのプラカードを掲げている。鍵は「帰還」の象徴だ。いつかくるその日、一九四八年にイスラエルという国家が誕生したとき奪われた家々や村々を、パレスチナ人たちが再び我が家と呼ぶために。ある人々にとっての解放と帰還を求める戦いは、別の人々にとっては家を村を、畑を失わせることになる。子どもたちの傍らには祖父母が立つ。現にいま、第三者の住まいになってしまった家の鍵を手にしている者も少なくない。「仕事に行くたび、以前の我が家の前を通るんだ。誰かがわたしたちの家をわがものにしている。わたしには何もない、市民権さえもない」。そう言う男性は、東エルサレムに住み、国籍がない。ほとんどの人が持ってきているのは単に象徴としての鍵で、首からぶら下げたり、キーホルダーの飾りにしたりしていた。

　鍵のネックレスやキーホルダーと一緒に、みんな、頭がウチワサボテンのようにとげとげした裸足の子どもの小さな金属像を持っていた。この像はハンダラといって、パレスチナの漫画家ナジ・アル＝アリが、現地でサブルと呼ぶウチワサボテンの粘り強さや深く根を張る性質、そして困難に直面してもぐらつかない芯の強さにあやかって拵えたキャラクターだ。イスラエルの人々にとっては、同じこのサボテンがイスラエル生まれのユダヤ人、サブラの象徴だ。外見はとがっているが、中身は優しい。漫画家のカリエル・ガルドシュがサブラを独自のキャラクターに仕立てている。気は優しいが勇敢なスルリクだ。

　イスラエルのユダヤ人とパレスチナ人、どちらにとってもウチワサボテンはこの地に根ざしていることの大切な徴《しるし》なのだ。ところが当のウチワサボテンは移入者で、メキシコやアメリカ南西部生まれだ。ウチワサボテンは野原の隅やパレスチナの古い村の遺跡でよく見かける。サボテンは静かに立っている。わたしが農家の人たちから聞いたかぎりでは、彼らはとりたてて音をたてないそうだ。だからこそわたしたちは、その棘とうちわのような茎節に自分たちの歌を投影し、それを擬人化して示威行動に持ち出すのだろう。

子どもたちがいなくなると群集は一〇〇人ほどにふくれ上がり、広場の補強壁に背を向けて立った。治安部隊が広場の出口を固めに動く。横断幕が広がった――「帰ろう」「パレスチナはみなわたしたちのもの」「行こう」。パレスチナの旗がポケットやバックパックから出てくる。ひとりの女性がライターの火をポリエステル製の小さなイスラエルの旗に近づけ、旗は黒い煙をあげて、くしゃくしゃと丸まった。一〇代と思しき若者が三人でパレスチナの旗を門から入れようとしたが、イスラエル治安部隊の屈強な腕に阻まれた。そこへ音が起こった。手拍子だ。リズミカルなグルーヴで、足を動かせ、声を出せ、と促す。詠唱だ。至高なる神よ！　聖なるかな、帰還の権利よ！　手拍子が勢いを増し、人々の叫びが高まる。

やがて、声の応酬が三〇分も続いたころ、警察が拡声器で解散を命じた。二分と経たないうちに武装した治安部隊が群集の間につっこんでいく。部隊には目あての人物がいたようで、男性二人が頭を抱えこまれて路上に停めた軍用トラックに引きずられていく。抗議デモは階段のほうへと移動した。少年がひとり、フェンスのところへ引っ張られ、腕をねじ上げられて悲鳴を上げた。黒いチュニックを着た年配の女性が、「騒ぎを起こしている者もそうでない人も、おかまいなしに」殺到する治安部隊に、押されるように階段を下へと追いやられる。女性は背筋を伸ばし、よろめきながらもダマスカス門をくぐっていった。

数分後、二〇歳のパレスチナ人がペットボトルの蓋を治安部隊員に投げつけた。反応は打てば響くものだった。物が投げつけられるのはインティファーダ、蜂起と見なされる。治安部隊は隊列をいったん閉じ、すぐに散開した。はっきりと目的をもった強権が群集のなかにばらまかれる。パレスチナの医療チームはけがを負った者、倒れた者を引っ張り出す。スクラムを組んだ治安部隊が医療チームのリーダーを引き倒し、リーダーは気を失って石畳に倒れた。

たび重なる波状攻撃に、群集は散り散りに追いやられていく。五、六人の若い娘たちが固まり合って治安部隊を罵《のの》しった。部隊は少女たちを追いかけ、手首をつかもうとする。少女たちはすり抜けて、リズミカルな詠唱を唱えつづけた。兵士のひとりが逆上して顔を真っ赤に怒らせると、少女に向かって無造作にゴム弾を発砲しようとしたが、すんでのところで仲間に引きもどされた。仲間は引き金にかかっていた兵士の指をはずし、何やら叫びながら彼を抱きしめて怒りを鎮めた。少女たちは鼻で笑い、大声を上げた。

その日は、命を落とした者も大けがをした者もいなかった。人が刺され、撃たれる衝撃でオリーブの枝が震える日もある。数カ月に一回は、けが人がストレッチャーで運ばれる。門を通ろうとして刺されたイスラエル人や、仕事を終えたあと撃ち殺されたパレスチナのヒットマン。ダマスカス門の周辺はエルサレムの紛争の中心地で、広場は旧市街のイスラム教徒地区で起こった問題が顕在化する場所でもあるので、くだんのオリーブの木は、折にふれて新聞やテレビの報道に現れる。だがオリーブは、木の姿をした傍観者ではない。この地域のオリーブと人間の運命は切っても切り離せず、このあたりを支配してきた近代国家はもとより、ユダヤ教やイスラム教よりも以前に遡る時代から、互いにもちつもたれつの関係を保ってきたのだ。

ナクバの日の抗議行動が収束して一時間も経たないうちに、ダマスカス門前の露天商が再開した。それらすべての足元で、水が石から滴っている。治安部隊は西エルサレムにもどった。灌漑用水のおかげで芝生が広がり、親水公園も噴水もある西エルサレム。デモに参加した人々は、イスラエルの設けた分離壁のゲートを通ったあとは、かつての我が家の鍵をまた使わないまま、西岸地区や難民キャンプにもどっていく。

ヨルダン川西岸地区は、オスロ合意の直後限られた範囲で自治が認められたほかは、五〇年も軍事占領されている。地区のなかには、フェンスで囲まれ、軍隊に守られたイスラエル人の入植地が、パレスチナの村や農地に隣接している。入植地とパレスチナ人地区の違いは、何キロも離れたところからでも一目でわかる。パレスチナの村の家々には、屋根に黒い水のタンクがひしめいている。イスラエルの入植者住宅の屋根にある水道設備は、充分に水を与えられたヤシの葉に隠れてほとんど目につかない予備の設備で、ライフラインというよりは太陽熱で水を暖める装置だ。その昔ピラトは水道を敷設しようとして民衆の反感を買ったけれども、二一世紀の水道管は地元の町や村を素通りし、新しい開拓地に直接水を送りこんでいるのだ。パレスチナの水のタンクは政治や軍事の衝突で水がこなくなる事態への備えでもあり、イスラエル入植地にはふんだんに送られる水が、そのほかの地域へはほとんど割り当てられず、年々心細くなってくる供給への備えでもある。

灌漑で「喜びに満ち、花の咲きこぼれる」土地

エルサレムの北、ヨルダン川西岸地区を分けているフェンスのイスラエル側のアルマゲドンに、オリーブのプランテーションがある。聖書の黙示録では、ここを最後の決戦のための軍隊が集う場所と名指ししている。「大声が、そして稲妻、雷が起こり……諸国の民の方々の町が倒れた……すべての島は逃げ去り、山々も消え失せた（ヨハネの黙示録　一六章）」

裁きの日の味のするオリーブ油を堪能したいと考える向きもあるのに違いない。プランテーションの木の多くに、出資者であるテキサスの福音派の名前を記した札が取りつけられている。「ディスター・テレビジョン・ネットワーク：タック夫妻のために植樹」と。最後の審判に目配りを忘れないアメリカ人は、イスラエルの農民にとってはありがたい存在だ。果樹を植える費用の一部を賄ってくれるのである。

わたしがプランテーションを訪ねたのは二〇一四年、

オリーブの収穫期である一一月のことで、聞こえてくる「声と電《いなずま》」といえば、開墾用のクレーンのグルルという音、機械をいじっている農民たちのおしゃべり、それに収穫機からホッパーに移される何百万個というオリーブのなだれ落ちる音だ。もう何千年というもの、このあたりにはこうした栽培と収穫の音ばかりが満ちていたのだ。

ギリシャ語のアルマゲドンはヘブライ語のハル・メギドすなわち「メギドの丘」からきている。オリーブの木立から見ると、メギドはいま砂地がのどかな曲線を描いている。現在のこの静けさは、都市国家として九〇〇〇年の歴史をもち、一帯の農業、商業、そして政治の中心であった過去とは対照的だ。エルサレム同様、メギドもその足下の岩にはトンネルが穿たれ、坑道が掘られ、土がかき出された。メギドも、長く力を保ったのはこの地下水道のおかげで、そのほとんどは人の手で、人間が立って歩けるほどに広く削られたものだ。

いま、メギドの麓からは、昔日の石工たちの手仕事を現代風に延長したプラスチック管が何千メートルにもわたって延びている。黒いプラスチック管が、オリーブの根元を縫い、すみずみまで届いているのだ。オリーブの幹に寄りそうようにローム質の黒っぽい土の上を這う管は、オリーブの列と列を分けている轍《わだち》のできた広い通路から延びてくる。管には鉛筆の芯ほどの穴が開いていて、ちょっと見にはごく単純な設備だが、実際にはひねりのきいた装置だ。

この農園を経営しているレオン・ウェブスターという若者が収穫用のトラクターから降りてきて、灌漑用パイプの働きを見せてくれた。管の切れ端を切り開いて見せてもらうと、なかにはプラスチックの箱が等間隔で貼りつけてあった。この箱がそれぞれ水の流れを調整している。果樹園の制御弁が開かれると、水はひとつひとつの穴から計算された割合で滴る。そうやって浅く広がるオリーブの根に、決められた分量の水が一滴ずつ、しみわたっていくわけだ。

イスラエルの創意が、水流を制御するプラスチックの箱と突起を開発したのは一九五〇年代のことだ。オ

灌漑によって維持されるオリーブのプランテーション

灼熱に焼かれ乾ききった荒れ地が、新型灌水装置のおかげで
イザヤの言葉を借りれば「喜びに満ち、花の咲きこぼれる」土地に変わった。
ここで聞こえてくるのは、開墾用クレーンの音、機械を操作する農民たちのおしゃべり、
収穫機からホッパーに移される何百万個というオリーブのなだれ落ちる音だ

ーストラリアやヨーロッパ製の水受けパイプと組み合わせた新型灌水装置のおかげで、生まれたばかりの国家イスラエルの農民たちは、灼熱に焼かれ乾ききった荒れ地を——独立宣言にも引用されたイザヤの言葉を借りれば——「喜びに満ち、花の咲きこぼれる」土地に変えることができたのだ。

灌漑用水は、一部は溜め池からくるが、一部は汚水を薄めたもので、場所によっては塩気を帯びた浸出水も使われる。アルマゲドンでは集団農場《キブツ》や刑務所の汚水がパイプを流れている。雨が冬の間の数ヵ月しか降らないところでは、ほかの場所では捨てられるものも貴重な液体なのだ。「必要は善き教師である」というヨーロッパの古い格言を、イスラエルの農民やオリーブの研究者と話していて何度も繰り返し聞かされたものだ。

点滴灌漑方式によって、オリーブは充分な水分を与えられたばかりでなく、木としての性質そのものまで変化した。アルマゲドンのオリーブ園の木々は、ダマスカス門のそばの筋張った木や雨水だけが頼りの台地に生える、樹皮に深いしわを刻んだ古木たちとは似ても似つかない。ここのオリーブは新種の若木で、速く成長して油をたくさん作るよう改良されたものだ。

住宅ほどの高さのある収穫機械、これはブドウ摘み機を改造したものだが、これがオリーブの列をまたぎ、大きな唸りをあげながら小枝をしばいてオリーブの実をホッパーに放りこんでいく。土が水分を多く含んでいるため、揺さぶられただけで根こそぎされる木もあるものの、抜けてしまったものは新しい苗木と交換されるだけだ。収穫機の口より高く、広く育つ木はなく、どれもが高さは二メートル程度、横幅も一メートルほどにしかならない。腕を伸ばして届くくらいの間隔で植えられているので、樹冠部は生垣のように重なり合っている。

イスラエルでこの栽培法を取り入れた草分け、ラヴィ・シモンは、狭い間隔で植えた列の間に灌漑パイプを渡し、ブドウ畑さながらのやり方でオリーブを育てていると発表して、国際会議で笑いものになったという。それから数十年の時が経ち、時代を先取りした栽培法は、いまやスペインやはるかオーストラリアにまで普及している。

オリーブが湿潤環境によく適応したことには、植物学的な興味をかき立てられる。ここに、オリーブという種の進化のヒントがありそうだ。乾燥した土地の植物が余分な水を得ると、勢いよく成長したり花を咲かせたりして感謝を表す。ただ、応えられる度合いはいたって慎ましやかなものだ。道管も葉も光合成物質も、植物はすべて故郷の環境に適応していてそれ以外の流儀での生き方は、あらかじめ排除されている。

森の木陰で生まれた野の花は、普段より少しばかりたくさん日が差せばありがたがるだろうけれども、ご先祖が太陽のぎらぎら照りつける大草原育ちだという野花ばりに日光を浴びつづけるだけの体力はない。砂漠の植物に水をやれば根はひと時癒やされるだろうが、湿り気たっぷりの土に移されても、乾燥土壌に精通した植物には、吸い上げることのできる水分量に限りがある。オリーブはこの法則を曲げた。乾燥地に生える植物でありながら、水分を多く含む土壌に移植されても我が家にいるかのようにくつろいでみせたのだ。

オリーブは現在、ほぼ地中海沿岸の乾いた土地にしか生育しないが、かつての分布域からするとこれはごく一部にすぎない。オリーブが人の手によって栽培されるようになったのは約六五〇〇年前だが、それ以前は数十万年にわたって、地中海沿岸一帯に自生していた。時折、思い出したように氷期が割りこんできて、数万年ほど居座っていく。それが終わると暖かい間氷期がきて、その後また氷がもどってくる。

もっとも寒い時期を、オリーブは海岸沿いに点在する凍らない避難圏でじっと耐えぬいた。南向きの斜面や水脈の傍らを避寒地にした。暖かい時期には、オリーブを食べるモリバトの助けを借りて勢力範囲を広げた。広がった範囲のなかには乾燥した台地もあったが、多くはヤナギなどの湿地を好む種とともに、川に沿った土地を生息域にしていた。ヒロハハコヤナギやマメナシは、進化の過程で祖先が経てきた境遇のおかげで都会生活に適応する耐性ができたのだが、オリーブもこのような歴史があってこそ新たな農法を存分に享受できる身になったわけだ。二〇世紀も半ばが過ぎて灌漑用水の管がオリーブ畑に持ちこまれたとき、オリーブの根は潤った大地で栄えるための備えも万全だったのである。

オリーブの生息域が乾燥地に狭められていったのは、ひとえに人間の営為に原因がある。わたしたちは湿潤な土地を柑橘類や穀類、野菜といった貪欲に水を欲しがる種に確保してやった。干ばつに耐えられない彼らには、もっとも瑞々《みずみず》しい土地が与えられた。こうした植物はどれひとつとして、オリーブの根ほどの適応力も、オリーブの葉ほどの乾燥耐性も持ち合わせていない。そのためにわたしたちは、オリーブを周期的に激しい干ばつに見舞われる土地に閉じこめたのだ。そこでオリーブは、ほかのあらゆる樹木を圧しても盛大に生い茂った。その油へと注ぐ人間の愛ゆえに。

イスラエルの農家は現在、膨大なオリーブとオリーブ油を産する。この生産力は、オリーブが種として、灌漑に適応する生理的素因があったこと、プラスチックやポンプを生み出すエネルギー、そして水を管理し分配することが可能な強大かつ統制力のある国家権力という総合力の賜物だ。

有利な条件がこれほどそろっているにもかかわらず、イスラエルのオリーブ農家の多くは離農しないために苦闘を強いられている。オリーブ油が象徴のなかの象徴である宗教を礎に築かれた国家なのに、イスラエルのオリーブ農家にとって最大の難題が文化にあるというのははなはだ皮肉な話だ。

イスラエルという国は、ほとんどが離散していた先から最近になって移住してきた人々で成立した国家なので、各家庭の料理は地中海沿岸から離れた土地土地の伝統に根ざしていて、その食卓にオリーブ油を売りこむのがそもそも一苦労なのだ。ＥＵが拠出している農産物補助金が苦労に輪をかける。イスラエルのスーパーにはＥＵ産の低価格のオリーブ油が並び、国産品はとても太刀打ちできない。

イスラエルのユダヤ人は平均して年に二キロのオリーブ油を消費するが、これはお隣のアラブ人の消費量の四分の一だ。オリーブ油の売れ行きがはかばかしくないと生産者は離農し、あとに入ってきた開発業者と地元自治体が放棄されたオリーブ畑を宅地に変える。

イスラエルは法律でオリーブの木を保護しているものの、手入れをされないオリーブ林は野放図に育ちすぎて火災でもあればひとたまりもない。猛々しい炎がオリーブをあっという間に舐めつくせば、法的保護など障害ではなくなる。マッチ一本手に入れるのは難しいことでもなんでもないのだから。こうなるとイスラエルの研究者や政府関係者は、オリーブの病害虫たちと戦い、新たな品種を開発するのみならず、イスラエルの民がオリーブ油のある生活にもどるよう促すことまで視野に入れなければならないわけだ。

国をあげて、品質を保証する認証制度に加え、健康によくて料理の幅が広がるオリーブ油の利点を喧伝することで、モーゼの言う「油滴るオリーブの邦《くに》」のオリーブ農家は、まだしばらくは踏みとどまれるかもしれない。だがモーゼは売り上げを伸ばしてはくれない。メギドの将来性はアメリカ・マネーを惹きつけられるけれど、イスラエルの家庭にオリーブ油を浸透させるには聖書に訴えるくらいでは足りないのだとわたしに語ってくれたのは、イスラエル・オリーブ油協会のアディ・ナアリ会長だ。

オリーブ林が紡ぐ物語

再び、ダマスカス門。オリーブの根元の土から、鉄パイプの断片とプラスチックの配水管がつき出ている。春に、夏に、そして初冬にと何度かこのオリーブのもとを訪ねたけれども、管から水が出ているのを見たことは一度もなかった。その代わりに木は雨と、露天商や観光客が地面にまき散らすもので生きている。この木は、ダマスカス門に集まる人の群れのただなかでの生活がお気に召しているようだ。深い緑色をした細長い葉に包まれた若い枝が、樹皮に裂け目の入った、灰色の古株から垂れ下がっている。一一月のいま、垂れた枝のすべてに、何十粒という真っ黒なオリーブの実がついていた。

ピュッ。霧で濡れた舗石に音をたてて落ちた実が、すでに落ちて踏みつぶされ、地面の染みになった実に仲間入りする。手が届く範囲は人が採ってしまっているので、落ちてくる実は高い枝になっていたものだ。オリーブの実の皮は堅く、それが水たまりにあたると、セイボの木の上で丸々と太った雨粒が落ちたときを思わせる音をたてる。わたしは掌一杯のオリーブをハンカチに包み、宿にしていた寮の屋上の部屋にもどった。モスクの時報係に負けまいとする雄鶏さながらに熱をこめて、わたしはオリーブの果肉をすり、指先を紫色にして水っぽくなるまでつぶした。ピンク色の油がうっすらと膜を張った。熟《う》れたオリーブの皮に残ったアントシアニン色素の残滓だ。油を舐めてみた。饐《す》えたような酸っぱいにおいが鼻を刺し、舌にはかすかな苦みが残った。

油を搾るのは諦めたが、オリーブについてはひとつ学んだ。ダマスカス門の木の足元には、何百というオリーブの種が転がっている。ほんの二、三分も手を動かしただけで、一食分にあたる栄養を集められた。いささか熟れすぎたきらいのある食事ではあるが。オリーブの生産性は、水が足りなかろうが、石にはさまれたほんの薄っぺらな土にしか根を伸ばせなかろうが、おかまいなしに豊かになりうる。

初期の人類や人に似たご先祖が野生のオリーブを食べて、一万年、一〇万年、一〇〇万年のちの考古学者に研究材料となる種を遺して以来、オリーブは地中海をめぐる岩がちな丘を、エネルギーのみっしり詰まった食料産地に変えた。一鉢のオリーブが、同じ重さの肉の二倍の熱量になるのだ。オリーブ油の生産には、畜産ほどの肉体労働も水も必要ない。中石器時代スコットランドにおけるハシバミ同様、オリーブの実る光景は、人間にとって目を細めたくなるものだったろう。

銅石併用の時代、地中海地方西部の農民たちは、生産性の高いこの木を増やせることを発見した。幹の一部を切り取り、できてきた癒合組織を植えなおすか、幹や根から出ている鞭のようにしなった新芽を摘み取るのだ。後にギリシャの人々は、勢いのいい台木に見こみのありそうな変種を接ぎ木するようになる。

オリーブの遺伝子研究によると、地中海地方のオリーブは「野」に生えているものもオリーブ園の木も含めてほとんどすべてが、栽培変種の子孫だという。系統のどこかで人の手とふれ合っていないオリーブはごくまれだ。人間とオリーブの健康は、何千年も前からひとつに結びついて保たれてきたのである。

　水も、灌漑設備も、資金も手薄な場所では、オリーブ農家は昔ながらのやり方で栽培し、収穫している。そのやり方を見せてもらうため、わたしはバスに乗ってエルサレムから北へ向かい、アルマゲドンとは分離壁の反対側にあるジェニンのオリーブ畑と搾油場を訪ねた。わたしはそこで、パレスチナ人農家に宿を借りた。

　彼らが自分たちのオリーブにやれる水分の源は、雨だけだ。オリーブは岩だらけの土壌に、それぞれ何メートルも離れてぽつんぽつんと生えている。なかには根元のあたりの直径が一メートル以上ある木もあった。おそらく一〇〇〇年ほど前に植えられたものだろう。ほとんどが人間の胸ほどの厚みがあって、数十年から一〇〇年は育ってきているものと窺われた。大半がソウリ種、長く乾燥した夏と浅い表土に適した品種だ。農家はもっとも古株の木々をルミ、つまりローマ人と呼んでいる。この地にいま育っている古木は、ローマ人が植えたものかもしれない。農家の人々は、新種の栽培も試してはいるのだが、灌漑装置がないために、最近の園芸品種はのきなみ萎れてしまうのだと語った。水を手に入れにくい地域では、農家は乾いた丘で何世代もうまくやってきた先祖をもつ品種にこだわって、最善の結果を得ようとするしかない。そうした木々のＤＮＡは、水が易々とは流れてきてくれないことを端《はな》から承知の上だ。

　わたしたちは手でオリーブを摘み、根元に広げた防水シートに落としていく。オリーブの実は、一九五〇年代製のトラクターの引くトレイラーに積みこまれ、畑を出ていった。近くの野原にはロバがたたずんでいる。畑にいる摘み手に水を運び、オリーブを詰めた袋を家や搾油場に運んでいく働き者だ。

　畑では、わたしのような慣れない臨時の摘み手から落とされるオリーブが奏でるのは、遠慮がちな片言だ。

農家の一家は熟練した摘み手で、間断なくシートを叩くオリーブのパーカッションは、小枝を行き来する彼らの指につれ、雹嵐《ひょうあらし》を轟かせる。どの木も、人間の声に包まれていた。ごく初歩的なわたしのアラビア語と、連れの流暢な通訳の合間合間に、会話の断片が聞こえてくる。

梯子に乗った男たちが、どの枝を剪定するのがいいかとか、ヒツジをどう料理するのが一番うまいかとか、どうしたら搾油場の収益を上げられるかとやり合っている。男の闖入者がいるために女性たちのおしゃべりは途絶えがちだが、闖入者たちが別の木に移動していくと、たちまち笑い声や家族の噂が枝の間を吹き抜けはじめる。

収穫の間、オリーブの木が人々の語りの中心になる。人々とオリーブ、土地、そしてそれらの間の関係を紡ぐ物語の。ひとつの畑の収穫を終えるころには、何万という言葉が口から飛び出して耳へと届く。風景という心象の、記憶や関係や拍動は、そうやって人間の意識に刻まれていく。オリーブに囲まれて働くということは、単にオリーブ油を精製するための作業以上の意味をもつ。そこから物語が生まれ、深められ、人間の共同体ひいては生命の共同体は、物語の存在によって形成されるのだ。

ダマスカス門のオリーブも、マンハッタンのマメナシも、同じ役割を果たしている。オリーブの、そしてマメナシのさしかける日陰に人々は集い、噂や物をやり取りする。マンハッタンではもっとずっと大勢の人々が一本の木にかかわる。毎日何千もの人々が木の下でふれ合うのだ。だが都会では、そのふれ合いは淡く、パレスチナのオリーブ畑で、家族や近しい仲間たちの間で紡ぎ出される会話の濃密さの比ではない。

分離壁の向こうでは、オリーブはほとんどが機械か、タイからの「出稼ぎ労働者」が摘んでいる。かつてはパレスチナ人か、収穫はもちろん、地面を掘り起こして耕すこともいとわず農耕にいそしんだシオニストがしていた作業を補うため、外国から労働力が導入されている。

産業化の進んだ国の例にもれず、イスラエルの人間

昔ながらのオリーブ栽培は人間の声に包まれている

ここに植えられているのは夏の乾燥と浅い表土に適した品種で、
なかには1000年ほど前に植えられた根元の直径が1メートル以上のものもある。
昔ながらに手でオリーブを摘み、根元に広げたシートに落としていく。
笑い声やおしゃべりが枝を吹き抜け、収穫の間、オリーブの木は人々の語りの中心になる

社会もいま、木々から直接受け取る恩恵はあまりない。だから農業に従事するイスラエル人は少数で、キブツも九五パーセントは外国人労働力に依存している。ヘブライ語を話せる農業従事者は皆無に近く、「イスラエルの地」の農耕の知識は、タイ語の脳に宿っている。

農業省では目下、イスラエル国民に農場で働くことを奨励するプログラムを展開中だ。プログラムではイスラエル市民が、パスポートこそ外国製だがもっともこの地に根ざした知識をもっている人々に、農業のノウハウを教わるのである。

農村ネットワークを再構築する

アルマゲドンへの道中は、西ヨーロッパやアメリカ国内を旅するのと変わらない、安閑たるドライブだったのに、ジェニンの畑に行くためには、ほとんど角を曲がるたびに軍の検問があるような一帯を通らねばならなかった。

わたしが初めてイスラエルを訪れたのはまだ二〇一四年のガザ地区の紛争が始まる前だったが、その後爆撃がもっとも激しさを増した時期を経て、八月の停戦の数カ月後まで何度か訪問を続けた。その間ずっと、イスラエルから西岸地区への「国境」――イスラエルの政治家はこの用語を好まないが、現場の兵士はそう呼んでいる――を越えるとはつまり、ディーゼルの煙が立ちこめるなか次の検問所へ何時間もかけてじりじりと移動し、自動火器の銃口をつきつけられながら身分証を見せ、穴だらけの道を車を走らせることだった。修繕がままならないのは財政的な問題もあるが、資材を運びこむのがほぼ不可能だからだ。

紛争が激しいときには長々と渋滞が続き、兵士も普段にまして無愛想だったが、比較的平穏なときでも、検問所に行くとヨルダン川西岸地区をイスラエル軍が有無を言わさず制圧している空気が、濃密に漂ってくるのだった。有刺鉄線と壁の反対側には、快適なイスラエル人専用道路が走り、検問もずっとスムーズに入植地に行ける。イスラエル人の車なら二分で行かれる距離を、次の日わたしが使ったパレスチナ人用ルートでは、二時間半かかった。

バスが検問を終えるのを待つ間、エルサレムからラマラに通じる道路のわきの壁に、スプレー塗料でオリーブが描かれているのが目にとまった。エルサレムに宗教観光する人向けの安手のガイドブックによくある「聖書に登場する人々」を模した牧歌的な情景にはほど遠く、根こそぎされたオリーブを抱きかかえて嘆き悲しむ女性の図だった。包囲と戦闘の時にあっては、「木を損なうことなかれ」という旧約聖書の申命記《しんめいき》の戒律も、この何十年かはあまり重きをおかれていないようだ。

わたしが話をしたパレスチナの農家は全員、イスラエル軍か分離壁、あるいはイスラエル人入植者が原因でオリーブの木を失っていた。自分たちの土地を分離壁や入植地の柵で分断された者も少なくない。彼らは携帯電話で撮った写真を見せてくれた。

入植者たちはオリーブを切り倒し、除草剤を撒いている。人間に向かって銃撃したり殴りかかったり、あるいはオリーブ畑に火を放つ。壁やフェンスの向こうの畑には、許可が下りずにほんの短時間しか行くことができない、と農家の人々は口をそろえてこぼしていた。なかには、老人にだけ許可が与えられた農家もあるが、オリーブ畑を人力で手入れするには一ヘクタールあたり三〇〇から四〇〇時間が必要で、手入れの行き届かない木はただ使い物にならなくなる。検問所の多くは、道具や瓶を通させない。パレスチナ人農家は、かつて自分たちの農地だった土地に住みついているイスラエル人入植者から、飲み水を買わなければならないのだ。

このような締めつけが始まってわずか二、三年で、人と木々の絆は断たれた。畑は雑草だらけになり、火事が起こりやすくなる。木々は伸び放題に伸びた。ヨルダン川西岸では、分離壁の向こうに追いやられたオリーブ畑の収量は、平均して七五パーセント落ちこんだ。三年放置された土地は、イスラエル政府が収用できる。治安上、重要な場所と見なされた土地は軍に徴用される。イスラエル政府がパレスチナの政治家の行動が何かしら気に食わなければ、非合法だった入植地が合法化される。西岸地区の土地は少しずつ割譲されていき、そこに住む人々は限られた居留地へと追い立てられていく。希望もまた、少しずつせせこましくなっていた。毎日のようにレーザーワイアをくぐり、分離壁の向こうに残されたわずかばかりの自分の木を世話してもどってくる男性は、「何がみじめだといって、……おれたちが何をしようと何を言おうと、何ひとつ変わらないことだ」と語った。以前はトラクターを使って畑に通っていたというが、いまは年老いたロバと共に、とぼとぼと歩いて行く。

この鬱屈を政治的な、あるいは軍事的な方向に向かわせるのはわけもないことだ。ジェニンの難民キャンプは狭い通路をはさんで急ごしらえのコンクリート住宅が立ち並び、イスラエルと戦って命を落としたか、自らの命と共に人々を死に追いやった者たちのポスターばかりがべたべたと壁に貼ってある。キャンプのはずれの自由劇場では、若者たちがこぞって言った――自分たちの子どものころの夢は、相手に打撃を与えつつ死ぬことだった、と。彼らに言わせると、パレスチナにとってイスラエルに占領されたと言うとき、それは単なる土地の収用にとどまらず、思想や夢が占領され、植民地にされ、破壊されることを意味するのだそうだ。

イスラエルでも暴力によって夢が切り刻まれる。パレスチナのイスラーム主義政党ハマースは、ガザから市民を狙ってロケット弾を撃ちこむ。自爆テロや刃物を用いた襲撃事件が、ほとんど常に新聞の一面に居座り、小さな国土だけに、多くの人の我が家のすぐそこで起きている。かつてヨーロッパで繰り広げられたジェノサイドが建国の引き金になり、いまはほぼ敵対的な国々に囲まれているなかでは、闇に満ちた過去も、消滅するかもしれない未来も、根深く現実感を帯びている。

ガザの紛争の間わたしが出会ったイスラエル人は、ほとんど全員、親戚の誰かがいま兵役についていると話していた。車の多くは、音楽やニュース解説の局ではなく、空襲警報の周波数にラジオを合わせていた。これほどひっきりなしに攻撃が続くのでは、防護のための壁を作るのもやむを得ないようにも思えた。

イスラエルと、その軍事占領下にある土地は、文化という文脈においてアマゾンの生態系の現身《うつしみ》だ。いつ果てるともなく、衝突の連鎖が循環する。スマク・カウサイ（安らかに生きる）への道は、見きわめるのも困難だ。

コミュニケーションと協働

ジェニンの近くで、わたしはオリーブ油を買いつけているアメリカ人のビジネスマンに出会った。ユダヤ系で、イスラエル領内で起きたパレスチナの自爆テロによって近しい親類が複数犠牲になっているという。そんな人物が、自爆テロや襲撃の実行者をとびぬけて大勢生み出しているジェニンの近郊にいることは不可解に思えた。だが尋ねてみると、彼の答えは明快だった。自分は過去には興味がない、未来につながる商品を見出して力になりたいのだという。彼がジェニンにいたのはある特定の商品のためだった。カナーン・フェアトレードとパレスチナ・フェアトレード協会の提携で作られるフェアトレードのオリーブ油だ。

両者の存在によって、収穫期に、あるオリーブの木に集まる力は二倍にも三倍にもふくらむ。小さく分断されたコミュニティがもう一度つながり、この地域の農業全体を支えてきた人間社会のネットワークが再構築されてきた。

一九世紀以前、パレスチナの村々はムーシャと呼ばれる仕組みで農地を管理してきた。農家それぞれがどれほどの土地の面倒を見られるかで、農村が手入れする広さが決まってくる。村のなかの人間社会は時とともに変化するので、割り当ては一年か二年ごとに見直された。このやり方に終止符を打ったのが一八五八年のオスマン土地法で、この法律は修正されながら英国からイスラエルへと受け継がれていった。主として課税の枠組みをはっきりさせるために、村単位ではなく個々の農家の働きに対して税が課されるようになったのだ。

生産者共同体であるパレスチナ・フェアトレード協

会は昔ながらのコミュニケーションと協働の精神を、近代経済の文脈に移しかえた。資源をプールし、一斉に行動することで、農家は価格交渉ができるようになり、栽培計画を立てて共同で生産にあたることで、オリーブ油の品質を向上させられる。そしてカナーン・フェアトレードが、生産者共同体とアメリカやヨーロッパのオリーブ油市場とを橋わたしする。地元にオリーブ油消費の市場を開拓しようとしているイスラエルの関係者同様、ヨルダン川西岸地区の農家と輸出業者も、口に嬉しい商品があってこそ、木々と人々が農地にとどまれることをよく知っている。

もしかすると、中東の「恐怖の地理学」、自爆願望がなおいっそう壁を厚くするという循環を迂回する道は、ここにあるのかもしれない。ジェニン近郊にあるカナーンのオリーブ搾油場には、命を落とした者のポスターは一枚もない。搾油機の鎮座する作業場を囲む壁のタイルには、その代わりにアラビア語の飾り文字が施されていた。

根　جذور
オリーブ　زيتون
味　الذوق
美　جمال
協働　تعاون
水　ماء

オリーブの花粉が語る文化の盛衰

現代のシリアにあたる場所に、ウガリト語の楔形文字を記した粘土板が三五〇〇年もの間眠っていた。発掘されて日のあたるところに出たために、カナンの筆記者の手を借りたバール神の言葉がいま明かされる。バール神が語るのは、「木々の言葉」「石の囁き」、そして雨の音だ。秋にはバールは雲に乗る。粘土板によれば、大地が雨となったバールを受け取ると、地上から戦争がのぞかれるという。そして愛が地に根づくのだ。

カナンの、「バールの雨を得られるように地を耕せ」はとても古い祈りで、大昔の人間に読ませるための粘土板ばかりか、植物の刻む楔形文字、つまり土中に残された花粉の痕跡という形でも記録されている。花粉の記録は遠く数十万年遡り、その間の気候の律動をあらわにする。そのなかで人間の文化は、進化し、栄え、そして時に衰退した。

エルサレムは、西は地中海沿岸の海岸平野、東は死海とヨルダンにはさまれた花崗岩の丘に位置する。春、オリーブが小さな白い花を一本一本に数百個も咲かせると、黄色い花粉は地中海から吹く風に乗り、東へと漕ぎ出す。ダマスカス門の木を飛び立つと、旧市街の壁を越え、キドロンの谷をわたってオリーブ山まで運ばれる。あるいは分離壁も村々も入植地も見下ろして飛びつづけ、丘の斜面を下ってクムラン遺跡の洞窟を横切っていく。そこは海面より四〇〇メートルも低くなっている。死海までやってきたのだ。ここからは、さらに死海を飛び越えてヨルダンへ行くものもあれば、塩辛い水に沈むものもある。年ごとに風は花粉と埃を運んできて、湖底に春の芽吹きの記録を新たに降り注ぐ。幾千年もの時を経て、死海の底の堆積物は、花粉を閉じこめながら何メートルも降り積もった。

死海の水量はいま減りつづけている。降水量の少なさ、流入する河川の上流で、灌漑用水が引かれてしまうこと、そしてミネラルを採るための巨大な蒸発池が作られているのが原因だ。水面が下がると、湖底の古い堆積層が現れてくる。塩分をたっぷり含んだこの侵食谷のコアを採り、層を剝離して、地質学者や生物学者が来し方を再現していく。フロリサントのペーパーシェールと同じだ。ガリラヤ湖の湖底から採取したコアとつき合わせ、最近一〇〇〇〇年の記録はずいぶんと確かなものになった。

沈殿物と堆積した花粉からは、バール神の重要さが浮かび上がってくる。降水量は年代ごとに変化し、死海も、死海の前身である氷期のリサン湖も、過去二五万年の間に数百メートル単位で湖面が上昇したり下降したりしている。水が満々とした世紀もあれば、干上がった世紀もあった。花粉の記録は雨をなぞる。緑滴る時代から、砂漠の時代へ、そしてまた緑から砂漠へと。

この周期を動かす力は、遠く離れた場所にあった。最終氷期の終わりに氷河の融水が大西洋に流れこんだとき、冷たくなった海は地中海を冷やして湿度を下げた。雨は絶え、死海の水位は下がって、陸は砂漠になった。大西洋の氷水の流れが緩み、静まると、地中海沿岸に雨がもどった。潤いのもどった時期には、人々が移動した。アフリカを出発した最初の人類が、この地域や、ここを通り越して隣のアラビアに至ったのは、ほぼこの時期だ。彼らの移動を手はじめに、この地はその後いくたびも人々の移動と離散の波が繰り返されていくのだが、この、人類初の中東旅行者と入植者の子孫たちが、やがてヨーロッパやアジア、オーストラリア、そしてアメリカに根づいていったのだ。

もっと現代に近づくと、栽培作物、ことにオリーブの花粉が、一帯の文化の盛衰を物語る。六五〇〇年前の死海の堆積層には、突如としてオリーブの花粉が増えていて、これはちょうどオリーブが栽培されるようになった時期と一致している。青銅器時代のはじめ、およそ五五〇〇年前は気候は湿潤でオリーブもよく茂った。それから二〇〇〇年近くは、気候の変動も緩やかな時期が続き、青銅器時代の終わりごろまで植生に大きな変化はない。

紀元前一二五〇年から前一一〇〇年の堆積層には、オリーブはおろか地中海地方の樹木の花粉がほとんど見られなくなり、その後、堆積層そのものがなくなってしまう。地質学者の採取したコアには空白の時期があり、規則正しい堆積に何らかのじゃまが入ったことを示唆している。死海の水位が極限まで下がり、花粉が水に没することなく、風の吹きわたる砂丘に落ちたのだと考えられる。

一世紀の後に再び降りはじめた雨のしずくは、人が去り、それとともに栽培作物が植えられなくなった地面に落ちることになった。これに続く文明の大きな変動を、考古学者は「後期青銅器時代の終焉」と呼ぶ。この時期について記したウガリト語の記述は、穀物の輸送を「死活問題」としている。アフリカ北東部や中東で見つかる文書でも、飢饉を嘆いている。北のほうの氷が、ここでもまた悪さをしていたのかもしれない。地中海沿岸地域の東側が乾いていく前、グリーンランドはそれまでになくすっぽりと氷に覆われていた。その氷床が一部融け出し、世界のまったく別の場所に干ばつをもたらしたのだ。

現在グリーンランドが再び融けはじめていることは、中東の農業の未来に明るい展望をもたらしはしないだろう。資源や環境問題を扱うアメリカのシンクタンク、ワールド・リソース・インスティテュートが今後数十年間で水不足に悩まされる国を予測したところ、イスラエルとパレスチナは、農業分野、工業分野、家庭用水のいずれの分野でももっとも上位にランクされた。死海は再び、水にでなく土の上に花粉が落ちる水位レベルに近づいている。

ヘブライの預言者であったエリヤは、カナンの偽りの神バールを打ち負かしたとされている。だが、アルマゲドンのオリーブ畑の灌漑パイプに、あるいはヨルダン川西岸地区の、少ない水を活用するオリーブという樹木の遺伝子に、バールの手が必要なことははっきりと感じられる。バールは、イスラエル人入植地の灌漑設備にも、パレスチナの乾いた村々にも、その力を見せつけている。軍が、パレスチナの農民に分離壁を越えて水を運ぶのを禁じるのは、バールの威光を笠にきているのだ。市場でも、彼の名を耳にする。パレスチナの市場でもイスラエルの市場でも、灌漑用水なしに育てられた果物や野菜にはバールの名が冠されている。ただ、わたし自身の経験からも、言語学者で歴史家のバセム・ラードがそれよりはるかに念入りに調べたかぎりでも、それがアブラハム以前の神さまのことだと知る店主はひとりもいなかった。

「バールの雨を得られるように地を耕せ」。生態のことを思えばいたってまっとうな祈りではあるが、おそらく破れかぶれの祈りでもあったことだろう。

降水量と花粉と人間社会の明暗との相互関係を示す記録は、一見したところでは運命論のようにも思える。「われわれが何を言おうと何をしようと、結果は変わらない」と。それでも花粉の記録は、バールの気分がいかに威力絶大であろうとも、人間と樹木の運命を一〇〇パーセント決するわけでもないことを告げている。オリーブの花粉は、およそ三〇〇〇年前の乾燥のはなはだしかった時代にも降りつづけ、人類史にあまり知られていないとはいえ、乾ききった大地で果樹を栽培することに成功した文明のあったことを証明している。

さらに、貪欲に栽培技術を追求したギリシャ人やローマ人やビザンチン人たちが、東へ向かってユダヤの高原から降りてくる薄い花粉の雲を、ブドウの花粉をともなう分厚い雲に変えていった。オリーブ油とワインを求める情熱と、灌漑技術や栽培計画の集約によって、丘はオリーブとブドウの畑に生まれ変わっていく。気候も助けになった。死海の水位はローマ時代にはおおむね高く、つまり降雨量もそれなりにあったということだ。ところが乾燥した時期でも、オリーブの花粉は丘から大量にふりまかれた。ピラトが計画したエルサレムの水路はローマ帝国がなした無数の水利管理のひとつであり、人々とバール神とのむつまじい間柄をもう一度とりもってくれたのだった。

逆に、気候はよかったのにオリーブの花粉がごく少なくなった時期もある。青銅器時代で緑豊かだったはずのころに時折、花粉の量が減るのだ。それは戦争や政治不安で樹木の手入れがおぼつかなくなった時代に重なる。さらに、鉄器時代後期、紀元前七五〇年から前五五〇年ごろにかけて、ユダやイスラエルといった繁栄していた国家のオリーブ栽培が、アッシリアやバビロニアの侵入によって踏破されていく。バールに頼ればいいとはいえ、社会の情勢が乱れれば、農民と樹木は手をとり合えなくなり、その結果、大地から食物を生み出せなくなる。

関係性が保つ知識

アマゾンのアナナスや、北の針葉樹林、あるいはマンハッタンの街路のマメナシなどには、それを支える生物群落があったが、地中海のオリーブの林も、活力を保ち、息長く成長を続けるためにほかの生物種との安定した関係を頼りにしている。オリーブの場合、特に重要な生物種はホモ・サピエンスだ。この生き物との関係を断つのは、木そのものを伐採するのに匹敵するくらい、個体としての死を意味する。青銅器時代の戦争、バビロニアの侵攻、そして現代の分離壁は、いずれもバール神の恩寵を蹴散らし、人と樹木の両方に命をもたらす関係性を見失わせて、豊かな実りを生み出すこともできたはずの土地を荒地にしてしまったのだ。

戦争や社会の混乱は現時点での関係性を断ち切るだけではない。大勢の人間がある土地から流出すると、土地とともにあった知識が失われてしまう。産業化で生地を奪われたアマゾンのワオラニ族、植民者によって殺され、あるいは追い立てられた北アメリカの先住民。ユダ王国の人々は、バビロニアによって捕囚の身となり、パレスチナの人々は、ナクバのあと故国を失うことになる。戦時に限らず、農業が割に合わないばかりに過疎となり見捨てられる土地もある。

いずれの場合も、人々と、その土地で人間のまわりにいた生き物たちとの関係に刻みこまれていた記憶は、消滅していく。流浪する人々は、自分たちのなかに残された記憶を書きとめ、保ちつづけられるかもしれないが、いまある関係性によって作られ、守られていく知識は、関係性が壊れると同時に死んでしまう。あとに残されるネットワークは、以前よりはずっと生産性もなく、壊れやすく、粗雑で陳腐なものになってしまう。

わたしたちはそうした混乱や損失を受け継ぎ、生きていく。だが関係性を作りなおすために、わたしたちはもう一度さまざまな生命たちを繕い、つなぎ合わせ、ネットワークの美しさと強さを高めることもする。

エクアドルでは、オマエレ財団が荒廃した土地を取得して、高齢者世代から得た知識を多くの若い人々に伝えることで、植物を栽培するとともに、植物のある世界での人と植物の関係性をも耕そうと試みている。財団創設者のひとり、シュアール族のテレサ・シキはわたしにこう言った。「ノートなんか置いておきなさい。書かれたものは失われる。関係性のなかで自ら生きた経験だけが続くのよ」と。

ニューヨーク市の公園余暇局は植樹に地域住民を巻きこんだが、それによって住民たちはアマゾンの森ほど多様ではないにせよ、樹木と人々の双方を豊かにしてくれる、木との生きた関係を得ることができた。北の森では、政治的にかつては対立し合っていた者どうしが経験をもち寄り、森の生活から思索のネットワークが生まれてきている。カナーン・フェアトレードもパレスチナ・フェアトレード協会もイスラエルの農業省も、それぞれがネットワークと対話が豊かになるよう力をつくしていて、それによってオリーブと人間とが共にあった生活が、理解され、記憶され、慈しまれていくことだろう。

サイレンが鳴りわたるなか、ハマースのロケット弾がガザの壁を越えてエルサレムに向かっていく。二〇一四年の七月、両者が放った何千という爆弾のうちの一発だ。ダマスカス門のオリーブが見守るラマダンの市に集まった人々は、警報くらいではぴくりとも動じない。押し合いへし合いして広場の隙間という隙間に店を並べる露天商に殺到している。オリーブの木にはロープにかけたシートが張りわたされ、こみ合った市場や歩道を覆っていた。シートは日中は日陰になるし、夜には埃と風よけになる。戦闘のせいで分離壁のチェックポイントの流れが悪くなっているとパレスチナ人の露天商が言っていた。だから、壁の向こうに家がある者は、こちら側の木の下で野宿したがるのだそうだ。

果物を乗せるのに、露天商たちは段ボール箱で間に合わせのテーブルをこしらえていた。段ボールにはイスラエルの農業会社の名前が書かれている。産地はエルサレムや西岸地区など領有権の混在している場所からは遠く離れた海岸地方だ。この市場のプラムやオレンジは、アルマゲドンのオリーブ同様、灌漑設備の整った、「喜びに満ち、花の咲きこぼれる」野からきたのだ。だがここ、東エルサレムに灌漑用水はない。イスラエルは政策で何万という人々への水の供給を遮断している。住民のなかには、ボトル入り飲料水を買うことを余儀なくされている者もいる。例外的に雨水で潤っている木から収穫されたオリーブもあることはあ

ダマスカス門の傍らのオリーブの下に店を広げる露天商たち

東エルサレムには灌漑用水はなく、この市場で売られる果物は
ほとんどが灌漑設備が整った遠くの農地からきている

るが、それ以外にこの市場に出ている果実はすべて、輸入された水で満たされた賜物なのである。

日が落ちる前、カタールから来ている奉仕団体の人々がドアをあけ放ったワゴン車の横に立ち、人々に食べ物を配りはじめた。貧しい人々に提供されるサダーカと呼ぶ贈り物だ。市場に出される果物もそうだったが、渡される箱の食べ物も、よそで採れた水を含んでいる。エルサレムの命を保ってきた、ピラトの水路ではないどこかの。

日が沈み、人々は瞬く間にいなくなった。ラマダン明けの食事をとるために、城壁のなかへと帰っていくのだ。閑散とした広場に露天商が数人居残り、配られた弁当を開いている。夕闇が広がってきて、黒ネコと茶トラとサビネコが壁の裏から姿を現し、足音もたてず、節くれだったオリーブの幹に身を寄せる。この子たちのご先祖がもう一〇〇〇年も前からそうしてきたのだろう。ネコたちは露天商が捨てておいた残飯を貪りはじめた。惜しみなく与えられるバール神の賜物の、ほんのきまぐれな分け前を。

ゴヨウマツ Japanese White Pine

樹木の命と人間の命は関係性のなかに築かれる

宮島、日本
北緯34度16分44・1 東経132度19分10・0
ワシントンDC
北緯38度54分44・7 西経76度58分08・8

ネズとマツの薪が鉄の釜の下ではじけ、くすぶる。長年煙を浴びつづけた堂内の壁も天井も、すっかり黒くなっている。天井から鍾乳石さながらに煤が滴り、火の上の釜を屋根から支えている綱を黒く染め上げている。木造の壁も腰かけも脂《やに》を燃やした炭と灰のにおいがする。堂内に入る際、わたしが背をかがめた低い入り口には、板に「霊火不滅」と彫りこまれた扁額がかかっていた。敷居をまたぐと透明な空気がわたしの足のまわりを渦巻き、お堂の中央にある「消えずの火」へと勢いよく流れていくのがわかった。換気口のないお堂では、釜のまわりに淀んでいた目の痛くなるような煙が、出口を求めて開いた扉の上部から流れ出していく。炎が吐き出した煙は入り口から押し出され、彫刻が施されたお堂の庇をかすめて山の空気へと溶けこんでいった。

堂内は煙が濃くたちこめ、咳の音も人の声も、くぐもったように聞こえる。お椀を手にした参拝者と観光客が咳きこみながら炎を見ようと首を伸ばす。わたしたちは釜の蓋を持ち上げる。それはつまり、樽ほどの大きさの鉄《かね》の甕《かめ》にかぶさっている厚板のごとき覆いをずらすということで、そうしてから椀を浸してぬるい湯を汲み出す。この湯を含めば万病を癒やすと言われているが、評判通りの神通力がなかったとしても、海際から山頂へ五〇〇メートルも登ってきたあとの喉には、充分甘露だった。

この地では、一二〇〇年の間ずっと木が燃やされている。薪の炎が、日本で真言宗を開いた弘法大師空海の信徒によって、絶やすことなく受け継がれているのである。空海は中国で仏教を学んだ後、八〇六年に、広島から瀬戸内海をはさんだこの島の山のなかで、百日間の修行をした。空海が起こした焚火は消えずの火となって、信徒たちのおかげでいまに至るまで続いているのだ。この火によって温められた水は、病を癒やすだけでなく、水そのものも浄化される。

一七世紀から一九世紀まで続いた江戸時代には、僧たちが山頂のお堂から麓の本堂まで湯を運びおろしていたという。僧たちはこの水を用いて墨を摺《す》り、経典を写した。この島を選び、神殿を立てた宗教家、権力者は弘法大師だけではない。霊火堂は両手に余るほどの神社仏閣が並ぶなかにある。島はなかでももっとも大きな神社に由来して公式には厳島《いつくしま》の名があるが、通常、社殿の島という意味で宮島と呼ばれる。

ある木のルーツを訪ねて

社殿を訪ねる目的でこの島に来たわたしだが、参拝をしたかったわけではない。わたしの目的は植物で、いまはワシントンDCにある木が出生した場所を見たかったのだ。この木が旅路の第一歩を踏み出したのは、宮島の神殿のおかげだ。神殿を取り巻く森は神聖化され、この島の植物というだけで日本では強力な文化的価値を帯びる。特に神道においてそれが顕著で、というのも神道では人間界と霊界、そして「自然」との境界は幻にすぎず、宮島のようなパワースポットはわたしたちがその境界を越える後押しをしてくれるとされるからだ。

神社の境内にある樹木は神木で、人間と人間以外、生者と死者、霊魂と現実界との橋わたしになる。宮島は島全体が聖域で、あらゆる世界の結節点に捧げる神殿なのである。生態系では、そのなかに生きるすべての植物の根が手を携えてコミュニティをひとつにまとめているが、神道の宇宙においては神木が、生態系をも含めたあらゆる命の階層をつなぐのだ。

わたしがその生まれ故郷を見たいと思った木は、ゴヨウマツだった。まだ若木だった一六二五年に掘り起こされ、本土に運ばれた。そこでもっと丈夫なクロマツの台木に接ぎ木され、少しずつ形を整えられて宮島五葉松と呼ばれる品種の盆栽になった。ほうっておけば二〇メートルにはなって、コロラドで日陰をさしかけてくれたポンデロサマツと同じくらい大きく成長する木だ。だが絶えず剪定を繰り返すうちに上へは伸びなくなり、陶器の鉢に収まった木の横に立ったとして、陰はせいぜい膝のあたりまでしかできない。枝と根を剪定しつづけると、木は上に伸びなくなるだけでなく、針葉のドームをかぶった形ですっくと直立する。盆栽の多くは枝のまわりを針金で囲ってあり、そのおかげでよりいっそう、観賞向けの形ができる。

ポンデロサマツの根と菌類は手を組むと、地中深く、一番外側の枝を精一杯伸ばしても届かないくらいの距離からでも水を引き出せる。盆栽になったゴヨウマツにはそんな集水装置がないため、日々人間が世話を焼き、一日に一度か二度は水を浴びせてやらねばならない。さらに、一年か二年に一回は古くなった根を取りのぞき、浅くて広い鉢のなかという限られた空間で若い細根が育つのを助けてやらねばならない。盆栽の鉢にも共生菌は存在するものの、菌が果たす役割のほとんどは人の手によって行われる。

三五〇年の間、山木《やまき》という一族がこの盆栽を手入れし、祖先から何世代にもわたって受け継いできた。一九四五年、広島にあった山木家の庭をめぐる塀が、原爆の爆風から盆栽を守った。山木家の地所は爆心地から三キロのところにあったので、塀はなんとか倒れずにすんだのだ。ただし家屋の窓は割れ、なかにいた家族は被害を受けた。盆栽はその後も広島にあったが、一九七六年、エノラ・ゲイとは逆向きに海を渡ることになる。山木家と日本政府が、建国二〇〇年を祝って、盆栽をアメリカ合衆国に寄贈したのである。

ヤマキマツと呼ばれることになるこの盆栽は現在、

首都ワシントンの北東郊外に建つ、アメリカ合衆国国立樹木園の盆栽・盆景博物館にある。盆栽にしては大きくて、鉢は幅が腕の長さくらい、深さが掌くらいある。よじれて罅《ひび》の入った樹皮に覆われた幹は、長さはわたしの前腕くらい、太さは細身の人の胸幅くらいある。樹皮に癒着したカルスがこの木の長寿を物語っており、わたしの目は、うろこのように折り重なった樹皮と、その裂け目とに吸い寄せられた。上は丸く、下は平らな針葉の樹冠部はちょうど左右対称に樹身に乗っかっている。樹冠の上部の丸みは、いくつもの枝が渦をまいた先から伸びているものだ。のどかな丘というには傾斜がやや起伏しすぎているきらいはあるものの、それでもてっぺんからふもとへと流れる曲線はなだらかだ。わたしの目は、生きた彫刻を前にただ静止していた。

この盆栽のまわりには、同じように古びた盆栽がいくつもあった。おおよそ一八世紀か一九世紀に遡れるものだ。だがヤマキマツほど年経りた木はなく、これほど由緒正しい出自の木もない。山木家と国立樹木園の学芸員の手になる来歴によると、いまワシントンにあるこのゴヨウマツが生を受けたのは一六〇〇年代のはじめ、宮島の弥山《みせん》の山中だという。それはかの、弘法大師の消えずの火にもほど近い場所だ。

わたしは霊火堂の煙をあとにして、盆栽のゴヨウマツが芽吹いた場所の探索を続けた。森の植物を見ているうちに、現実感が薄らいでいく感覚を覚えた。あたりの情景がどれも、あまりにも見慣れている気がしてならない。アカガシやカエデを揺らす風の音もアメリカにそっくりだ。アカガシを吹き過ぎるときにはざらざらと重たく、カエデの薄い葉を揺らす風は軽やかだ。ところがいざ目を凝らしてみると、葉の形、樹皮に走る溝、実の色合い、どれもがよそよそしく、未知のなかへ放り出されたように途方に暮れる。煙で目をやられたわけではない。植物進化の奥深い歴史が描く地図に頭が惑わされているのだ。

東アジアという、北アメリカ東部から遠く離れた場所の植物が、じつのところアパラチア山脈の木々とよ

350年間、広島の山木一族が手入れしてきたヤマキマツ

1976年、建国200年を祝って、アメリカ合衆国に寄贈された。
盆栽は、人間の命と樹木の命は常に、関係性から作られていることを教えてくれる

り近しい親戚であって、アメリカ合衆国北西部やフロリダ州や南西部の乾燥地帯の植物のほうが縁ははるかに薄いのだ。宮島を歩くと、ウルシにカエデ、トネリコ、ネズ、マツ、モミ、カシ、カキ、ヒイラギ、ムラサキシキブ、ブルーベリー、ツツジが目についた。まるでアパラチアと変わらない植生のなかに少しばかりアジアらしい植物がまじる。例えばスギやツタ、コウヤマキなど。スギが吐き出す物柔らかな長いため息が、わたしのよく聞き知っているオークやカエデのつぶやきにからみ合う。

少しばかりのアジア特産の木をのぞけば、ほとんどどれもがよく見知っている顔だった。それなのに近づいてみると、細かい部分がわたしをまごつかせるのだ。針葉は妙な具合に広がっているし、ドングリの笠は繊細すぎる。そして漿果《しょうか》は見たこともない規則性で固まっている。DNAや化石、構造からすると、この山の植物はアパラチアの森ときょうだいだ。わたしの五官は、なじみ深い人たちの兄弟姉妹の集まりに出くわしてしまった事実に折り合いをつけようと、じたばたしていたのだった。

現代の地理分布からいうと、東アジアと北東アメリカの植物がこれほど近しい間柄であるのは合点がいかない。だが温帯性森林が育つ温暖で湿潤な気候の及んでいた範囲はかつていまよりずっと広く、ことに、フロリサントの森が栄えた時期の前後にはそれが顕著だった。北半球は、現在の東アジアとアパラチアに生育する植物の祖先たちですっぽり覆われていたのだ。その後北アメリカの中央部が乾燥して気温も下がったため、温帯性森林は分断された。氷期がこれをさらに進め、温暖な気候を好む植物たちを南の狭い避寒地へと追いやった。気候変動が一家を離散させたのだ。

何世紀も前にヤマキマツが誕生した場所を求めて歩いてきたわたしの足は、おかげでマツが発芽したときよりもさらに遠く、時代を遡った。フロリサントの化石を通じて知ったのと同じ、生きた伝説がここにもある。森と森の系譜が、少なくとも三〇〇〇万年もの時の彼方でつながったのだ。

ただし、宮島の森に見つけられなかった木もある。

ゴヨウマツだ。アカマツとクロマツは山頂付近に密生していたが、特徴的な五本の針葉を擁した幹も、若木も、ひとつとして見つからなかったのだ。わたしが見つけた、というより見つけられなかったことを、日本の植物学者も海外からの研究者も、裏づけてくれている。われわれが知るかぎり宮島では、生きたゴヨウマツは、盆栽の鉢のなかか、人為的に植えられた公共の場にしか見られないのだ。山木家に言い伝えられた伝承には尾ひれがついていたのか。当時の盆栽収集家が宮島生まれということにして箔をつけたかったのはありうることだ。でなければ、マツが掘られ、接ぎ木され、鉢に移された四〇〇年前、宮島はいまとは違う環境だったのかもしれない。

箔づけのために宮島の名が使われた可能性も捨てきれない。盆栽の世界では名所にちなんだ品種名をつけるのを禁じる定めはなく、たとえ、実際の出所がその場所でなくともかまわない。いまどきの旅行ガイドやポスターを見ると宮島の名は使われ放題に使われているし、島の植物や鳥居、神殿を象《かたど》った品は枚挙にいとまがない。商店の並ぶ一区画をざっと見ただけでも、神殿のミニチュアからモミジの形の焼き菓子、神殿の画像を焼きつけた小間物、ライトアップされた鳥居の装飾を施したカキ売りの屋台に社殿を描いた品のいい木板《きいた》と、これでもかというほど見つかった。昔もそうした便乗商法はあったことだろう。その場合宮島は、この盆栽の本来の出生地というわけではなく、単なる通り名というわけだ。

とはいうものの、山木家の伝承が信頼のおける記録である可能性もやはり捨てきれない。何世紀もの間たゆまず一本の木を世話できるほど職務に忠実でかつ濃《こま》やかな配慮のある一族ならば、出自にまつわる経緯にも同じように充分すぎるほどの注意を払うのではないだろうか。口から耳へと伝えられてきた内容は、ひょっとしたら過去四〇〇年の間にゴヨウマツの生育範囲が変化してきたことを教えてくれているのかもしれない。

科学的データが伝承を裏づけている。一七世紀のはじめ、小氷期が席巻した。ちょうどヤマキマツの種子がマツカサからこぼれ落ちたと考えられる時期だ。凍結した川や桜の開花時期について書かれた当時の文献と、年輪、花粉といった生物資料とをつき合わせると、そのころ日本がかなり冷えていたことがわかる。ヨーロッパの古記録も、小氷期が地球全体に及んでいたことを裏づける。このころから数世紀前、つまりヤマキマツの祖先が成熟期にかかっていた時代の東アジアも、現在よりは寒かった。マツの花粉はいまよりずっと多く出まわっていてナラなどの広葉樹は下り坂だった。そうなると、現在の宮島がゴヨウマツにはやや暖かすぎてやや南に寄りすぎているとしても、四〇〇年前のこの島が生きていた気候はまったく別のものだったのだ。

盆栽収集家たちが島の斜面を拾った一六〇〇年代、彼らの前に広がった森林は、いまの日本ならもっと北の高山でしかお目にかかれないものだったかもしれない。数百年受け継がれている能書によると、彼らはたしかに弥山でゴヨウマツを見つけたのだった。

一本の木を丸ごと感じる

宮島の木々は、祈りの音に囲まれている。社殿の前にはオレンジほどの大きさの木の珠《たま》を連ねた巨大な数珠《じゅず》が、天井に据えつけられた滑車を通ってぶら下がっている。参拝者がその数珠の縄をたぐるとそれに連れて珠も登っていき、滑車を越えたところで落下して下の珠とぶつかり合う。カッコンというその音は、神殿に祀られた神々に向けた誓願だ。おみくじの箱を、たくさんの手が次々とふっていく。箱の内側でこすれ合い、がちゃがちゃとぶつかり合っていた細い木の棒がカラリと飛び出して、未来をお告げする。

板張りでところどころ彫刻が施された社殿の壁が、祈りや感謝の思いをこめて打ち合わされた柏手《かしわで》の音を反響する。頑丈な綱で吊るされた丸太棒が振り子の要領で金属の鐘にぶつかっていく。鐘との接触でつぶれて広がった丸太の繊維が、衝撃を和らげる。硬貨が投じられる献金箱は、さしずめ木製のティンパニだ。これらすべての音がカミを、森の木々に、神殿に住まう精霊を、呼びたてる。聖別された領域では、人間の力はおおむね、音と化した木によって伝えられる。セルロースの振動が、わたしたちの祈りと神妙の世界をつなぐのだ。この地の神霊は遠く隔たった天上界ではなく、木々のあわい、森のなか、そして木造りの神殿にいる。打ち合わされた木々のたてる音が、大地の心材をねぐらとするカミを呼び起こす。

そんな森で見出されたヤマキマツが、ここから広島本土へと渡ったのだ。そこでヤマキマツは、大八車や馬が行きかう時代を生き抜き、化石燃料が咳きこみ、エンジンが爆発し、アスファルトの上をタイヤが擦っていく時代へと突入した。そして一九四五年、生き残った人々が一様に「(ピカ)ドン」と表現する「巨大な音」が、ヤマキマツを揺さぶった。

変わって現在、ワシントンではヘリコプターが空をかき乱し、彼方の高速道路の音が、盆栽の安住する展示場の隅々にまで切りこんでくる。宮島の森は盆栽展示場にも存在する。刈りこみをせず、伸びるにまかせたスギとカエデがふんわりと風をそよがせているのだ。

時には、宮島を参拝する人々と変わらぬ所作を、見物の人々の歩みに、声に見ることもできる。そうした人々はヤマキマツの前で足をとめ、解説を読もうと腰をかがめ、終えると背筋を伸ばす。この木が感覚に訴えかけてくるものをしっかりと受け止めたのだ。感想がつぶやかれることもままある。この木の来し方に打たれ、葉の形作る均整、あるいはそれを支えている幹や枝の形状に感心して。ほどなくその場を離れたあとも、そうした人々は歩きながら瞑想を続ける。

だが見学者の多くが、神殿を訪れる参拝者たちとは異質な騒々しさを声に出す。まるで遊園地にでも来ているかのように、跳びはね、体を揺らし、その場その場で行きあたりばったり展示物に目をつけては笑いだす。こういう人たちはどの盆栽ものの五秒と見つめていない。美の鑑賞から知的洗練がそぎ落とされ、ごく原始的に、感覚が矢継ぎ早に湧いてくる。驚嘆や欣《きん》喜《き》雀躍《じゃくやく》、あるいは戸惑いといった感覚。樹齢に信じられないと叫び、連れに、この形を、色を見てみろと強要し、いったい全体こんなめずらしい代物がどうしてできたんだ、と誰にともなく問いかける。

博物館を見学に来る人たちは、盆栽を前にすると普通の木を見たときには思いもよらないような話をせずにいられなくなるようだ。展示の仕方にも仕掛けがありそうだ。学芸員は思わず目が吸い寄せられるような順番で盆栽を並べている。

だが、盆栽の植わっている鉢やラベル、そして規格による制約といった人の目を引くための約束事に加え、人が盆栽とつながりを感じずにいられないのは、その形によるところが大きいだろう。丸ごとの木を人間の頭や上半身程度の大きさに閉じこめた盆栽を前にして、人はおそらく生涯で初めて、自分の五官で一本の木の全体をすっぽりと包みこみ、眺めることができる。

フロリサントでピンク色のズボンを穿いていた少女のように、見学者たちは自分以外の生物の全体像というものへと連なる道を、ある人は初めて歩き出し、ある人はさらに遠くへと歩を進めることになる。子どもたちはヤマキマツのところへ来ると、自分たちと同じくらいの小さな体で何百年も生きている植物があることに歓声をあげ、そうして樹木とのつながりが、体と心に、しっかりと住みつくのだ。

空気・木・森の関係性との対話

空気は、数百年分に及ぶ音を、寺院や森、町から、ヤマキマツの針葉に、根に、そして幹に届けた。木は小刻みに震える大気の呼吸を吸いこみ、精錬して、あたかもカミを抱くように、その振動を木のうちに蓄える。一年ごとに、年輪は前の年の年輪を包み、重なり合った樹皮の合間に空気の存在の確かな徴《しるし》が、分子レベルで刻まれている。それが木の記憶だ。

木は、細胞膜をつき抜ける電子のひらめきを借りて、空気との関係によって出現する。大気と植物は、互いが互いを作る。植物は炭素の一時的な結実であり、空気は四億年に及ぶ森の呼吸の賜物だ。木にも空気にも語るべき独自の生い立ちはなく、終末もない。なぜなら、どちらも、単独の存在ではないからだ。

空気にとって、木にとって、そして森にとって、形も生い立ちも、関係から生じる。個々の存在はその場かぎりの集合体だが、生命を朽ちることなく永らえさせる実体——つまり関係と対話とから成り立っている。この関係性のなかに、人間が踏みこんだわけだ。シャベルと鋏と陶器の鉢を携えて。

盆栽作りは一見、人間が生命ネットワークを抜け出そうとする意図の、明らかな表れのように思える。人工的に作られた刃を使って人間の目的論を人間以外のあらゆる生き物に押しつけようとする所業に見える。根を刈りこまれ、枝を整えられ、接ぎ木され、樹皮を傷つけられ、土をいじられた盆栽は、職人の心のままに未来の姿を決められる奴隷だ。被爆樹であるヤマキマツを見て、そんな感慨をもつこともありえよう。囚われの身となった老いた植物が、いままた爆撃に晒されたのだ、と。

だが、ヤマキマツを見た見学者たちの反応は、そんな解釈を吹き飛ばす。盆栽は決して、生命のネットワークをはずれてはいない。それどころか、オリーブの林同様、盆栽になった木々は、それ以外のやり方では見えづらかった事実を表に引っ張り出してくれるのだ。すなわち、人間の命と樹木の命は常に、関係性から作られているということを。樹木の場合ほとんどは、関係性の相手が人間以外である。バクテリア、菌類、昆虫に鳥。それが木を取り巻くネットワークの主要なメンバーだ。オリーブと盆栽にかぎって、人間を関係性の中心にもってきて、持続する関係性がどんなに大切かを、わたしたちに直に訴えかけてくる。

このような関係性が壊れると生命は弱まり、途絶えてしまうことさえある。地中海地方では、油を生み出す木々は人間との関係を断たれた結果、衰え、死んでしまった。木の作り出す油に頼っていた経済や文化を引き連れて。盆栽の場合、人間との接触を断たれた木はたちどころに死ぬ。同時に、何世紀にもわたって成長しつづけた木そのものの歴史も、手をかけてきた人々の労力も、葬り去られる。盆栽が失われたところでオリーブ畑が消失したときほどには、人間の食品庫も農家の財布も痛まないかもしれないが、文化に深い傷を残すところは同じだ。

中国と日本の園芸家は、何世紀も前から関係性が最優先であることに気づいていた。一一世紀日本の造園の手引き、『作庭記』は、造園について書かれたものとしてはおそらく最古の文献で、山河の性質や風、情緒といったものに自らを開放するよう、読者に勧めている。

著者と見られる橘俊綱は関白の息子で、「生得の山水」の表現を庭師に求めているのだが、彼の言う山水は人間界とは別個にある人間以外だけの世界ではなく、人やほかの生き物、水や石までが抱える内なる自然だ。この内なる自然はアニミズムで、岩も願望を抱き、木には仏陀なみの威厳が仮託され、風景のなかで一見ばらばらに見える要素の関係——例えば石と植物の配置——が、すべての要素のなかそれぞれに住まう精霊の思いを司る。

著者は、いま己の前にある世界を直接体験することと、「むかしの上手」の作品を範とすることと、両方が必要だと、自分以外の人々がもつ知識に謙虚に心を開くことが大切だと確信していた。庭は、自然を頭ごなしにねじ伏せて現実から逃避するためのものではなく、生命の綾なす網の目に、たゆまぬ注意を払いつづけることが求められる。もとより、人間の記憶に蓄えられた、網の目に関する知識を理解することも必要だ。『作庭記』は、ていねいに耳を傾けた結果が、庭にあるあまたの関係性を読み取ろうとする美学にたどり着いた。

人間ではないものの内なる「自然」に目を向け、合わせて人々の間に幾世代にもわたって積み重ねられてきた知識を注意深く聞き取る姿勢は、日本におけるその後の作庭文献にも表れている。信厳が一五世紀に記したと言われる作庭に関する文章や素描は、一一世紀の僧侶増円の手によるともいわれるものだが、このなかで著者は、「口伝（年長の名人による教え）を受けていないのならば、庭を作ってはならない」と主張している。庭を作る者は、過去から連綿と受け継がれた知識を統合し、庭のなかの石の向き、鳥の動き、木の枝ぶりにまでも「細大もらさぬ注意」を払って具現化しなければならない。著者は、敬愛し、尊重し、意を注ぐことに主眼をおいているのであって、意のままにすることは眼中にない。

現代の盆栽は、そうした哲学に端を発している。自分が手入れをまかされているヤマキマツの傍らに立って、国立樹木園の学芸員、ジャック・サスティックもまた、師の教えに耳を傾け、木そのものに注意を払うのだと話す。橘俊綱に始まり増円和尚、信厳らが五〇〇年以上も前から書いていたテーマと同調している。

盆栽に何年もかかりきりになると、人は中心をはずれるのだとサスティックは言う。関心の向く方向が、自分から離れていくのだと。「自分のことは少なくなって、木のこと、この木をかつて守ってきた人々のことに向くようになるのです。これはわたしの人生の、ほかの面にも影響しています。辛抱強くなりましたし、受容的になりました」。サスティックが盆栽に手を染めたのは、増円和尚なら「細大もらさぬ注意」を払ったからと言い、アイリス・マードックならば「個を脱して」美を体感したとでも呼ぶであろう体験のおかげだった。韓国で兵役についていたサスティックは、バスの窓からたまたま盆栽のコレクションを見つけて束の間、時間と場所の感覚を失ったという。「すぐれた芸術はそういうものでしょう」と彼は言う。

この時盆栽コレクションの学芸員助手をしていたアーリン・パッカードは、指を絶え間なく動かして盆栽の土や枝を手入れしながらわたしと話をしてくれた。初心者は盆栽が将来どうなっていくか、ずっと先まで見通せると思いこんでいるものなんです、とパッカードは言う。幹や枝を自分好みに整えられると考えがちなのだそうだ。だが盆栽を学んでいけばいくほど、樹形は生命どうしの、思いがけない出会いから生まれてくるのだと得心するようになるという。

「名人と言われるアメリカの現役職人なら、形がどう展開していくか、多分一五年くらい先まで予測できると思います。日系二世の盆栽作家ジョン・ナカやそのほか五本の指に入る匠だと、半世紀くらい先までわかるかもしれない。でもそれ以上は無理です」

未来は、少しずつ近づいてくる終局は、個別の何か

——樹木の種子とか人間の心とか——にくるまれているものではなく、その出発点も実体も、生き物たちが紡ぐ関係性のなかにある。盆栽という園芸を通して、木の自然が映し出される。木は共同生命体だ。多くの対話の上に成り立つ生命である。

原子がそれ以上分解できないというのは幻想だった。それが広島の上空六〇〇メートルで示された。個別性という仮面はこなごなになり、言語に絶するエネルギーをあらわにした。寺院では、石造りの仏像の顔が融けた。

一九六四年、被爆者たちが弘法大師のマツの薪から火を採り、広島平和記念公園にある大勢の死没者の霊を慰める慰霊碑の前にガスの灯を点した〔訳注：平和の灯。「消えずの火」をはじめ、全国の一二宗派からの「宗教の火」、工場地帯からの「産業の火」を火種とする。被爆の日に生まれた広島在住の女性たちにより点灯された〕。平和の鐘にあたる木の杭——撞木《しゅもく》が奏でる音は、宮島の神聖な森の音色を思わせる。

原子を超えたところから、山木一族は彼らの芸術を与えてくれたのだ。命の集合を。

謝辞

誰よりもまず、ケイティ・レーマンに感謝したい。原稿をしたためるわたしをずっと鼓舞し、耳を傾け、励ましつづけてくれ、木々の間を共に歩き、その美しさを共に愛でてくれたことに。

この本の執筆にあたっては、すばらしい仲間に恵まれ、喜びと晴れがましさでいっぱいだ。ヴァイキング社の担当編集者ポール・スローヴァックは、わたしがこの本を構想し、形にしていくのを支えてくれたのみならず、鋭い切り口で原稿を読み、明快に方向性を示してくれて、この本の構成も中身もずっとよいものにしてくれた。また、アリス・マーテルは本書の着想と組み立てを的確に分析し、エージェントとしてわたしのさまざまな構想が実を結ぶように、たゆまず導いてくれたおかげでこの本は日の目を見ることができた。ケヴィン・ドーテンと共に取り組んだ『ミクロの森』執筆の際、彼とかわした対話はわたしをいっぱしのライターに育ててくれた。さらに今後の仕事にとりかかろうとする最初の段階で彼と話し合ったことで、生物ネットワークについての考え方を整理することができた。ヴァイキング社の編集部、装丁部、制作部、営業部の面々には、すばらしい仕事をしてくれたことを感謝したい。とりわけハーリー・スワンソンには、原稿を編集していくうえでお世話になり、ヒラリー・ロバーツには、原稿にていねいに手を入れてもらった。アンドレア・シュルツ、トリシア・コンリー、ファビアナ・ヴァン・アースデル、ケイト・グリッグス、そしてカッサンドラ・ガルッツォには、編集、制作、装丁の面で支えてもらった。

ヴァイキング社、ジョン・サイモン・グッゲンハイム記念財団、アメリカ自然史博物館、セント・キャサリンズ島リサーチ・プログラム、エドワード・J・ノーブル財団、サウス大学の諸団体には、財政面の支援をいただいたことに感謝したい。サウス大学（テネシー州セワニー）のジョン・ガッタ、マサチューセッツ工科大学のトマス・レヴェンソン、ウィリアム＆メアリー・カレッジのバーバラ・キング、そしてコーネル大学のマイク・ウェブスターの諸氏からは、構想の初期段階であふれるほどの支援と助言をいただいた。リヴェンデル・ライターズ・コロニーは執筆のはかどる環境で、そこではカルメン・トゥーサン・トムソンに何かと助けていただいた。執筆に着手してから最初の数年間、わたしを支え、助言し、こまごました実務を担ってくれたサラ・ヴァンスにも感謝している。

　それぞれの分野での知見を惜しみなく提供し、助言してくださった方々、また調査行で手をさしのべてくださったみなさんにも、感謝してもしきれない。サウス大学のバック・バトラー、ジョン・エヴァンス、マーク・ホップウッド、ケイティ・レーマン、リー・レンティル、デボラ・マグラス、スティーヴン・ミラー、サラ・ニミス、タム・パーカー、グレッグ・ポンド、ブラン・ポッター、カリ・レイノルズ、ジェラルド・スミス、ケン・スミス、そしてクリストファー・ヴァン・デ・ヴァン。シカゴのカール・ベッカー＆サンのポール・ベッカー。ミズーリ大学のレックス・コクロフト。デューク大学のダン・ジョンソン。メリーランド大学のペドロ・バルボサ。デンバーのメトロポリタン州立大学のアドリエンヌ・クリスティ。ピーター・マシューズ。ジョナサン・メイバーグ。ポール・ミラー。コーネル大学のグレッグ・バドニー。ジョージ・ワシントン大学のランダ・カヤリ。テネシー州環境保護局のトッド・クラブトウリー。ピュージェットサウンド大学のビル・キュピンセとピーター・ウィンバーガー。WWFのマーサ・スティーヴンスン。ミュージック・オヴ・ネイチャーのラング・エリオット。ウィリアムズ・ファイン・ヴァイオリンのダスティン・ウィリアムズ。ジョーゼフ・ボードリー。マリアン・ティンドール。サンフォード・マッギー。アナ・ハーディング。ローリー・ペリー・ヴォーエン。パディ・ウッドワース。ネイチャー・コンサーバンシーのマット・ファー。北アリゾナ大学のリチャード・ホフスタッター。ミシガン州立大学のデボラ・G・マッカロー。イェール大学のジェフ・ブレンツェル、デレク・ブリッグス、デイヴィッド・バドリーズ、スーザン・バッツ、ピーター・クレーン、マイケル・ドノヒュー、アシュリー・デュヴァル、ジャスティン・アイヒェンローブ、ジョン・グリム、クリス・ヘブドン、シュッシェン・フー、ヴァレリー・モエ、リック・プラム、サイド・ランドル、スコット・ストーベル、メアリ・イヴリン・タッカー。サウス大学でわたしがもっている生物学と文学の教室での学生との対話は、わたしの思考と文章に厚みを与えてくれた。ジム・ピータースとトム・ウォードは友情と言葉を気前よく提供してくれて、彼らの語る事例や提供してくれる助言のおかげでわたしの思考は奥深くふくらんだ。

エクアドルでは、サン・フランシスコ・デ・キト大学とティプティニ生物多様性ステーションのエステバン・スアレス、アンドレス・レイス、コンスーロ・デ・ロモ、ディエゴ・キローガ、パブロ・ネグレット、ホセ・マタニジャ、マリア・ホセ・レンドン、マイエル・ロドリゲス、ラミーロ・サン・ミゲル、ケリー・スウィング。エクアドル環境省。国際学生教育協会のエドアルド・オルティス、レネ・ブエノ、グラディス・アルゴティ、リー・ロート、メリッサ・トーレス、ローレン・オストロウスキー、ジョン・ルーカスならびに国際学生教育協会のキトとティプティニのセミナーに参加した全学生たち、とりわけギヴェン・ハーパーにはその生態学の知識と友情に感謝している。イェール大学のクリス・ヘブドンには、実務的な面で大いに助けられた。対話においても原稿の執筆に関しても彼は豊富な知識をもち、エクアドルでの見聞の重要性を理解する力になってくれた。特に、文化を超えて近代がもつ意味の多様さへの理解を深め、整理するうえで、クリスにはとても助けられた。彼はまた、人々がよそ者に対して自らの文化を語るとき、いかに政治的、実利的な判断が働くかを理解させてくれた。アマゾン周辺の先住民コミュニティの人々は、わたしたちを大いに歓迎してくれ、大変親切にしてくれた。残念ながらこうした人々は政治的迫害の対象となっていることもあり、そのためここではあえてお名前をあげない。

オンタリオ州では、北方鳴鳥イニシアチヴのジェフ・ウェルズ。レイクヘッド大学地理学部のフィル・フレイリック。

セント・キャサリンズ島では、ロス・ヘイズ、クリスタ・ヘイズ、ジェニファー・ヒルバーン、ティム・キース＝ルーカス、リサ・キース＝ルーカス、ジョン・エヴァンス、カーク・ジグラー、ケン・スミス、ブラン・ポッター、ゲール・ビショップ、マイク・ホルダーソン、アイリーン・シェファー、アーデン・ジョーンズ、サウス大学島嶼生態学プログラムの学生たち、そしてセント・キャサリンズ島海亀保護プログラムのスタッフとインターンたち。

スコットランドでは、ヘッドランド考古学研究所のローラ・ベイリー、エドワード・ベイリー、ジュリー・フランクリン。ヒストリック・スコットランドのロッド・マッカラ。フォース・エネルギーのジョン・ガードナー。ドナルド・ドールトン。ジョーン・ハスケルとジョージ・ハスケル。国立鉱業博物館のジム・コーンウォール。

コロラド州フロリサントでは、フロリサント化石層国定公園のジェフ・ウォーリン、ハーバート・マイヤー、アリ・バウムガートナー。トービー・ウェルズ。

コロラド州デンバーでは、プロジェクトWETのローリーナ・ライル。サージェント・スタジオのリック・サージェント。デンバー・ウォーターのマット・ボンド。グリーンウェイ財団のジョロン・クラーク。チェリー・クリーク汽船組合のケイシー・ダヴェンヒル。デンバー市とデンバー郡のシンシア・カルヴァスキ、ウィリアム・「パット」・ケネディ、ジョン・ノヴィック、テッド・ロイ。ノース・ダコタ州立大学のデヴァン・マクグラナバン。

ニューヨークでは、ヘイリー・ロビンソン、ワーナー・ワトキンス、スタンリー・ベシア、オフェーリア・デル・プリンチペ。

イスラエルと西岸地区では、エルサレム・ヘブライ大学のゾハル・レレムとジェフ・カンヒ。エチェ・ホモ修道院の尼僧とボランティアのみなさん。グリーン・オリーブ・ツアーのフレッド・シュロムカ、モハンマド・バラカト、ヤメン・エラベド、ブルース・ブリル、ヤハヴ・ゾハール。イスラエル・オリーブ油協会のアディ・ナアリ、イブラヒム・ユブラン、ロウィア・ガネム。レオン・ウェブスター。ネタ・ケレン。アヤラ・ノイ・メイアー。モナエム・ヤーシャン。パレスチナ・フェアトレード協会のモハムド・アル・ルッジ、ハジ・バシル、マジェド・マレー。カナーン・フェアトレードのナセル・アブファルハ、マナル・アブドゥラ、モハンナド・ガナム。マイケル・プロダクションのマクシン・レヴァイト。アダム・エイディンゲ。西岸地区の農家の方々などお名前を記すことができない人たちもいる。イスラエル治安部隊の方々からはお名前を聞いたが、それもここにあげるのはやめておこう。宿を提供してくださった方々のご親切、一緒に木々のもとで汗を流し、語り合った実り多い時間に感謝する。

ワシントンDCと日本の宮島では、国立樹木園盆栽・盆景博物館のジャック・サスティック、アーリン・パッカード、エイヴェリー・アナポール。全米盆栽財団のフェリックス・ローリン。ブリティッシュ・コロンビア大学附属植物園と植物研究センターのブレント・ハイン。東京農業大学の上原巌。エディンバラ王立植物園のトム・クリスチャン。広島大学の坪田博美、ボンサイ・フォーカスのファーランド・ブロック。ヘロンズ盆栽のピーター・チャン。キルサース・コニファーズのデレク・スパイサー。ベレア・カレッジのレベッカ・ベイツとロブ・フォスター。ジョーダン・ケイシー。三木直子。ブルース・テイラー。

訳者あとがき

もう三〇年以上も前だ。東北地方をひとりで旅行していて、かねて行ってみたかった津軽の岩木山《いわきさん》を訪れた。記憶は定かではないが、とある神社の駐車場に車を停め、境内のわきから杜《もり》へと足を踏み入れた。秋のはじめの午後、まだ日は高かったはずなのに、地面に射しいる光はおぼろで、高い梢の葉擦《はず》れが、ほんの数メートル背後の駐車場や社《やしろ》のざわめきを消し去り、あらゆる包囲から降り注いでくる静寂(風がたしかに木々を鳴らしてはいたのだけれども)に圧しつぶされそうになる。わずか数歩でもう、先へと進めなくなっていた。

あの時の寄《よ》る辺《べ》ない思いは、これまでに感じたなかで、もっとも「畏怖」に近いものだったろう。

ピュリッツァー賞の最終候補にもなった『ミクロの森』に続く、デヴィッド・ジョージ・ハスケル氏の最新作、“*The Songs of Trees*”『木々は歌う』をお届けする。

森に定めた直径一メートルほどの円のなかを一年にわたって観察しつづけた——つまり同じ場所にとどまり、地表の近くを足場にしていた前作とは、一見かなり趣を異にしている。今度の氏は足元のアメリカはもちろん、ヨーロッパやアマゾン、中東、果ては日本にまで赴き（それも何度も）、木によってははるか高み、地面から四〇メートルもの頭上を振り仰ぐ。

ただ、『ミクロの森』の読者であればすでにご存じであろうが、彼の真骨頂は、そこでの出会いをきっかけに、空間ばかりか時間までも超えて自在に広がっていく考察だ。

木は、それ自体がひとつの生態系だという。植物の根が土中の細菌やバクテリアの助けを借りて無機物や窒素を取りこむことなどは、知識としては知っているけれども、例えばアマゾンのセイボは樹冠に水を貯め、土を溜め、そこに植物が根づき、虫やカエルが棲むようになるという。まるで天空のビオトープだ。

だが翻ってみれば、人間もさまざまな生命によって内部から命を維持されている。腸内細菌などを独立した生命体と見るかどうかは意見が分かれるかもしれないが、個々の生物のうちにも生命コミュニティが存在し、生体は、内なるコミュニティと、そしてもちろん外の世界にある生命コミュニティとに支えられ、あるいは支えて生きているのだ。

内と外に命がつながっているのだとしたら、どこからどこまでが「自分」なのか。たくさんの命に支えられていると考えれば心強いけれども、命の境界を見定められないとしたら心もとない。

その心もとなさを凌駕すべく、歴史上、時に人は内と外、「個」と自然とを切り離し、外を制圧する対象としてねじ伏せようとしてきた。そのアプローチは、心もとなさ＝「畏れ」をカミに見立てて平衡を保ちながら、生命コミュニティの恵みをありがたくいただいてきたもうひとつの潮流とは大きく異なる。

空を閉ざす木を切り倒し、人を襲う「害獣」を駆逐し、安全になった野山で都会の喧騒を逃れて息をつく。そうした特権階級の娯楽から、一部（といっても数の上ではこちらのほうが圧倒的に多数派であろう）の人々が疎外されてきたことも、ハスケル氏は指摘している。訳者の力量の不足で訳文には充分に反映できなかったが、「ヒロハハコヤナギ」の章で「恐怖の地理学」に関連して登場するタナハシ・コーツもジュディ・ベルクも、あるいはグアルトニーやミルズも、すべて黒人である。黒人はアウトドアにはそぐわない、とする人種偏見が現に存在するのだ。一方では、黒人の側にもアウトドアを忌避する心情があるらしい。その陰には、都会の片隅だけでなく、野山もまた、リンチの現場になり、多くの黒人が、あるいは少数民族が、権力や武装した民間人によって打ち捨てられる墓場になってきたという歴史がある。

人種ばかりではない。アウトドアでのびのびと手足を伸ばせるのは腕っぷしの強い男だけ、深い森は女の子には危険な場所、というジェンダーの「恐怖の地理学」も指摘されている——「山ガール」が休日の登山道を埋める日本では想像しにくいかもしれないが。

アウトドアにおける人種偏見を他人事と見るのは危険だ。いま北海道のスキーリゾートには、雪山で遊ばなくなった日本人の代わりというわけでもないだろうが、中国や台湾をはじめ、東南アジアからも多くの人が訪れている。数年前まで、アジア系の観光客はスキー場に来てもほとんどはスキーを履かず、ゴンドラで山頂に行って雪と戯れ、写真を撮って帰っていった。最近ではスキーをせずにゴンドラで下山していく姿をまず見かけなくなっている。通年雪や氷を見ることのない地域から来ているスキー客をほほえましい思いで見ていたが、「ほほえましい」と思うことにそもそも上から目線という偏見の萌芽が潜んでいたのではないかと、改めてひやりとさせられた。

森のほんの入り口で尻尾をまいて逃げ出しているようでは、ピンクのズボンの少女にはほど遠い。それでも、自分の内にある宇宙、外にある宇宙に思いを馳せる寄る辺なさを、他をねじ伏せるのではなく、見なかったふりをするのでもなく、裡《うち》に抱えていられるようにしたいと思えるだろうか。そうであればまず、木々の歌に耳をそばだててみることだ、と得心していただければ幸いだ。

最後になったけれども、詩人でもあるハスケル氏の紡ぐ言葉を日本語にするという大役をまかせてくださった築地書館に、忍耐強く訳稿を待ちつづけてくださった担当編集者の橋本ひとみさんに、遠い過去から現在に、西から東に、細菌から大海原に、油断をするといつの間にかするりと世界が変わっている文章を丁寧に追いつづけてくださった校正の村脇恵子さんに、この場を借りてお礼を申し上げたい。ほんとうにご苦労をおかけいたしました。ありがとうございます。

日本文学にも造詣の深いハスケル氏には、特にお願いして日本語版への序文を書いていただき、写真も提供していただいた。一四七ページの写真をのぞき、本文中の写真はすべてハスケル氏自身の撮影によるもので、原書には入っていない。だが日本人にはなじみの薄い樹種もあるので日本版には入れることにした。ともすれば文字の羅列に疲れる目と頭を、和ませてくれることと思う。

二〇一九年二月

屋代通子

2009-01, Edwin O. Reischauer Institute of Japanese Studies, Harvard University, 2009.

Chan, P. *Bonsai Masterclass*. Sterling: New York, 1988.

Donoghue, M. J., and S. A. Smith. "Patterns in the Assembly of Temperate Forests Around the Northern Hemisphere." *Philosophical Transactions of the Royal Society B: Biological Sciences* 359, no. 1450 (2004): 1633-44.

Fridley, J. D. "Of Asian Forests and European Fields: Eastern US Plant Invasions in a Global Floristic Context." *PLoS ONE* 3, no. 11 (2008): e3630.

Gorai, S. "Shugendo Lore." *Japanese Journal of Religious Studie*s 16 (1989): 117-42.

National Bonsai & Penjing Museum. "Hiroshima Survivor." www.bonsai-nbf.org/hiroshima-survivor.

Nelson, J. "Gardens in Japan: A Stroll Through the Cultures and Cosmologies of Landscape Design." *Lotus Leaves, Society for Asian Art* 17, no. 2 (2015): 1-9.

Omura, H. "Trees, Forests and Religion in Japan." *Mountain Research and Development* 24, no. 2 (2004): 179-82.

Slawson, D. A. Secret *Teachings in the Art of Japanese Gardens: Design Principles, Aesthetic Values*. New York: Kodansh, 2013. Source of "if you have not received . . ."

Takei, J., and M. P. Keane. *Sakuteiki, Visions of the Japanese Garden: A Modern Translation of Japan's Gardening Classic*. Rutland, VT: Tuttle, 2008. Source of "wild nature" and "past master."

Voice of America. "Hiroshima Survivor Recalls Day Atomic Bomb Was Dropped." October 30, 2009. www.voanews.com/content/a-13-2005-08-05-voa38-67539217/285768.html.

Yi, S., Y. Saito, Z. Chen, and D. Y. Yang. "Palynological Study on Vegetation and Climatic Change in the Subaqueous Changjiang (Yangtze River) Delta, China, During the Past About 1600 Years." *Geosciences Journal* 10, no. 1 (2006): 17-22.

Cambridge, MA: Harvard University Press, 1965. Source of "construction of an aqueduct . . . ," "and tens of thousands of men . . . ," and " inflicted much harder blows . . ."

Kadman, N., O. Yiftachel, D. Reider, and O. Neiman. *Erased from Space and Consciousness: Israel and the Depopulated Palestinian Villages of 1948*. Bloomington: Indiana University Press, 2015.

Kaniewski, D., E. Van Campo, T. Boiy, J. F. Terral, B. Khadari, and G. Besnard. "Primary Domestication and Early Uses of the Emblematic Olive Tree: Palaeobotanical, Historical and Molecular Evidence from the Middle East." *Biological Reviews* 87, no. 4 (2012): 885-99.

Keren Kayemeth LeIsrael Jewish National Fund. "Sataf: Ancient Agriculture in Action." www.kkl.org.il/eng/tourism-and-recreation/forests-and-parks/sataf -site. aspx.

Khalidi, W. *All That Remains: The Palestinian Villages Occupied and Depopulated by Israel in 1948*. Washington, DC: Institute for Palestine Studies, 1992.

Langgut, D., I. Finkelstein, T. Litt, F. H. Neumann, and M. Stein. "Vegetation and Climate Changes During the Bronze and Iron Ages (~3600-600 BCE) in the Southern Levant Based on Palynological Records." *Radiocarbon* 57, no. 2 (2015): 217-35.

Langgut, D., F. H. Neumann, M. Stein, A. Wagner, E. J. Kagan, E. Boaretto, and I. Finkelstein. "Dead Sea Pollen Record and History of Human Activity in the Judean Highlands (Israel) from the Intermediate Bronze into the Iron Ages (~2500-500 BCE)." *Palynology* 38, no. 2 (2014): 280-302.

Lawler, A. "In Search of Green Arabia." *Science* 345, no. 6200 (2014): 994-97.

Litt, T., C. Ohlwein, F. H. Neumann, A. Hense, and M. Stein. "Holocene Climate Variability in the Levant from the Dead Sea Pollen Record." *Quaternary Science Reviews* 49 (2012): 95-105.

Lumaret, R., and N. Ouazzani. "Plant Genetics: Ancient Wild Olives in Mediterranean Forests." *Nature* 413, no. 6857 (2001): 700.

Luo, T., R. Young, and P. Reig. "Aqueduct Projected Water Stress Country Rankings." Washington, DC: World Resources Institute, 2015. www.wri.org/sites/default/files/aqueduct-water-stress-country-rankings-technical-note. pdf.

Neumann, F. H., E. J. Kagan, S. A. G. Leroy, and U. Baruch. "Vegetation History and Climate Fluctuations on a Transect Along the Dead Sea West Shore and Their Impact on Past Societies over the Last 3500 Years." *Journal of Arid Environments* 74 (2010): 756-64.

Perea, R., and A. Gutiérrez-Galán. "Introducing Cultivated Trees into the Wild: Wood Pigeons as Dispersers of Domestic Olive Seeds." *Acta Oecologica* 71 (2015): 73-79.

Pope, M. H. "Baal Worship." In *Encyclopaedia Judaica*, 2nd ed., vol. 3, edited by F. Skolnik and M. Berenbaum, pages 9-13. New York: Thomas Gale, 2007.

Prosser, M. C. "The Ugaritic Baal Myth, Tablet Four." Cuneiform Digital Library Initiative. cdli.ox.ac.uk/wiki/doku.php?id=the_ugaritic_baal_myth.

Ra'ad, B. *Hidden Histories: Palestine and the Eastern Mediterranean*. London: Pluto, 2010.

Snir, A., D. Nadel, and E. Weiss. "Plant-Food Preparation on Two Consecutive Floors at Upper Paleolithic Ohalo II, Israel." *Journal of Archaeological Science* 53 (2015): 61-71.

Stein, M., A. Torfstein, I. Gavrieli, and Y. Yechieli. "Abrupt Aridities and Salt Deposition in the Post-Glacial Dead Sea and Their North Atlantic Connection." *Quaternary Science Reviews* 29, no. 3 (2010): 567-75.

Terral, J., E. Badal, C. Heinz, P. Roiron, S. Thiebault, and I. Figueiral. "A Hydraulic Conductivity Model Points to Post-Neogene Survival of the Mediterranean Olive." *Ecology* 85, no. 11 (2004): 3158-65.

Tourist Israel. "Sataf." www.touristisrael.com/sataf/2503/ (accessed November 29, 2015).

Waldmann, N., A. Torfstein, and M. Stein. "Northward Intrusions of Low- and Mid-latitude Storms Across the Saharo-Arabian Belt During Past Interglacials." *Geology* 38, no. 6 (2010): 567-70.

Weiss, E. " 'Beginnings of Fruit Growing in the Old World': Two Generations Later." *Israel Journal of Plant Sciences* 62 (2015): 75-85.

Zhang, C., J. Gomes-Laranjo, C. M. Correia, J. M. Moutinho-Pereira, B. M. Carvalho Goncalves, E. L. V. A. Bacelar, F. P. Peixoto, and V. Galhano. "Response, Tolerance and Adaptation to Abiotic Stress of Olive, Grapevine and Chestnut in the Mediterranean Region: Role of Abscisic Acid, Nitric Oxide and MicroRNAs." In *Plants and Environment*, edited by H. K. N. Vasanthaiah and D. Kambiranda, pages 179-206. Rijeka, Croatia: InTech, 2011.

ゴヨウマツ Japanese White Pine

Auders, A. G., and D. P. Spicer. *Royal Horticultural Society Encyclopedia of Conifers: A Comprehensive Guide to Cultivars and Species*. Nicosia, Cyprus: Kingsblue, 2013.

Batten, B. L. "Climate Change in Japanese History and Prehistory: A Comparative Overview." Occasional Paper No.

Environment: Research on the Impacts of Mitigation Strategies on the Urban Environment. New York: Sustainable South Bronx, 2008.

Roy, J. 2015. "What Happens When a Woman Walks Like a Man?" *New York*, January 8, 2015.

Rueb, E. S. "Come On In, Paddlers, the Water's Just Fine. Don't Mind the Sewage." *New York Times*, August 29, 2013. www.nytimes.com/2013/08/30/nyregion/in-water-they-wouldnt-dare-drink-paddlers-find-a-home.html.

Sanderson, E. *W. Mannahatta: A Natural History of New York City*. New York: Abrams, 2009.

Sarudy, B. W. *Gardens and Gardening in the Chesapeake, 1700-1805*. Baltimore, MD: Johns Hopkins University Press, 1998.

Schl.pfer, M., L. M. A. Bettencourt, S. Grauwin, M. Raschke, R. Claxton, Z. Smoreda, G. B. West, and C. Ratti. "The Scaling of Human Interactions with City Size." *Journal of the Royal Society Interface* 11, no. 98 (2014), doi:10.1098/rsif.2013.0789.

Spence, C., and O. Deroy. "On Why Music Changes What (We Think) We Taste." *i-Perception* 4, no. 2 (2013): 137-40.

Tavares, R. M., A. Mendelsohn, Y. Grossman, C. H. Williams, M. Shapiro, Y. Trope, and D. Schiller. "A Map for Social Navigation in the Human Brain." *Neuron* 87, no. 1 (2015): 231-43.

Taylor, W. *Agreement for South China Explorations*. Washington, DC: Bureau of Plant Industries, U.S. Department of Agriculture, July 25, 1916.

West Side Rag. "Weekend History: Astonishing Photo Series of Broadway in 1920." November 30, 2014. www.westsiderag.com/2014/11/30/uws-history-astonishing-photo-series-of-broadway-in-the-1920s.

Wildlife Conservation Society. "Welikia Project." welikia.org (accessed July 24, 2015).

Woods, A. T., E. Poliakoff, D. M. Lloyd, J. Kuenzel, R. Hodson, H. Gonda, J. Batchelor, G. B. Dijksterhuis, and A. Thomas. "Effect of Background Noise on Food Perception." *Food Quality and Preference* 22, no. 1 (2011): 42-47.

Zhao, L., X. Lee, R. B. Smith, and K. Oleson. "Strong Contributions of Local Background Climate to Urban Heat Islands." *Nature* 511, no. 7508 (2014): 216-19.

Zouhar, K. "*Linaria* spp." In "Fire Effects Information System," produced by U.S. Department of Agriculture, Forest Service, Rocky Mountain Research Station, Fire Sciences Laboratory, 2003. www.fs.fed.us/database/feis/plants/forb/linspp/all.html.

オリーブ Olive

Besnard, G., B. Khadari, M. Navascués, M. Fernández-Mazuecos, A. El Bakkali, N. Arrigo, D. Baali-Cherif, et al. "The Complex History of the Olive Tree: From Late Quaternary Diversification of Mediterranean Lineages to Primary Domestication in the Northern Levant." *Proceedings of the Royal Society of London B: Biological Sciences* 280, no. 1756 (2013), doi:10.1098/rspb.2012.2833.

Cohen, S. E. *The Politics of Planting*. Chicago: University of Chicago Press, 1993.

deMenocal, P. B. "Climate Shocks." *Scientific American*, September 2014, pages 48-53.

Diez C. M., I. Trujillo, N. Martinez-Urdiroz, D. Barranco, L. Rallo, P. Marfil, and B. S. Gaut. "Olive Domestication and Diversification in the Mediterranean Basin." *New Phytologist* 206, no. 1 (2015), doi:10.1111/nph.13181.

Editors of the Encyclop.dia Britannica. "Baal." *Encyclop.dia Britannica Online*, last updated February 26, 2016. www.britannica.com/topic/Baal-ancient-deity.

Fernández, J. E., and F. Moreno. "Water Use by the Olive Tree." *Journal of Crop Production* 2, no. 2 (2000): 101-62.

Forward and Y. Schwartz. "Foreign Workers Are the New Kibbutzniks." *Haaretz*, September 27, 2014. www.haaretz.com/news/features/1.617887.

Friedman, T. L. "Mystery of the Missing Column." *New York Times*, October 23, 1984.

Griffith, M. P. "The Origins of an Important Cactus Crop, *Opuntia ficus-indica* (Cactaceae): New Molecular Evidence." *American Journal of Botany* 91 (2004): 1915-21.

Hass, A. "Israeli 'Watergate' Scandal: The Facts About Palestinian Water." *Haaretz*, February 16, 2014. www.haaretz.com/middle-east-news/1.574554.

Hasson, N. "Court Moves to Solve E. Jerusalem Water Crisis to Prevent 'Humanitarian Disaster.' " *Haaretz*, July 4, 2015. www.haaretz.com/israel-news/. premium-1.664337.

Hershkovitz, I., O. Marder, A. Ayalon, M. Bar-Matthews, G. Yasur, E. Boaretto, V. Caracuta, et al. "Levantine Cranium from Manot Cave (Israel) Foreshadows the First European Modern Humans." *Nature* 520, no. 7546 (2015): 216-19.

International Olive Oil Council. *World Olive Encyclopaedia*. Barcelona: Plaza & Janés Editores, 1996.

Josephus. *Jewish Antiquities, Volume VIII: Books 18-19*. Translated by L. H. Feldman. Loeb Classical Library 433.

Cortright, J. *New York City's Green Dividend.* Chicago: CEOs for Cities, 2010.

Crisinel, A.-S., S. Cosser, S. King, R. Jones, J. Petrie, and C. Spence. "A Bittersweet Symphony: Systematically Modulating the Taste of Food by Changing the Sonic Properties of the Soundtrack Playing in the Background." *Food Quality and Preference* 24, no. 1 (2012): 201-4.

Culley, T. M., and N. A. Hardiman. "The Beginning of a New Invasive Plant: A History of the Ornamental Callery Pear in the United States." *BioScience* 57, no. 11 (2007): 956-64. Source of "marvel."

de Langre, E. "Effect of Wind on Plants." *Annual Review of Fluid Mechanics* 40 (2008): 141-68.

Dodman, D. "Blaming Cities for Climate Change? An Analysis of Urban Greenhouse Gas Emissions Inventories." *Environment and Urbanization* 21, no. 1 (2009): 185-201.

Engels, S., N.-L. Schneider, N. Lefeldt, C. M. Hein, M. Zapka, A. Michalik, D. Elbers, A. Kittel, P. J. Hore, and H. Mouritsen. "Anthropogenic Electromagnetic Noise Disrupts Magnetic Compass Orientation in a Migratory Bird." *Nature* 509, no. 7500 (2014): 353-56.

Environmental Defense Fund. "A Big Win for Healthy Air in New York City." *Solutions*, Winter 2014, page 13.

Farrant-Gonzalez, T. "A Bigger City Is Not Always Better." *Scientific American* 313 (2015): 100.

Gick, B., and D. Derrick. "Aero-tactile Integration in Speech Perception." *Nature* 462, no. 7272 (November 26, 2009), doi:10.1038/nature08572.

Girling, R. D., I. Lusebrink, E. Farthing, T. A. Newman, and G. M. Poppy. "Diesel Exhaust Rapidly Degrades Floral Odours Used by Honeybees." *Scientific Reports* 3 (2013), doi:10.1038/srep02779.

Hampton, K. N., L. S. Goulet, and G. Albanesius. "Change in the Social Life of Urban Public Spaces: The Rise of Mobile Phones and Women, and the Decline of Aloneness over 30 Years." *Urban Studies* 52, no. 8 (2015): 1489-1504.

Li, H., Y. Cong, J. Lin, and Y. Chang. "Enhanced Tolerance and Accumulation of Heavy Metal Ions by Engineered *Escherichia coli* Expressing *Pyrus calleryana* Phytochelatin Synthase." *Journal of Basic Microbiology* 55, no. 3 (2015): 398-405.

Lu, J. W. T., E. S. Svendsen, L. K. Campbell, J. Greenfeld, J. Braden, K. King, and N. Falxa-Raymond. "Biological, Social, and Urban Design Factors Affecting Young Street Tree Mortality in New York City." *Cities and the Environment* 3, no. 1 (2010): 1-15.

Maddox, V., J. Byrd, and B. Serviss. "Identification and Control of Invasive Privets (*Ligustrum* spp.) in the Middle Southern United States." *Invasive Plant Science and Management* 3 (2010): 482-88.

Mao, Q., and D. R. Huff. "The Evolutionary Origin of *Poa annua* L." *Crop Science* 52 (2012): 1910-22.

Nemerov, H. "Learning the Trees." In The *Collected Poems of Howard Nemerov*. Chicago: The University of Chicago Press, 1977. Source of "comprehensive silence."

Newman, A. "In Leafy Profusion, Trees Spring Up in a Changing New York." *New York Times*, December 1, 2014. www.nytimes.com/2014/12/02/nyregion/in-leafy-blitz-trees-spring-up-in-a-changing-new-york. html.

New York City Comptroller. "ClaimStat: Protecting Citizens and Saving Taxpayer Dollars: FY 2014-2015 Update." comptroller.nyc.gov/reports/claimstat/#treeclaims.

New York City Department of Environmental Protection. "Heating Oil." www.nyc.gov/html/dep/html/air/buildings_ heating_ oil.shtml (accessed May 16, 2016).

———. "New York City's Wastewater." www.nyc.gov/html/dep/html/wastewater/index.shtml (accessed July 22, 2015).

New York State Penal Law. Part 3, Title N, Article 240: Offenses Against Public Order. ypdcrime.com/penal.law/article240.htm.

Niklas, K. J. "Effects of Vibration on Mechanical Properties and Biomass Allocation Pattern of *Capsella bursa-pastoris* (Cruciferae)." *Annals of Botany* 82, no. 2 (1998): 147-56.

North, A. C. "The Effect of Background Music on the Taste of Wine." *British Journal of Psychology* 103, no. 3 (2012): 293-301.

Nowak, D. J., R. E. Hoehn III, D. E. Crane, J. C. Stevens, and J. T. Walton. "Assessing Urban Forest Effects and Values: New York City's Urban Forest." Resource Bulletin NRS-9, U.S. Department of Agriculture, Forest Service, Northern Research Station, Newtown Square, PA, 2007.

Nowak, D. J., S. Hirabayashi, A. Bodine, and E. Greenfield. "Tree and Forest Effects on Air Quality and Human Health in the United States." *Environmental Pollution* 193 (2014): 119-29.

O'Connor, A. "After 200 Years, a Beaver Is Back in New York City." *New York Times*, February 23, 2007. www.nytimes.com/2007/02/23/nyregion/23beaver.html.

Peper, P. J., E. G. McPherson, J. R. Simpson, S. L. Gardner, K. E. Vargas, and Q. Xiao. *New York City, New York Municipal Forest Resource Analysis*. Davis, CA: Center for Urban Forest Research, USDA Forest Service, Pacific Southwest Research Station, 2007.

Rosenthal, J. K., R. Ceauderueff, and M. Carter. *Urban Heat Island Mitigation Can Improve New York City's*

Limerick, P. N. *A Ditch in Time: The City, the West, and Water*. Golden, CO: Fulcrum, 2012. Source of "perpetually brilliant" and "tonic, healthy."
Louv. R. *Last Child in the Woods*. Chapel Hill, NC: Algonquin, 2005. Source of "nature deficit."
Marotti, A. "Denver's Camping Ban: Survey Says Police Don't Help Homeless Enough." *Denver Post*, June 26, 2013. www.denverpost.com/politics/ci_23539228/denvers-camping-ban-survey-says-police-dont-help.
Meinhardt, K. A., and C. A. Gehring. "Disrupting Mycorrhizal Mutualisms: A Potential Mechanism by Which Exotic Tamarisk Outcompetes Native Cottonwoods." *Ecological Applications* 22, no. 2 (2012): 532-49.
Merchant, C. "Shades of Darkness: Race and Environmental History." *Environmental History* 8, no. 3 (2003): 380-94.
Mills, J. E. *The Adventure Gap*. Seattle, WA: Mountaineers Books, 2014. Source of "cultural barrier . . ."
Muir, J. *A Thousand-Mile Walk to the Gulf*. Boston: Houghton, 1916. Source of "would easily pick . . ."
———. *My First Summer in the Sierra*. Boston: Houghton, 1917. Source of "dark-eyed . . ." and "strangely dirty . . ."
———. *Steep Trails*. Boston: Houghton, 1918. Source of "bathed in the bright river," "last of the town fog," "brave and manly . . . and crime," "intercourse with stupid town . . . ," and "doomed . . ."
Negro Motorist Green Book. New York: Green, 1949.
Online Etymology Dictionary. "Ecology." www.etymonline.com/index.php? term = ecology.
Pinchot, G. *The Training of a Forester*. Philadelphia: Lippincott, 1914. Source of "pines and hemlocks . . . general and unfailing."
Revised Municipal Code of the City and County of Denver, Colorado. Chapter 38: Offenses, Miscellaneous Provisions, Article IV: Offenses Against Public Order and Safety, July 21, 2015. municode.com/library/co/denver/codes/code_of_ordinances?nodeId-TITIIREMUCO_CH38OFMIPR_ARTIVOFAGPUORSA.
Roden, J. S., and R. W. Pearcy. "Effect of Leaf Flutter on the Light Environment of Poplars." *Oecologia* 93 (1993): 201-7.
Royal Society for the Protection of Birds. "Giving Nature a Home." www.rspb.org.uk (accessed July 28, 2016).
Scott, M. L., G. T. Auble, and J. M. Friedman. "Flood Dependency of Cottonwood Establishment Along the Missouri River, Montana, USA." *Ecological Applications* 7, no. 2 (1997): 677-90.
Shakespeare, W. *As You Like It*. 1623. Available at http://www.gutenberg.org/ebooks/1121.
Strayed, C. *Wild*. New York: A. A. Knopf, 2012. Source of "myself a different story . . ."
The Nature Conservancy. "What's the Return on Nature?" www.nature.org/photos-and-video/photography/psas/natures-value-psa-pdf. pdf
U.S. Code, Title 16: Conservation, Chapter 23: National Wilderness Preservation System.
Vandersande, M. W., E. P. Glenn, and J. L. Walworth. "Tolerance of Five Riparian Plants from the Lower Colorado River to Salinity Drought and Inundation." *Journal of Arid Environments* 49, no. 1 (2001): 147-59.
Williams, T. T. *When Women Were Birds: Fifty-four Variations on Voice*. New York: Sarah Crichton Books, 2014. Source of "growing beyond . . . ," "things that happen . . . ," and "our own lips speaking."
Wohlforth, C. "Conservation and Eugenics." *Orion* 29, no. 4 (July 1, 2010): 22-28.

マメナシ Callery Pear

Anderson, L. M., B. E. Mulligan, and L. S. Goodman. "Effects of Vegetation on Human Response to Sound." *Journal of Arboriculture* 10 (1984): 45-49.
Aronson, M. F. J., F. A. La Sorte, C. H. Nilon, M. Katti, M. A. Goddard, C. A. Lepczyk, P. S. Warren, et al. "A Global Analysis of the Impacts of Urbanization on Bird and Plant Diversity Reveals Key Anthropogenic Drivers." *Proceedings of the Royal Society of London B: Biological Sciences* 281, no. 1780 (2014), doi:10.1098/rspb.2013.3330.
Bettencourt, L. M. A. "The Origins of Scaling in Cities." *Science* 340, no. 6139 (2013): 1438-41.
Borden, J. *I Totally Meant to Do That*. New York: Broadway Paperbacks, 2011.
Buckley, C. "Behind City's Painful Din, Culprits High and Low." *New York Times*, July 12, 2013. www.nytimes.com/2013/07/12/nyregion/behind-citys-painful-din-culprits-high-and-low. html.
Calfapietra, C., S. Fares, F. Manes, A. Morani, G. Sgrigna, and F. Loreto. "Role of Biogenic Volatile Organic Compounds (BVOC) Emitted by Urban Trees on Ozone Concentration in Cities: A Review." *Environmental Pollution* 183 (2013): 71-80.
Campbell, L. K. "Constructing New York City's Urban Forest." In *Urban Forests, Trees, and Greenspace: A Political Ecology Perspective*, edited by L. A. Sandberg, A. Bardekjian, and S. Butt, 242-60. New York: Routledge, 2014.
Campbell, L. K., M. Monaco, N. Falxa-Raymond, J. Lu, A. Newman, R. A. Rae, and E. S. Svendsen. *Million TreesNYC: The Integration of Research and Practice*. New York: New York City Department of Parks and Recreation, 2014.

no. 11 (2012): 1413-19.

Svensen, H., S. Planke, A. Malthe-Sørenssen, B. Jamtveit, R. Myklebust, T. R. Eidem, and S. S. Rey. "Release of Methane from a Volcanic Basin as a Mechanism for Initial Eocene Global Warming." *Nature* 429, no. 6991 (2004), doi:10.1038/nature02566.

Underwood, E. "Models Predict Longer, Deeper U.S. Droughts." *Science* 347, no. 6223 (2015), doi:10.1126/science.347.6223.707. Source of "quaint."

van Riper III, C., J. R. Hatten, J. T. Giermakowski, D. Mattson, J. A. Holmes, M. J. Johnson, E. M. Nowak, et al. "Projecting Climate Effects on Birds and Reptiles of the Southwestern United States." U.S. Geological Survey Open-File Report 2014-1050, 2014, doi:10.3133/ofr20141050.

Warren, J. M., J. R. Brooks, F. C. Meinzer, and J. L. Eberhart. "Hydraulic Redistribution of Water from *Pinus ponderosa* Trees to Seedlings: Evidence for an Ectomycorrhizal Pathway." *New Phytologist* 178, no. 2 (2008): 382-94.

Weed, A. S., M. P. Ayres, and J. A. Hicke. "Consequences of Climate Change for Biotic Disturbances in North American Forests." *Ecological Monographs* 83, no. 4 (2013): 441-70.

Westerling, A. L., H. G. Hidalgo, D. R. Cayan, and T. W. Swetnam. "Warming and Earlier Spring Increase Western US Forest Wildfire Activity." *Science* 313, no. 5789 (2006): 940-43.

Zachos, J., M. Pagani, L. Sloan, E. Thomas, and K. Billups. "Trends, Rhythms, and Aberrations in Global Climate 65 Ma to Present." *Science* 292, no. 5517 (2001): 686-93.

Zhang, Y. G., M. Pagani, Z. Liu, S. M. Bohaty, and R. DeConto. (2013). "A 40-Million-Year History of Atmospheric CO_2." *Philosophical Transactions of the Royal Society A: Mathematical, Physical and Engineering Sciences* 371, no. 2001 (2013), doi:10.1098/rsta.2013.0096.

ヒロハハコヤナギ Cottonwood

Barbaccia, T. G. "A Benchmark for Snow and Ice Management in the Mile High City." Equipment World's Better Roads, August 25, 2010. www.equipmentworld.com/a-benchmark-for-snow-and-ice-management-in-the-mile-high-city/.

Belk, J. 2003. "Big Sky, Open Arms." *New York Times*, June 22, 2003. www.nytimes.com/2003/06/22/travel/big-sky-open-arms. html. Source of "Four black folks . . ."

Blasius, B. J., and R. W. Merritt. "Field and Laboratory Investigations on the Effects of Road Salt (NaCl) on Stream Macroinvertebrate Communities." *Environmental Pollution* 120, no. 2 (2002): 219-31.

Clancy, K. B. H., R. G. Nelson, J. N. Rutherford, and K. Hinde. "Survey of Academic Field Experiences (SAFE): Trainees Report Harassment and Assault." *PLoS ONE* 9, no. 7 (July 16, 2014), doi:10.1371/journal.pone.0102172. Source of "hostile field environments."

Coates, T. *Between the World and Me*. New York: Spiegel & Grau, 2015. Source of "Catholic, Corsican . . ."

Conathan, L., ed. "Arapaho text corpus." Endangered Language Archive, 2006. elar .soas.ac.uk/deposit/0083.

Davidson, J. "Former Legislator Joe Shoemaker Led Cleanup of the S. Platte River." *Denver Post*, August 16, 2012. www.denverpost.com/ci_21323273/former-legislator-joe-shoemaker-led-cleanup-s-platte.

Dillard, A. "Innocence in the Galapagos." *Harper's*, May 1975. Source of "pristine . . ." and "the greeting . . ."

Finney, C. *Black Faces, White Spaces: Reimagining the Relationship of African Americans to the Great Outdoors*. Chapel Hill: University of North Carolina Press, 2014. Source of "geographies of fear."

Greenway Foundation. *The River South Greenway Master Plan*. Greenwood Village, CO: Greenway Foundation, 2010. www.thegreenwayfoundation.org/uploads/3/9/1/5/39157543/riso.pdf.

———. *The Greenway Foundation Annual Report*. Denver, CO: Greenway Foundation, April 2012. www.thegreenwayfoundation.org/uploads/3/9/1/5/39157543/2012_ greenway_current.pdf.

Gwaltney, B. Interviewed in "James Mills on African Americans and National Parks." To the Best of Our Knowledge, August 29, 2010. www.ttbook.org/book/james-mills-african-americans-and-national-parks. Source of "There are a lot of trees . . ."

Jefferson, T. "Notes on the State of Virginia." 1787. Available at Yale University Avalon Project. avalon.law.yale.edu/18th_century/jeffvir.asp. Source of "mobs of great cities . . ." and "husbandmen."

Kranjcec, J., J. M. Mahoney, and S. B. Rood. "The Responses of Three Riparian Cottonwood Species to Water Table Decline." *Forest Ecology and Management* 110, no. 1 (1998): 77-87.

Lanham, J. D. "9 Rules for the Black Birdwatcher." *Orion* 32, no. 6 (November 1, 2013): 7. Source of "Don't bird . . ."

Leopold, A. "The Last Stand of the Wilderness." *American Forests and Forest Life* 31, no. 382 (October 1925): 599-604. Source of "segregated . . . wilderness."

———. *A Sand County Almanac, and Sketches Here and There*. Oxford: Oxford University Press, 1949. Source of "soils, waters . . ." and "man-made changes."

Domec, J. C., J. M. Warren, F. C. Meinzer, J. R. Brooks, and R. Coulombe. "Native Root Xylem Embolism and Stomatal Closure in Stands of Douglas-Fir and Ponderosa Pine: Mitigation by Hydraulic Redistribution." *Oecologia* 141, no. 1 (2004): 7-16.

Editorial Board. "Congress Should Give the Government More Money for Wildfires." *New York Times*, September 28, 2015. www.nytimes.com/2015/09/28/opinion/congress-should-give-the-government-more-money-for-wildfires. html.

Evanoff, E., K. M. Gregory-Wodzicki, and K. R. Johnson, eds. *Fossil Flora and Stratigraphy of the Florissant Formation, Colorado*. Denver: Denver Museum of Nature and Science, 2011.

Feynman, R. *The Character of Physical Law*. Cambridge: MIT Press, 1967. Source of "nature has a simplicity" and "the deepest beauty."

Frost, R. "The Sound of Trees." *The Poetry of Robert Frost: The Collected Poems, Complete and Unabridged*. New York: Holt, 2002. Source of "all measure . . ."

Ganey, J. L., and S. C. Vojta. "Tree Mortality in Drought-Stressed Mixed-Conifer and Ponderosa Pine Forests, Arizona, USA." *Forest Ecology and Management* 261, no. 1 (2011): 162-68.

Hume, D. *Four Dissertations. IV. Of the Standard of Taste*. 1757. Available at www.davidhume.org/texts/fd.html. Source of "Beauty is no quality in things . . ." and "Strong sense, united to delicate sentiment . . ."

Kawabata, Y. *Snow Country*. Translated by E. G. Seidensticker. New York: A. A. Knopf, 1956.

Keegan, K. M., M. R. Albert, J. R. McConnell, and I. Baker. "Climate Change and Forest Fires Synergistically Drive Widespread Melt Events of the Greenland Ice Sheet." *Proceedings of the National Academy of Sciences* 111, no. 22 (2014), doi:10.1073/pnas.1405397111.

Keller, L., and M. G. Surette. "Communication in Bacteria: An Ecological and Evolutionary Perspective." *Nature Reviews Microbiology* 4, no. 4 (2006): 249-58.

Kikuta, S. B., M. A. Lo Gullo, A. Nardini, H. Richter, and S. Salleo. "Ultrasound Acoustic Emissions from Dehydrating Leaves of Deciduous and Evergreen Trees." *Plant, Cell & Environment* 20, no. 11 (1997): 1381-90.

Laschimke, R., M. Burger, and H. Vallen. "Acoustic Emission Analysis and Experiments with Physical Model Systems Reveal a Peculiar Nature of the Xylem Tension." *Journal of Plant Physiology* 163, no. 10 (2006): 996-1007.

Maherali, H., and E. H. DeLucia. "Xylem Conductivity and Vulnerability to Cavitation of Ponderosa Pine Growing in Contrasting Climates." *Tree Physiology* 20, no. 13 (2000): 859-67.

Maxbauer, D. P., D. L. Royer, and B. A. LePage. "High Arctic Forests During the Middle Eocene Supported by Moderate Levels of Atmospheric CO_2." *Geology* 42, no. 12 (2014): 1027-30.

Meko, D. M., C. A. Woodhouse, C. A. Baisan, T. Knight, J. J. Lukas, M. K. Hughes, and M. W. Salzer. "Medieval Drought in the Upper Colorado River Basin." *Geophysical Research Letters* 34, no. 10 (2007), doi:10.1029/2007GL029988.

Meyer, H. W. *The Fossils of Florissant*. Washington, DC: Smithsonian Books, 2003.

Monson, R. K., and M. C. Grant. "Experimental Studies of Ponderosa Pine. III. Differences in Photosynthesis, Stomatal Conductance, and Water-Use Efficiency Between Two Genetic Lines." *American Journal of Botany* 76, no. 7 (1989): 1041-47.

Moritz, M. A., E. Batllori, R. A. Bradstock, A. M. Gill, J. Handmer, P. F. Hessburg, J. Leonard, et al. "Learning to Coexist with Wildfire." *Nature* 515, no. 7525 (2014), doi:10.1038/nature13946.

Muir, J. *The Mountains of California*. New York: Century Company, 1894. Source of "finest music . . . hum."

Murdoch, I. *The Sovereignty of Good*. London: Routledge, 1970. Source of "unselfing" and "patently . . ."

Oliver, W. W., and R. A. Ryker. "Ponderosa Pine." In *Silvics of North America*, edited by R. M. Burns and B. H. Honkala. Agriculture Handbook 654. U.S. Department of Agriculture, Forest Service, Washington, DC, 1990. www.na.fs.fed.us/spfo/pubs/silvics_manual/Volume_1/pinus/ponderosa.htm.

Pais, A., M. Jacob, D. I. Olive, and M. F. Atiyah. *Paul Dirac: The Man and His Work*. Cambridge, UK: Cambridge University Press, 1998. Source of "getting beauty . . ."

Pierce, J. L., G. A. Meyer, and A. J. T. Jull. "Fire-Induced Erosion and Millennial-Scale Climate Change in Northern Ponderosa Pine Forests." *Nature* 432, no. 7013 (2004), doi:10.1038/nature03058.

Pross, J., L. Contreras, P. K. Bijl, D. R. Greenwood, S. M. Bohaty, S. Schouten, J. A. Bendle, et al. "Persistent Near-Tropical Warmth on the Antarctic Continent During the Early Eocene Epoch." *Nature* 488, no. 7409 (2012), doi:10.1038/nature11300.

Ryan, M. G., B. J. Bond, B. E. Law, R. M. Hubbard, D. Woodruff, E. Cienciala, and J. Kucera. "Transpiration and Whole-Tree Conductance in Ponderosa Pine Trees of Different Heights." *Oecologia* 124, no. 4 (2000): 553-60.

Shen, F., Y. Wang, Y. Cheng, and L. Zhang. "Three Types of Cavitation Caused by Air Seeding." *Tree Physiology* 32,

the 'Nut Age.' " *Vegetation History and Archaeobotany* 21 (2012): 1-16.
Robertson, A., J. Lochrie, and S. Timpany. "Built to Last: Mesolithic and Neolithic Settlement at Two Sites Beside the Forth Estuary, Scotland." *Proceedings of the Society of Antiquaries of Scotland* 143 (2013): 1-64.
Schoch, W., I. Heller, F. H. Schweingruber, and F. Kienast. "Wood Anatomy of Central European Species." 2004. www.woodanatomy.ch.
Scott, W. *The Abbot*. Edinburgh: Longman, 1820.
Scottish Government. "High Level Summary of Statistics Trend Last Update: Renewable Energy. December 18, 2014. www.gov.scot/Topics/Statistics/Browse/Business/TrenRenEnergy.
Scottish Mining. "Accidents and Disasters." www.scottishmining.co.uk/5.html.
Soden, L. 2012. *Landscape Management Plan*. Rosyth, UK: Forth Crossing Bridge Constructors, 2012. www.transport.gov.scot/system/files/documents/tsc-basic-pages/10%20REP-00028-01%20Landscape%20Management%20Plan%20%28EM%20update%20for%20website%29.pdf.
Stephenson, A. L., and D. J. C. MacKay. *Life Cycle Impacts of Biomass Electricity in 2020: Scenarios for Assessing the Greenhouse Gas Impacts and Energy Input Requirements of Using North American Woody Biomass for Electricity Generation in the UK*. London: United Kingdom Department of Energy and Climate Change, 2014.
Stevenson, R. L. *Kidnapped*. New York and London: Harper, 1886.
"The Supply of Pitwood." *Nature* 94 (1914): 393-95.
Tallantire, P. A. "The Early-Holocene Spread of Hazel (*Corylus avellana* L.) in Europe North and West of the Alps: An Ecological Hypothesis." *Holocene* 12 (2002): 81-96.
Ter-Mikaelian, M. T., S. J. Colombo, and J. Chen. "The Burning Question: Does Forest Bioenergy Reduce Carbon Emissions? A Review of Common Misconceptions About Forest Carbon Accounting." *Journal of Forestry* 113, no. 1 (2015): 57-68.
United Kingdom. *Electricity, England and Wales: Renewables Obligation Order 2009*. Statutory Instrument 2009/785, March 24, 2009.
———. Office of Gas and Electricity Markets. "Renewables Obligation (RO) Annual Report 2013-14." February 16, 2015. www.ofgem.gov.uk//publications-and-updates/renewables-obligation-ro-annual-report-2013-14.
U.S. Energy Information Administration. *International Energy Statistics*. Washington, DC: U.S. Department of Energy, 2015. www.eia.gov/beta/international/.
U.S. Environmental Protection Agency. *Framework for Assessing Biogenic CO_2 Emissions from Stationary Sources*. Washington, DC: Office of Air and Radiation, Office of Atmospheric Programs, Climate Change Division, 2014.
West Fife Council. 1994. "Kingdom of Fife Mining Industry Memorial Book." www.fifepits.co.uk/starter/m-book.htm/.
Warrick, J. 2015. "How Europe's Climate Policies Led to More U.S. Trees Being Cut Down." *Washington Post*, June 2, 2105. wpo.st/bARK0.

セコイアとポンデロサマツ Redwood and Ponderosa Pine

Allen, C. D., A. K. Macalady, H. Chenchouni, D. Bachelet, N. McDowell, M. Vennetier, T. Kitzberger, et al. "A Global Overview of Drought and Heat-Induced Tree Mortality Reveals Emerging Climate Change Risks for Forests." *Forest Ecology and Management* 259, no. 4 (2010): 660-84.
Baker, J. A. *The Peregrine*. London: Collins, 1967.
Bannan, M. W. "The Length, Tangential Diameter, and Length/Width Ratio of Conifer Tracheids." *Canadian Journal of Botany* 43, no. 8 (1965): 967-84.
Bijl, P. K., A. J. P. Houben, S. Schouten, S. M. Bohaty, A. Sluijs, G.-J. Reichart, J. S. Sinninghe Damsté, and H. Brinkhuis. "Transient Middle Eocene Atmospheric CO_2 and Temperature Variations." Science 330, no. 6005 (2010), doi:10.1126/science.1193654.
Borsa, A. A., D. C. Agnew, and D. R. Cayan. "Ongoing Drought-Induced Uplift in the Western United States." *Science* 345, no. 6204 (2014), doi:10.1126/science.1260279.
Callaham, R. Z. "*Pinus ponderosa*: Geographic Races and Subspecies Based on Morphological Variation." Research Paper PSW-RP-265, U.S. Department of Agriculture, Forest Service, Pacific Southwest Research Station, Albany, CA, 2013.
Carswell, C. "Don't Blame the Beetles." *Science* 346, no. 6206 (2014), doi:10.1126/science.346.6206.154.
Chapman, S. S., G. E. Griffith, J. M. Omernik, A. B. Price, J. Freeouf, and D. L. Schrupp. *Ecoregions of Colorado*. Reston, VA: U.S. Geological Survey, 2006.
DeConto, R. M., and D. Pollard. "Rapid Cenozoic Glaciation of Antarctica Induced by Declining Atmospheric CO_2." *Nature* 421, no. 6920 (2003): 245-49.

トネリコ Green Ash

Allender, M. C., D. B. Raudabaugh, F. H. Gleason, and A. N. Miller. "The Natural History, Ecology, and Epidemiology of *Ophidiomyces ophiodiicola* and Its Potential Impact on Free-Ranging Snake Populations." *Fungal Ecology* 17 (2015): 187-96.

Chambers, J. Q., N. Higuchi, J. P. Schimel, L. V. Ferreira, and J. M. Melack. "Decomposition and Carbon Cycling of Dead Trees in Tropical Forests of the Central Amazon." *Oecologia* 122, no. 3 (2000): 380-88.

Gerdeman, B. S., and G. Rufino. "Heterozerconidae: A Comparison Between a Temperate and a Tropical Species." In *Trends in Acarology, Proceedings of the 12th International Congress*, edited by M. W. Sabelis and J. Bruin, 93-96. Dordrecht, Netherlands: Springer, 2011.

Hérault, B., J. Beauchêne, F. Muller, F. Wagner, C. Baraloto, L. Blanc, and J. Martin. "Modeling Decay Rates of Dead Wood in a Neotropical Forest." *Oecologia* 164, no. 1 (2010): 243-51.

Hulcr, J., N. R. Rountree, S. E. Diamond, L. L. Stelinski, N. Fierer, and R. R. Dunn. "Mycangia of Ambrosia Beetles Host Communities of Bacteria." *Microbial Ecology* 64, no. 3 (2012): 784-93.

Pan, Y., R. A. Birdsey, J. Fang, R. Houghton, P. E. Kauppi, W. A. Kurz, O. L. Phillips, et al. "A Large and Persistent Carbon Sink in the World's Forests." *Science* 333, no. 6045 (2011): 988-93.

Rodrigues, R. R., R. P. Pineda, J. N. Barney, E. T. Nilsen, J. E. Barrett, and M. A. Williams. "Plant Invasions Associated with Change in Root-Zone Microbial Community Structure and Diversity." *PLoS ONE* 10, no. 10 (2015): e0141424.

Vandenbrink, J. P., J. Z. Kiss, R. Herranz, and F. J. Medina. "Light and Gravity Signals Synergize in Modulating Plant Development." *Frontiers in Plant Science* 5 (2014), doi:10.3389/fpls.2014.00563.

ハシバミ Hazel

BBC Radio 4. Interviews of Dorothy Thompson, CEO Drax Group, and Harry Huyton, Head of Climate Change Policy and Campaigns, RSPB. *Today*, July 24, 2014.

Birks, H. J. B. "Holocene Isochrone Maps and Patterns of Tree-Spreading in the British Isles." *Journal of Biogeography* 16, no. 6 (1989): 503-40.

Bishop, R. R., M. J. Church, and P. A. Rowley-Conwy. "Firewood, Food and Human Niche Construction: The Potential Role of Mesolithic Hunter-Gatherers in Actively Structuring Scotland's Woodlands." *Quaternary Science Reviews* 108 (2015): 51-75.

Carlyle, T. *Historical Sketches of Notable Persons and Events in the Reigns of James I and Charles I*. London: Chapman and Hall, 1898.

Carrell, S. "Longannet Power Station to Close Next Year." *Guardian*, March 23, 2015.

Climate Change (Scotland) Act 2009. www.legislation.gov.uk/asp/2009/12/contents (accessed June 1, 2015).

Dinnis, R., and C. Stringer. *Britain: One Million Years of the Human Story*. London: Natural History Museum Publications, 2014.

Edwards, K. J., and I. Ralston. "Postglacial Hunter-Gatherers and Vegetational History in Scotland." *Proceedings of the Society of Antiquaries of Scotland* 114 (1984): 15-34.

Evans, J. M., R. J. Fletcher Jr., J. R. R. Alavalapati, A. L. Smith, D. Geller, P. Lal, D. Vasudev, M. Acevedo, J. Calabria, and T. Upadhyay. *Forestry Bioenergy in the Southeast United States: Implications for Wildlife Habitat and Biodiversity*. Merrifield, VA: National Wildlife Federation, 2013.

Finsinger, W., W. Tinner, W. O. Van der Knaap, and B. Ammann. "The Expansion of Hazel (*Corylus avellana* L.) in the Southern Alps: A Key for Understanding Its Early Holocene History in Europe?" *Quaternary Science Reviews* 25, no. 5 (2006): 612-31.

Fodor, E. "Linking Biodiversity to Mutualistic Networks: Woody Species and Ectomycorrhizal Fungi." Annals of *Forest Research* 56 (2012): 53-78.

Furniture Industry Research Association. "Biomass Subsidies and Their Impact on the British Furniture Industry." Stevenage, UK, 2011.

Glasgow Herald. "Scots Pit Props: Developing a Rural Industry," January 8, 1938, page 3.

Mather, A. S. "Forest Transition Theory and the Reforesting of Scotland." *Scottish Geographical Magazine* 120, no. 1-2 (2004): 83-98.

Meyfroidt, P., T. K. Rudel, and E. F. Lambin. "Forest Transitions, Trade, and the Global Displacement of Land Use." *Proceedings of the National Academy of Sciences* 107, no. 49 (2010): 20917-22.

Palmé, A. E., and G. C. Vendramin. "Chloroplast DNA Variation, Postglacial Recolonization and Hybridization in Hazel, *Corylus avellana*." *Molecular Ecology* 11 (2002): 1769-79.

Regnell, M. "Plant Subsistence and Environment at the Mesolithic Site Tågerup, Southern Sweden: New Insights on

Lee, D. S. "Floridian Herpetofauna Associated with Cabbage Palms." *Herpetologica* 25 (1969): 70-71.

Limardo, A. J., and A. Z. Worden. "Microbiology: Exclusive Networks in the Sea." *Nature* 522, no. 7554 (2015): 36-37.

Mansfield, K. L., J. Wyneken, W. P. Porter, and J. Luo. "First Satellite Tracks of Neonate Sea Turtles Redefine the 'Lost Years' Oceanic Niche." *Proceedings of the Royal Society B: Biological Sciences* 281, no. 1781 (2014), doi:10.1098/rspb.2013.3039.

Maranger, R., and D. F. Bird. "Viral Abundance in Aquatic Systems: A Comparison Between Marine and Fresh Waters." *Marine Ecology Progress Series* 121 (1995): 217-26.

McPherson, K., and K. Williams. "Establishment Growth of Cabbage Palm, *Sabal palmetto* (Arecaceae)." *American Journal of Botany* 83, no. 12 (1996): 1566-70.

———. "The Role of Carbohydrate Reserves in the Growth, Resilience, and Persistence of Cabbage Palm Seedlings (*Sabal palmetto*)." *Oecologia* 117, no. 4 (1998): 460-68.

Meyer, B. K., G. A. Bishop, and R. K. Vance. "An Evaluation of Shoreline Dynamics at St. Catherine's Island, Georgia (1859-2009) Utilizing the Digital Shoreline Analysis System (USGS)." *Geological Society of America Abstracts with Programs* 43, no. 2 (2011): 68.

Morris, J. J., R. E. Lenski, and E. R. Zinser. "The Black Queen Hypothesis: Evolution of Dependencies Through Adaptive Gene Loss." *MBio* 3, no. 2 (2012), doi:10.1128/mBio.00036-12.

National Park Service. "Cape Cod National Seashore: Shipwrecks." N.d. www.nps.gov/caco/learn/historyculture/shipwrecks.htm (accessed May 7, 2015).

Nicholls, R. J., N. Marinova, J. A. Lowe, S. Brown, P. Vellinga, D. De Gusmao, J. Hinkel, and R. S. J. Tol. "Sea-Level Rise and Its Possible Impacts Given a 'Beyond 4 C World' in the Twenty-first Century." *Philosophical Transactions of the Royal Society A: Mathematical, Physical and Engineering Sciences* 369, no. 1934 (2011): 161-81.

Nuwer, R. "Plastic on Ice." *Scientific American* 311, no. 3 (2014): 25.

Osborn, A. M., and S. Stojkovic. "Marine Microbes in the Plastic Age." *Microbiology Australia* 35, no. 4 (2014): 207-10.

Paolo, F. S., H. A. Fricker, and L. Padman. "Volume Loss from Antarctic Ice Is Accelerating." *Science* 348 (2015): 327-31.

Perry, L., and K. Williams. "Effects of Salinity and Flooding on Seedlings of Cabbage Palm (*Sabal palmetto*)." *Oecologia* 105, no. 4 (1996): 428-34.

Reisser, J., B. Slat, K. Noble, K. du Plessis, M. Epp, M. Proietti, J. de Sonneville, T. Becker, and C. Pattiaratchi. "The Vertical Distribution of Buoyant Plastics at Sea: An Observational Study in the North Atlantic Gyre." *Biogeosciences* 12, no. 4 (2015): 1249-56.

Rohling, E. J., G. L. Foster, K. M. Grant, G. Marino, A. P. Roberts, M. E. Tamisiea, and F. Williams. "Sea-Level and Deep-Sea-Temperature Variability over the Past 5.3 Million Years." *Nature* 508, no. 7497 (2014): 477-82.

Swan, B. K., B. Tupper, A. Sczyrba, F. M. Lauro, M. Martinez-Garcia, J. M. González, H. Luo, et al. "Prevalent Genome Streamlining and Latitudinal Divergence of Planktonic Bacteria in the Surface Ocean." *Proceedings of the National Academy of Sciences* 110, no. 28 (2013): 11463-68.

Thomas, D. H., C. F. T. Andrus, G. A. Bishop, E. Blair, D. B. Blanton, D. E. Crowe, C. B. DePratter, et al. "Native American Landscapes of St. Catherines Island, Georgia." *Anthropological Papers of the American Museum of Natural History*, no. 88 (2008).

Thoreau, H. D. *Cape Cod.* Boston: Ticknor and Fields, 1865. Source of "waste and wrecks . . . ," "why waste . . . ," and quotes from beach list.

Tomlinson P. B. "The Uniqueness of Palms." *Botanical Journal of the Linnean Society* 151 (2006): 5-14.

Tomlinson, P. B., J. W. Horn, and J. B. Fisher. *The Anatomy of Palms*. Oxford: Oxford University Press, 2011.

U.S. Department of Defense. *FY 2014 Climate Change Adaptation Roadmap*. Alexandria, VA: Office of the Deputy Undersecretary of Defense for Installations and Environment, 2014.

Woodruff, J. D., J. L. Irish, and S. J. Camargo. "Coastal Flooding by Tropical Cyclones and Sea-Level Rise." *Nature* 504, no. 7478 (2013): 44-52.

Wright, S. L., D. Rowe, R. C. Thompson, and T. S. Galloway. "Microplastic Ingestion Decreases Energy Reserves in Marine Worms." *Current Biology* 23, no. 23 (2013): R1031-33.

Zettler, E. R., T. J. Mincer, and L. A. Amaral-Zettler. "Life in the 'Plastisphere': Microbial Communities on Plastic Marine Debris." *Environmental Science & Technology* 47, no. 13 (2013): 7137-46.

Zona, S. "A Monograph of *Sabal* (Arecaceae: Coryphoideae)." *Aliso* 12, no. 4 (1990): 583-666.

Roth, T. C., and V. V. Pravosudov. "Hippocampal Volumes and Neuron Numbers Increase Along a Gradient of Environmental Harshness: A Large-Scale Comparison." *Proceedings of the Royal Society B: Biological Sciences* 276, no. 1656 (2009): 401-5.

Schopf, J. W. "Solution to Darwin's Dilemma: Discovery of the Missing Precambrian Record of Life." *Proceedings of the National Academy of Sciences* 97, no. 13 (2000): 6947-53.

Song, Y. Y., R. S. Zeng, J. F. Xu, J. Li, X. Shen, and W. G. Yihdego. "Interplant Communication of Tomato Plants Through Underground Common Mycorrhizal Networks." *PLoS ONE* 5, no. 10 (2010): e13324.

Stal, L. J. "Cyanobacterial Mats and Stromatolites." In *Ecology of Cyanobacteria II*, edited by B. A. Whitton, 61-120. Dordrecht, Netherlands: Springer, 2012.

Tedersoo, L., T. W. May, and M. E. Smith. "Ectomycorrhizal Lifestyle in Fungi: Global Diversity, Distribution, and Evolution of Phylogenetic Lineages." *Mycorrhiza* 20, no. 4 (2010): 217-63.

Templeton, C. N., and E. Greene. "Nuthatches Eavesdrop on Variations in Heterospecific Chickadee Mobbing Alarm Calls." *Proceedings of the National Academy of Sciences* 104, no. 13 (2007): 5479-82.

Trewavas, A. *Plant Behaviour and Intelligence*. Oxford: Oxford University Press, 2014.

———. "What Is Plant Behaviour?" *Plant, Cell & Environment* 32, no. 6 (2009): 606-16.

Vaidya, N., M. L. Manapat, I. A. Chen, R. Xulvi-Brunet, E. J. Hayden, and N. Lehman. "Spontaneous Network Formation Among Cooperative RNA Replicators." *Nature* 491, no. 7422 (2012): 72-77.

Wacey, D., N. McLoughlin, M. R. Kilburn, M. Saunders, J. B. Cliff, C. Kong, M. E. Barley, and M. D. Brasier. "Nanoscale Analysis of Pyritized Microfossils Reveals Differential Heterotrophic Consumption in the ~1.9-Ga Gunflint Chert." *Proceedings of the National Academy of Sciences* 110, no. 20 (2013): 8020-24.

Woolf, V. *A Room of One's Own*. London: Hogarth Press, 1929.

サバルヤシ Sabal Palm

Amin, S. A., L. R. Hmelo, H. M. van Tol, B. P. Durham, L. T. Carlson, K. R. Heal, R. L. Morales, et al. "Interaction and Signaling Between a Cosmopolitan Phytoplankton and Associated Bacteria." *Nature* 522, no. 7554 (2015): 98-101.

Anelay, J. 2014. Written Answers: Mediterranean Sea. October 15, 2014. *Hansard Parliamentary Debates*, Lords, vol. 756, part 39, col. WA41. Source of "We do not support planned search and rescue . . ."

Böhm, E., J. Lippold, M. Gutjahr, M. Frank, P. Blaser, B. Antz, J. Fohlmeister, N. Frank, M. B. Andersen, and M. Deininger. "Strong and Deep Atlantic Meridional Overturning Circulation During the Last Glacial Cycle." *Nature* 517, no. 7532 (2015): 73-76.

Boyce, D. G., M. R. Lewis, and B. Worm. "Global Phytoplankton Decline over the Past Century." *Nature* 466, no. 7306 (2010): 591-96.

Buckley, F. "Thoreau and the Irish." *New England Quarterly* 13, no. 3 (September 1, 1940): 389-400.

Chen, X., and K.-K. Tung. "Varying Planetary Heat Sink Led to Global-Warming Slowdown and Acceleration." *Science* 345, no. 6199 (2014): 897-903.

Cózar, A., F. Echevarría, J. I. González-Gordillo, X. Irigoien, B. Úbeda, S. Hernández-León, Á. T. Palma, et al. "Plastic Debris in the Open Ocean." *Proceedings of the National Academy of Sciences* 111, no. 28 (2014): 10239-44.

Desantis, L. R. G., S. Bhotika, K. Williams, and F. E. Putz. "Sea-Level Rise and Drought Interactions Accelerate Forest Decline on the Gulf Coast of Florida, USA." *Global Change Biology* 13, no. 11 (2007): 2349-60.

Gemenne, F. "Why the Numbers Don't Add Up: A Review of Estimates and Predictions of People Displaced by Environmental Changes." *Global Environmental Change* 21 (2011): S41-49.

Gráda, C. O. "A Note on Nineteenth-Century Irish Emigration Statistics." *Population Studies* 29, no. 1 (1975): 143-49.

Hay, C. C., E. Morrow, R. E. Kopp, and J. X. Mitrovica. "Probabilistic Reanalysis of Twentieth-Century Sea-Level Rise." *Nature* 517, no. 7535 (2015): 481-84.

Holbrook, N. M., and T. R. Sinclair. "Water Balance in the Arborescent Palm, Sabal palmetto. I. Stem Structure, Tissue Water Release Properties and Leaf Epidermal Conductance." *Plant, Cell & Environment* 15, no. 4 (1992): 393-99.

———. "Water Balance in the Arborescent Palm, *Sabal palmetto*. II. Transpiration and Stem Water Storage." *Plant, Cell & Environment* 15, no. 4 (1992): 401-9.

Jambeck, J. R., R. Geyer, C. Wilcox, T. R. Siegler, M. Perryman, A. Andrady, R. Narayan, and K. L. Law. "Plastic Waste Inputs from Land into the Ocean." *Science* 347, no. 6223 (2015): 768-71.

Joughin, I., B. E. Smith, and B. Medley. "Marine Ice Sheet Collapse Potentially Under Way for the Thwaites Glacier Basin, West Antarctica." *Science* 344, no. 6185 (2014): 735-38.

Attack." *Ecology Letters* 16, no. 7 (2013): 835-43.

Beauregard, P. B., Y. Chai, H. Vlamakis, R. Losick, and R. Kolter. "*Bacillus subtilis* Biofilm Induction by Plant Polysaccharides." *Proceedings of the National Academy of Sciences* 110, no. 17 (2013): E1621-30.

Bond-Lamberty, B., S. D. Peckham, D. E. Ahl, and S. T. Gower. "Fire as the Dominant Driver of Central Canadian Boreal Forest Carbon Balance." *Nature* 450, no. 7166 (2007): 89-92.

Bradshaw, C. J. A., and I. G. Warkentin. "Global Estimates of Boreal Forest Carbon Stocks and Flux." *Global and Planetary Change* 128 (2015): 24-30.

Cossins, D. "Plant Talk." *Scientist* 28, no. 1 (2014): 37-43.

Darwin, C. R. *The Power of Movement in Plants*. London: John Murray, 1880.

Food and Agriculture Organization of the United Nations. *Yearbook of Forest Products*. FAO Forestry Series No. 47, Rome, 2014.

Foote, J. R., D. J. Mennill, L. M. Ratcliffe, and S. M. Smith. "Black-capped Chickadee (*Poecile atricapillus*)." In *The Birds of North America Online*, edited by A. Poole. Ithaca, NY: Cornell Lab of Ornithology, 2010. bna.birds.cornell.edu.bnaproxy.birds.cornell.edu/bna/species/039.

Frederickson, J. K. "Ecological Communities by Design." *Science* 348, no. 6242 (2015): 1425-27.

Ganley, R. J., S. J. Brunsfeld, and G. Newcombe. "A Community of Unknown, Endophytic Fungi in Western White Pine." *Proceedings of the National Academy of Sciences* 101, no. 27 (2004): 10107-12.

Hammerschmidt, K., C. J. Rose, B. Kerr, and P. B. Rainey. "Life Cycles, Fitness Decoupling and the Evolution of Multicellularity." *Nature* 515, no. 7525 (2014): 75-79.

Hansen, M. C., P. V. Potapov, R. Moore, M. Hancher, S. A. Turubanova, A. Tyukavina, D. Thau, et al. "High-Resolution Global Maps of 21st-Century Forest Cover Change." *Science* 342, no. 6160 (2013): 850-53.

Hata, K., and K. Futai. "Variation in Fungal Endophyte Populations in Needles of the Genus *Pinus*." *Canadian Journal of Botany* 74, no. 1 (1996): 103-14.

Hom, E. F. Y., and A. W. Murray. "Niche Engineering Demonstrates a Latent Capacity for Fungal-Algal Mutualism." *Science* 345, no. 6192 (2014): 94-98.

Hordijk, W. "Autocatalytic Sets: From the Origin of Life to the Economy." *BioScience* 63, no. 11 (2013): 877-81.

Karhu, K., M. D. Auffret, J. A. J. Dungait, D. W. Hopkins, J. I. Prosser, B. K. Singh, J.-A. Subke, et al. "Temperature Sensitivity of Soil Respiration Rates Enhanced by Microbial Community Response." *Nature* 513, no. 7516 (2014): 81-84.

Karzbrun, E., A. M. Tayar, V. Noireaux, and R. H. Bar-Ziv. "Programmable On-Chip DNA Compartments as Artificial Cells." *Science* 345, no. 6198 (2014): 829-32.

Keller, M. A., A. V. Turchyn, and M. Ralser. "Non-enzymatic Glycolysis and Pentose Phosphate Pathway-like Reactions in a Plausible Archean Ocean." *Molecular Systems Biology* 10, no. 4 (2014), doi:10.1002/msb.20145228.

Knoll, A. H., E. S. Barghoorn, and S. M. Awramik. "New Microorganisms from the Aphebian Gunflint Iron Formation, Ontario." *Journal of Paleontology* 52, no. 5 (1978): 976-92.

Libby, E., and W. C. Ratcliff. "Ratcheting the Evolution of Multicellularity." *Science* 346, no. 6208 (2014): 426-27.

Liu, C., T. Liu, F. Yuan, and Y. Gu. "Isolating Endophytic Fungi from Evergreen Plants and Determining Their Antifungal Activities." *African Journal of Microbiology Research* 4, no. 21 (2010): 2243-48.

Lyons, T. W., C. T. Reinhard, and N. J. Planavsky. "The Rise of Oxygen in Earth's Early Ocean and Atmosphere." *Nature* 506, no. 7488 (2014): 307-15.

Molinier, J., G. Ries, C. Zipfel, and B. Hohn. "Transgeneration Memory of Stress in Plants." *Nature* 442, no. 7106 (2006): 1046-49.

Mousavi, S. A. R., A. Chauvin, F. Pascaud, S. Kellenberger, and E. E. Farmer. "Glutamate Receptor-like Genes Mediate Leaf-to-Leaf Wound Signalling." *Nature* 500, no. 7463 (2013): 422-26.

Nelson-Sathi, S., F. L. Sousa, M. Roettger, N. Lozada-Chávez, T. Thiergart, A. Janssen, D. Bryant, et al. "Origins of Major Archaeal Clades Correspond to Gene Acquisitions from Bacteria." *Nature* 517, no. 7532 (2014): 77-80.

Ortiz-Castro, R., C. Díaz-Pérez, M. Martínez-Trujillo, E. Rosa, J. Campos-García, and J. López-Bucio. "Transkingdom Signaling Based on Bacterial Cyclodipeptides with Auxin Activity in Plants." *Proceedings of the National Academy of Sciences* 108, no. 17 (2011): 7253-58.

Pagès, A., K. Grice, M. Vacher, D. T. Welsh, P. R. Teasdale, W. W. Bennett, and P. Greenwood. "Characterizing Microbial Communities and Processes in a Modern Stromatolite (Shark Bay) Using Lipid Biomarkers and Two-Dimensional Distributions of Porewater Solutes." *Environmental Microbiology* 16, no. 8 (2014): 2458-74.

Parniske, M. "Arbuscular Mycorrhiza: The Mother of Plant Root Endosymbioses." *Nature Reviews Microbiology* 6 (2008): 763-75.

Kohn, E. *How Forests Think: Toward an Anthropology Beyond the Human*. Oakland: University of California Press, 2013.

Kursar, T. A., K. G. Dexter, J. Lokvam, R. Toby Pennington, J. E. Richardson, M. G. Weber, E. T. Murakami, C. Drake, R. McGregor, and P. D. Coley. "The Evolution of Antiherbivore Defenses and Their Contribution to Species Coexistence in the Tropical Tree Genus Inga." *Proceedings of the National Academy of Sciences* 106, no. 43 (2009): 18073-78.

Lowman, M. D., and H. B. Rinker, eds. *Forest Canopies*, 2nd ed. Burlington, MA: Elsevier, 2004.

McCracken, S. F. and M. R. J. Forstner. "Oil Road Effects on the Anuran Community of a High Canopy Tank Bromeliad (*Aechmea zebrina*) in the Upper Amazon Basin, Ecuador." *PLoS ONE* 9, no. 1 (2014), doi:10.1371/journal.pone.0085470.

Mena, V. P., J. R. Stallings, J. B. Regalado, and R. L. Cueva. "The Sustainability of Current Hunting Practices by the Huaorani." In *Hunting for Sustainability in Tropical Forests*, edited by J. Robinson and E. Bennett, 57-78. New York: Columbia University Press, 2000.

Miroff, N. "Commodity Boom Extracting Increasingly Heavy Toll on Amazon Forests." *Guardian Weekly, January* 9, 2015, pages 12-13.

Nebel, G., L. P. Kvist, J. K. Vanclay, H. Christensen, L. Freitas, and J. Ruíz. "Structure and Floristic Composition of Flood Plain Forests in the Peruvian Amazon: I. Overstorey." *Forest Ecology and Management* 150, no. 1 (2001): 27-57.

Rival, L. "Towards an Understanding of the Huaorani Ways of Knowing and Naming Plants." In *Mobility and Migration in Indigenous Amazonia: Contemporary Ethnoecological Perspectives*, edited by Miguel N. Alexiades, 47-68. New York: Berghahn, 2009.

Rival, L. W. *Trekking Through History: The Huaorani of Amazonian Ecuador*. New York: Columbia University Press, 2002.

Sabagh, L. T., R. J. P. Dias, C. W. C. Branco, and C. F. D. Rocha. "New Records of Phoresy and Hyperphoresy Among Treefrogs, Ostracods, and Ciliates in Bromeliad of Atlantic Forest." *Biodiversity and Conservation* 20, no. 8 (2011): 1837-41.

Schultz, T. R., and S. G. Brady. "Major Evolutionary Transitions in Ant Agriculture." *Proceedings of the National Academy of Sciences* 105, no. 14 (2008): 5435-40.

Suárez, E., M. Morales, R. Cueva, V. Utreras Bucheli, G. Zapata-Ríos, E. Toral, J. Torres, W. Prado, and J. Vargas Olalla. "Oil Industry, Wild Meat Trade and Roads: Indirect Effects of Oil Extraction Activities in a Protected Area in North-Eastern Ecuador." *Animal Conservation* 12, no. 4 (2009): 364-73.

Suárez, E., G. Zapata-Ríos, V. Utreras, S. Strindberg, and J. Vargas. "Controlling Access to Oil Roads Protects Forest Cover, but Not Wildlife Communities: A Case Study from the Rainforest of Yasuní Biosphere Reserve (Ecuador)." *Animal Conservation* 16, no. 3 (2013): 265-74.

Thoreau, H. D. *Walden*. 1854. Available at Digital Thoreau, digitalthoreau.org/fluid-text-toc.

Vidal, J. "Ecuador Rejects Petition to Stop Drilling in National Park." *Guardian Weekly*, May 16, 2014, page 13.

Viteri Gualingo, C. "Visión Indígena del Desarrollo en la Amazonía." *Polis: Revista del Universidad Bolivariano* 3 (2002), doi:10.4000/polis.7678.

Wade, L. "How the Amazon Became a Crucible of Life." *Science*, October 28, 2015. www.sciencemag.org/news/2015/10/feature-how-amazon-became-crucible-life.

Watts, J. "Ecuador Approves Yasuni National Park Oil Drilling in Amazon Rainforest." *Guardian*, August 13, 2013.

バルサムモミ Balsam Fir

An, Y. S., B. Kriengwatana, A. E. Newman, E. A. MacDougall-Shackleton, and S. A. MacDougall-Shackleton. "Social Rank, Neophobia and Observational Learning in Black-capped Chickadees." *Behaviour* 148, no. 1 (2011): 55-69.

Aplin, L. M., D. R. Farine, J. Morand-Ferron, A. Cockburn, A. Thornton, and B. C. Sheldon. "Experimentally Induced Innovations Lead to Persistent Culture via Conformity in Wild Birds." *Nature* 518, no. 7540 (2015): 538-41.

Appel, H. M., and R. B. Cocroft. "Plants Respond to Leaf Vibrations Caused by Insect Herbivore Chewing." *Oecologia* 175, no. 4 (2014): 1257-66.

Averill, C., B. L. Turner, and A. C. Finzi. "Mycorrhiza-Mediated Competition Between Plants and Decomposers Drives Soil Carbon Storage." *Nature* 505, no. 7484 (2014): 543-45.

Awramik, S. M., and E. S. Barghoorn. "The Gunflint Microbiota." *Precambrian Research* 5, no. 2 (1977): 121-42.

Babikova, Z., L. Gilbert, T. J. A. Bruce, M. Birkett, J. C. Caulfield, C. Woodcock, J. A. Pickett, and D. Johnson. "Underground Signals Carried Through Common Mycelial Networks Warn Neighbouring Plants of Aphid

参考文献

まえがき、ミツマタ Mitsumata、カエデ Maple

Basbanes, N. A. *On Paper: The Everything of Its Two-Thousand-Year History.* New York: Knopf, 2013.

Bierman, C. J. *Handbook of Pulping and Papermaking,* 2nd ed. San Diego: Academic Press, 1996.

Ek, M., G. Gellerstedt, and G. Henricksson, eds. *Pulp and Paper Chemistry and Technology.* Vols. 1-4. Berlin: de Gruyter, 2009.

Food and Agriculture Organization of the United Nations. "Forest Products Statistics." 2015. www.fao.org/forestry/statistics/80938/en/.

Goldstein, R. N. *Plato at the Googleplex: Why Philosophy Won't Go Away.* New York: Pantheon, 2014.

Knight, J. "The Second Life of Trees: Family Forestry in Upland Japan." In *The Social Life of Trees*, edited by Laura Rival, 197-218. Oxford: Berg, 1998.

Lynn, C. D. "Hearth and Campfire Influences on Arterial Blood Pressure: Defraying the Costs of the Social Brain Through Fireside Relaxation." *Evolutionary Psychology* 12, no. 5 (2013): 983-1003.

National Printing Bureau (Japan). "Characteristics of Banknotes." 2015. www.npb.go.jp/en/intro/tokutyou/index.html.

Toale, B. *The Art of Papermaking*. Worcester, MA: Davis, 1983.

Vandenbrink, J. P., J. Z. Kiss, R. Herranz, and F. J. Medina. "Light and Gravity Signals Synergize in Modulating Plant Development." *Frontiers in Plant Science* 5 (2014), doi:10.3389/fpls.2014.00563.

Wiessner, P. W. "Embers of Society: Firelight Talk Among the Ju/'hoansi Bushmen." *Proceedings of the National Academy of Sciences* 111, no. 39 (2014): 14027-35.

Woo, S., E. A. Lumpkin, and A. Patapoutian. "Merkel Cells and Neurons Keep in Touch." *Trends in Cell Biology* 25, no. 2 (2015): 74-81.

Wordsworth, W. "A Poet! He Hath Put His Heart to School." 1842. Available at Poetry Foundation, www.poetryfoundation.org/poems-and-poets/poems/detail/45541. Source of "stagnant pool."

———. "The Tables Turned." 1798. Available at Poetry Foundation, www.poetry foundation. org/poems-and-poets/poems/detail/45557. Source of "the beauteous . . ." and "Science and Art."

セイボ Ceibo

Araujo, A. "Petroamazonas Perfor. el Primer Pozo para Extraer Crudo del ITT." *El Comercio*, March 29, 2016. www.elcomercio.com/actualidad/petroamazonas -perforacion-crudo-yasuniitt. html.

Bass, M. S., M. Finer, C. N. Jenkins, H. Kreft, D. F. Cisneros-Heredia, S. F. McCracken, N. C. A. Pitman, et al. "Global Conservation Significance of Ecuador's Yasuní National Park." *PLoS ONE* 5, no. 1 (2010), doi:10.1371/journal.pone.0008767.

Cerón, C., and C. Montalvo. *Etnobotánica de los Huaorani de Quehueiri-Ono Napo-Ecuador*. Quito: Herbario Alfredo Paredes, Escuela de Biolog.a, Universidad Central del Ecuador, 1998.

Davidson, D. W., S. C. Cook, R. R. Snelling, and T. H. Chua. "Explaining the Abundance of Ants in Lowland Tropical Rainforest Canopies." *Science* 300, no. 5621 (2003): 969-72.

Dillard, A. *Pilgrim at Tinker Creek*. New York: Harper's Magazine Press, 1974. Source of "lifted and struck."

Finer, M., B. Babbitt, S. Novoa, F. Ferrarese, S. Eugenio Pappalardo, M. De Marchi, M. Saucedo, and A. Kumar. "Future of Oil and Gas Development in the Western Amazon." *Environmental Research Letters* 10, no. 2 (2015), doi:10.1088/1748-9326/10/2/024003.

Goffredi, S. K., G. E. Jang, and M. F. Haroon. "Transcriptomics in the Tropics: Total RNA-Based Profiling of Costa Rican Bromeliad-Associated Communities." *Computational and Structural Biotechnology Journal* 13 (2015): 18-23.

Gray, C. L., R. E. Bilsborrow, J. L. Bremner, and F. Lu. "Indigenous Land Use in the Ecuadorian Amazon: A Cross-cultural and Multilevel Analysis." *Human Ecology* 36, no. 1 (2008): 97-109.

Hebdon, C., and F. Mezzenzanza. "Sumak Kawsay as 'Already-Developed': A Pastaza Runa Critique of Development." Article draft presented at the Development Studies Association Conference, University of Oxford, September12-14, 2016, Oxford.

Jenkins, C. N., S. L. Pimm, and L. N. Joppa. "Global Patterns of Terrestrial Vertebrate Diversity and Conservation." *Proceedings of the National Academy of Sciences* 110, no. 28 (2013): E2602-10.

【ヤ行】

【ラ行】

【ワ行】

【マ行】

【ナ行】

【ハ行】

【タ行】

【サ行】

索引

著者紹介

デヴィッド・ジョージ・ハスケル（David G. Haskell）

アメリカ、テネシー州セワニーにあるサウス大学の生物学教授。

ジョン・サイモン・グッゲンハイム記念財団からフェローシップを与えられている。

オックスフォード大学で動物学の学士号、コーネル大学で生態学と進化生物学の博士号を取得。

調査や授業を通して、動物、特に野鳥と無脊椎動物の進化と保護について分析を行い、多数の論文、科学と自然に関するエッセイや詩などの著書がある。活動は、科学、文学の域を超え、自然そのものを思索するところへ広がっている。

前著『ミクロの森』（築地書館）は、ピュリッツァー賞最終候補となったほか、国際ペンクラブ・センターの選出するE. O. ウィルソン科学文学賞で次点となり、全米科学アカデミーの最優秀図書にも選ばれている。

著者のウェブサイト https://dghaskell.com/

訳者紹介

屋代通子（やしろ・みちこ）

兵庫県西宮市生まれ。札幌在住。

出版社勤務を経て翻訳業。

主な訳書に『シャーマンの弟子になった民族植物学者の話』上・下巻、『虫と文明』『馬の自然誌』『外来種のウソ・ホントを科学する』（以上、築地書館）、『ナチュラル・ナビゲーション』『日常を探検に変える』（以上、紀伊國屋書店）、『ピダハン』『マリア・シビラ・メーリアン』（以上、みすず書房）など。

木々は歌う

植物・微生物・人の関係性で解く森の生態学

2019年5月31日　初版発行
2021年5月20日　2刷発行

著者　デヴィッド・ジョージ・ハスケル
訳者　屋代通子
発行者　土井二郎
発行所　築地書館株式会社
東京都中央区築地 7-4-4-201　〒104-0045
TEL 03-3542-3731　FAX 03-3541-5799
http://www.tsukiji-shokan.co.jp/
振替 00110-5-19057
印刷・製本　シナノ印刷株式会社
デザイン　吉野愛

ISBN 978-4-8067-1581-8

● 築地書館の本 ●

感じる花

薬効・芸術・ダーウィンの庭

スティーブン・バックマン［著］　片岡夏実［訳］
2200 円+税

なぜ人は花を愛でるのか？
花の味や香りは人の暮らしを
どのように彩ってきたのか？
太古から続く芸術や文学の重要な
モチーフとしての花の姿から、グルメや香水、
遺伝子研究や医療での利用まで、
花をめぐる文化と科学のすべてがわかる

考える花

進化・園芸・生殖戦略

スティーブン・バックマン［著］　片岡夏実［訳］
2200 円+税

子孫を残すため花が
昆虫に花粉を運ばせる秘策とは？
人は花の姿をどのように操作してきたのか？
植物の生殖器としての花がたどった進化や
花粉媒介者とのかかわりから、
多様な花の栽培技術やグローバルな
流通・貿易事情の歴史まで、
花のすべてを描き出す